换流站套管
典型故障案例分析

国家电网有限公司直流技术中心
电力行业绝缘子标准化技术委员会 组编

中国电力出版社
CHINA ELECTRIC POWER PRESS

内 容 提 要

本书主要内容是换流站交直流套管典型故障案例分析,其中故障设备涵盖换流变压器网侧套管、换流变压器阀侧套管、直流穿墙套管、1000kV 交流套管、柔直工程用套管等,故障类型涵盖芯体故障、外绝缘故障、载流连接部件故障、密封系统故障、末屏连接系统故障等。本书对案例逐个进行剖析,挖掘存在的技术问题和管理问题,并提出了反措建议。

本书可供换流站交直流套管设备运维检修人员、设备厂家及科研院所人员阅读参考。

图书在版编目（CIP）数据

换流站套管典型故障案例分析 / 国家电网有限公司直流技术中心,电力行业绝缘子标准化技术委员会组编. —北京:中国电力出版社,2024.6
ISBN 978-7-5198-8688-2

Ⅰ. ①换… Ⅱ. ①国…②电… Ⅲ. ①换流站–套管–故障–案例 Ⅳ. ①TM63

中国国家版本馆 CIP 数据核字（2024）第 035284 号

出版发行:中国电力出版社
地　　址:北京市东城区北京站西街 19 号（邮政编码 100005）
网　　址:http://www.cepp.sgcc.com.cn
责任编辑:罗　艳　马雪倩
责任校对:黄　蓓
装帧设计:张俊霞
责任印制:石　雷

印　　刷:三河市万龙印装有限公司
版　　次:2024 年 6 月第一版
印　　次:2024 年 6 月北京第一次印刷
开　　本:787 毫米×1092 毫米　16 开本
印　　张:19
字　　数:413 千字
定　　价:129.00 元

编 委 会

前　言

随着清洁低碳安全高效的现代能源体系加快构建，直流输电因输送容量大、输送效率高的优势，在缓解能源电力供应紧张局势中发挥着"压舱石"的作用。换流站交直流套管作为导电体穿过不同电位体的绝缘部件，需要耐受正常和故障时的电压和电流，还要保证可靠机械支撑，仍存在众多技术难点。

为进一步掌握换流站交直流套管运行规律，总结交直流套管故障共性特征，防范同类故障重复发生，国家电网有限公司直流技术中心联同电力行业绝缘子标准化技术委员会组织编写了本书。

本书按照交直流套管类型共分为五部分，分别为换流变压器网侧套管、换流变压器阀侧套管、直流穿墙套管、1000kV 交流套管、柔直工程用套管，之后根据套管内绝缘类型分为 7 章，全面涵盖在运换流站不同种类交直流套管。全书共收录 63 例具体案例，按照描述故障现象、阐述分析过程、明确故障原因、提出反措建议的思路，对典型案例、易发案例逐个进行剖析，挖掘存在的技术问题和管理问题，旨在举一反三，用电网生产一线的典型故障案例指导电网生产一线安全。

本书可供从事换流站交直流套管设备运维、检修、试验等相关专业的技术人员和管理人员学习参考，还可作为设备厂家优化产品设计、提升工艺质量及监造单位细化监造内容的依据，同时也可用于科研院所开展套管类设备的研究和教学等工作。

参与本书编写的单位还包括：国网河南省电力公司直流中心、西安西电高压套管有限公司、南京电气高压套管有限公司、沈阳和新套管有限公司及相关设备所属运维单位。

由于编者水平有限，书中如有疏漏之处，欢迎广大读者批评指正。

编者

2024 年 5 月

目 录

第二部分　换流变压器阀侧套管

第三部分 直 流 穿 墙 套 管

第一部分
换流变压器网侧套管

第1章 充油套管故障

1.1 芯体故障

1.1.1 某站"2014年3月20日"换流变压器出厂试验网侧高压套管局部放电超标

1.1.1.1 概述

1. 故障简述

某站换流变压器返厂进行检查，出厂试验阶段雷电冲击导致电容芯体电容屏击穿，在局部放电试验阶段产生异常放电信号。

2. 事件记录

该换流变压器返厂检查修复后，2014年3月18日起开始出厂试验。3月18、19日完成了电压比测量和联结组标号检定、绕组直流电阻测量、绝缘特性试验、套管试验、空载电流和空载损耗测量、分接开关操作试验、空载开关切换试验后油样检测、短路阻抗和负载损耗测量，均未发生异常。

3月20日开展网侧端子雷电冲击试验，按出厂试验75%电压进行（1550×75%＝1162.5kV），正式冲击试验前的低电压下调波及60%、80%，第一次100%试验电压下冲击波形均正常，第二次100%试验电压开始，第三次100%试验电压，80%、60%、35%试验电压下电流波形均有异常，在90～200μs波尾时间段各出现一次电流波形的毛刺，但电压波形正常，且出现电流波形异常时段所对应的电压已经很低，并且异常位置也不一致，见图1－1。

后期采取更换示伤单元，更换测量通道等方法进行验证，结果冲击电流波形均有异常（35%～70%试验电压），初步分析异常为试验回路或试品原因导致。

3. 设备概况

故障换流变压器相关参数见表1－1。

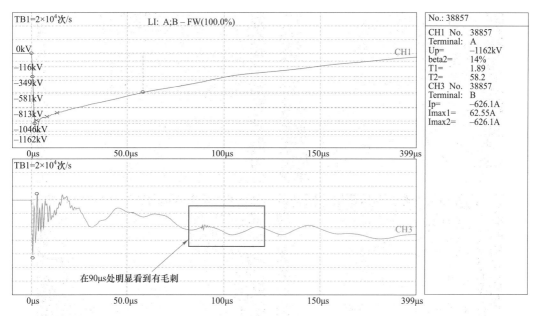

图 1-1　第三次 100%试验电压下电流波形

表 1-1　　　　　　　　　故障换流变压器相关参数

类别	具体参数	类别	具体参数
变压器型号	EFPH 8557	负载损耗	781000W
联结组别	Ii0	投运时间	2002 年 10 月
电压比	$500/\sqrt{3}/200.4/\sqrt{3}$	故障时间	2014 年 3 月
额定容量	283.7MVA	网侧套管型号	OTF 1800-525-B E5 B spez
短路阻抗	16.0%	网侧套管厂家	—
空载损耗	159000W	其他	—

1.1.1.2　设备检查情况

雷电冲击后开展长时感应耐压及局部放电试验，局部放电试验分别取网侧高压 A 套管末屏、阀侧套管 Ya 末屏、铁芯、夹件信号。试验电压缓慢上升，电压升至 $0.65U_m\sqrt{3}$ 网侧高压 A 端子出现局部放电信号，放电量值在 400~1500pC 间变化，阀侧 Ya 末屏、铁芯、夹件均正常，见图 1-2。

可看出局部放电信号杂乱无规律，相位不固定，放电频次很高，脉冲强度不大，波形较缓，震荡次数多。以上特征与常规变压器内部局部放电波形有差异。现场排查干扰后，根据局部放电信号不传递的特征，怀疑局部放电起始部位位于套管，对网侧高压套管进行了介质损耗和电容量测量，数据见表 1-2。

3

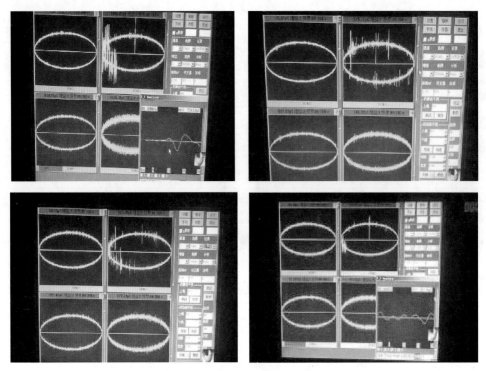

图 1-2　换流变压器局部放电试验波形

表 1-2　　　　　　　　　　套管介质损耗和电容量测试

试验时间	使用仪表	试验接线方式	主屏 AC 10kV 正接法			末屏 AC 2kV 反接法	
			$\tan\delta$（%）	测量电容（pF）	标称电容（出厂值，pF）	$\tan\delta$（%）	测量电容（pF）
局部放电后	型号：AI-6000 编号：A91131A	网侧套管端子加压，末屏取电流信号，试验套管端子，中性点悬空，阀侧 Ya，Yb 短接接地	0.256	632.0	605	0.243	1868.0
			0.256	632.0		—	—
		网侧端子和中性点短接加压，末屏取电流信号，试验套管端子悬空，阀侧 Ya、Yb 短接接地网侧套管端子加压	0.255	639.4		—	—
	型号：HV1000 编号：901099	网侧端子和中性点短接加压，末屏取电流信号，试验套管端子悬空，阀侧 Ya、Yb 短接接地	0.25	639.4		—	—
绝缘试验前	型号：AI-6000 编号：A91131A	网侧端子和中性点短接加压，末屏取电流信号，试验套管端子悬空，阀侧 Ya、Yb 短接接地	0.250	602.6		0.252	1870.0

从绝缘试验前后套管的结果看，介质损耗无明显变化，但电容量明显增大，变化量在5%～6%。基本判定为网侧高压套管已发生故障，故障发生只可能是雷电冲击电压所致。雷电冲击电压过程中电流波形的异常（电流波毛刺）很可能就是套管故障体现。

套管解体前先取油样进行色谱分析，未见异常，然后进行局部放电、电容量和介质损耗试验。除套管电容增大6%外，其余一切正常。根据试验结果，从电容量的增大情况可初步判断套管存在电容屏间击穿现象。上述电气试验后，套管重新又取油进行色谱分析，结果正常。

套管外护套完整、光滑，无电弧灼伤痕迹，附件未发现异常。放油，套管解体，将所有装配零部件按顺序拆下，套管整体结构未见异常，末屏连接可靠，整体密封性能良好。

该套管电容屏共有71屏，将套管电容屏逐层剥离，并测量每层对高压导管的电容量，测试数据见表1-3。

表 1-3　　　　　　　　　套管芯子电容量数据

屏数	电容量（pF）	备注	屏数	电容量（pF）	备注
70	636.4		47	985.6	
69	647.6		46	1008	
68	658.1		45	1032	
67	665.5		44	1057	
66	680.5		43	1086	
65	691.7		42	1116	
64	703.1		41	1147	
63	714.9		40	1181	
62	727.6		39	1216	
61	740.2		38	1254	
60	754.3		37	1279	
59	768.1		36	1333	
58	782.3		35	1370	
57	797.7		34	1421	
56	813.2		33	1469	
55	830.7		32	1505	
54	846.7		31	1577	
53	864.4		30	1635	
52	882.6		29	1679	
51	899.5		28	1775	
50	921.4		27	1838	
49	941.8		26	1939	
48	963.4		25	2042	

屏数	电容量（pF）	备注	屏数	电容量（pF）	备注
24	2155		11	6210	绝缘纸上发现多处点状放电痕迹
23	2266		10	7186	距离套管底部2370mm处有点状放电痕迹
22	2390		9	未测	
21	2519		8	7187	
20	2665		7	7166	
19	2828		6	6101	
18	3014		5	7185	
17	3247		4	8596	
16	3524		3	10680	
15	3886		2	14090	
14	4284		1	20650	
13	4815		0	38660	
12	5420	距离套管底部1600mm处有放电痕迹			

当从外到内剥离至第 12 屏时，在距离套管底部 1600mm 处发现有放电痕迹。剥离至第 11 屏，在绝缘纸上发现多处点状碳化黑点，但未见贯穿迹象，见图 1-3。在剥离到第 10 层时发现芯子纸表面有放电击穿造成的直径为 3～5mm 的孔洞。此故障点距套管油端约 2370mm。

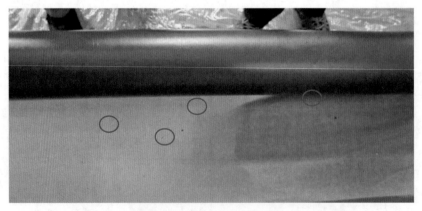

图 1-3　第 11 屏故障击穿点

继续剥离电容屏，第 10 层至第 5 层均有故障击穿点，见图 1-4 和图 1-5。

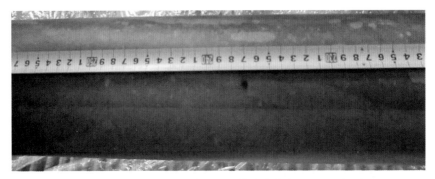

图 1-4　第 10 屏故障击穿点

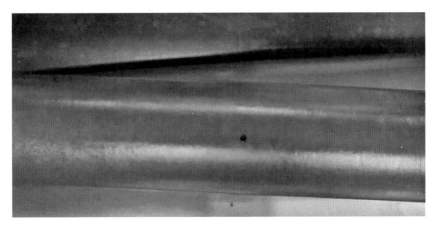

图 1-5　第 5 屏故障击穿点

套管整体的击穿示意图见图 1-6,击穿点为 1 个,位于第 5～第 10 层铝箔间,距套管油端约 2370mm。

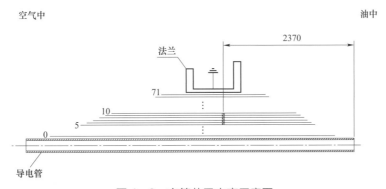

图 1-6　套管芯子击穿示意图

1.1.1.3　故障原因分析

分析认为导致套管电容量发生变化的根本原因为套管内部电容屏间击穿。该套管在正常运行时电容量未见异常,雷电冲击试验后,电容量发生明显增大,说明雷电冲击是导致套管电容屏击穿的直接原因,解体检查时发现在第 11 屏现绝缘纸上有多处点状碳化黑点,该套管可能内部存在杂质,在经受雷电冲击时,发生放电导致电容屏击穿。

1.1.1.4 提升措施

该换流变压器在进行雷电冲击时,电流波形已体现故障前兆,建议在换流变压器返厂检查后出厂试验时,尤其要注意雷电冲击试验,冲击波形发生异常时应及时分析处理。

1.1.2 某站"2017 年 12 月 23 日"极 Ⅱ 022B A 相换流变压器网侧高压套管电容量异常

1.1.2.1 概述

1. 故障简述

年度检修工作期间,极 Ⅱ 022B A 相换流变压器网侧高压套管绕组连同套管的介质损耗及电容量试验过程中,发现套管电容试验值与出厂值及历年试验数据相比存在较大偏差(电容差值达 48.8%),介质损耗无明显变化。

2. 设备概况

故障换流变压器相关参数见表 1-4。

表 1-4 故障换流变压器相关参数

类别	具体参数	类别	具体参数
变压器型号	EFPH 8557	负载损耗	758000W
联结组别	Ii0	投运时间	2002 年 10 月
电压比	$500/\sqrt{3}/200.4/\sqrt{3}$	故障时间	2017 年 12 月
额定容量	283.7MVA	网侧套管型号	OTF 1800-525-B E5
短路阻抗	16.0%	网侧套管厂家	—
空载损耗	139000W	其他	—

1.1.2.2 设备检查情况

1. 现场检查情况

极 Ⅱ 022B A 相换流变压器网侧高压套管电容试验值与出厂值及历年试验数据相比存在较大偏差(电容差值达 48.8%),介质损耗无明显变化,数据见表 1-5。

表 1-5 套管介质损耗及电容量试验值

项目	出厂试验	第 1 次交接试验	2011 年预试	2014 年预试	2015 年返厂检修	第 2 次交接试验	2018 年预试
介质损耗(%)	—	0.31	0.381	0.358	—	0.313	0.364
电容量(pF)	613	616.2	608.9	609.1	611.5	613.2	908.2

返厂解体前对缺陷套管开展介质损耗、电容量及局部放电试验，并于局部放电试验前取油进行油色谱分析。

其中局部放电试验前后介质损耗及电容量试验结果出现较大变化，数据见表 1—6。

表 1—6   解体前套管介质损耗及电容量试验值

项目	2018 年预试	厂内局部放电试验前	厂内局部放电试验后
介质损耗（%）	0.364	2.885	1.393
电容量（pF）	908.2	716.53	907.30

局部放电试验过程中，施加电压至 100kV 过程中，局部放电量剧烈变化并多次出现增大至 300pC 后减小至 5～10pC 的现象。

套管局部放电测试结果见图 1—7。

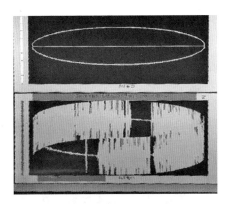

图 1—7 套管局部放电测试结果

油色谱分析结果：氢（H_2）619.53μL/L，乙炔（C_2H_2）2111.55μL/L，甲烷（CH_4）718.17μL/L，乙烷（C_2H_6）1947.26μL/L，乙烯（C_2H_4）2092.53μL/L，总烃（$\sum CH$）6869.35μL/L，含水量（H_2O）5μL/L。

结合换流站现场及厂内局部放电试验前后电容量变化情况、局部放电试验现象分析，初步怀疑套管内部存在电容屏击穿，在局部放电试验前电容屏之间绝缘部分恢复，导致此电容值小于现场试验值；而后在局部放电试验过程中，此部分电容屏重新击穿，出现局部放电量剧烈增大后减小的现象，同时局部放电试验后电容值与现场试验值较为接近。

2. 返厂检查情况

返厂检查发现套管外绝缘表面除污秽外，无其他异常。解除套管绝缘护套，套管绝缘表面无异常，套管上端面不齐，存在绝缘纸错位现象。解体至套管末屏，可发现套管电容屏采用整屏、搭接形式，而非分段、开口形式，且搭接位置随机分布。

解体至第 19 层电容屏时，距套管绝缘上端面 170cm 左右处，绝缘纸出现局部变色区域。继续解体，绝缘纸变色区域进一步扩大，第 26 层电容屏外部绝缘纸出现灼烧变黑痕迹，第 30 层电容屏外部绝缘纸存在明显碳化迹象，碳化区域长度约 20cm。套管外层解体情况见图 1-8。

套管电容芯子绝缘上端面错位

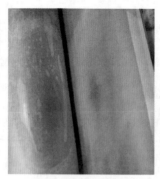
第26层电容屏外绝缘纸

第30层电容屏外绝缘纸

图 1-8 套管外层解体情况

解体至第 19 层电容屏时，距套管绝缘上端面 170cm 左右处，绝缘纸出现局部变色区域。继续解体，绝缘纸变色区域进一步扩大，第 26 层电容屏外部绝缘纸出现灼烧变黑痕迹，第 30 层电容屏外部绝缘纸存在明显碳化迹象，碳化区域长度约 20cm。

解体至第 40 层电容屏外绝缘纸时，第一块碳化区域周边出现第二块孔状碳化区域，直径约 3cm，碳化区域中心对应于第 48 层电容屏搭接位置。解体至第 50 层电容屏时，发现第二块碳化区域放电击穿起始点，且放电由第 50 层往外，第 50 层与第 51 层电容屏之间绝缘纸变色碳化，见图 1-9。

第40层电容屏外绝缘纸

第48层电容屏外绝缘纸

第50层电容屏外绝缘纸

图 1-9 套管内层解体情况

解体至第 60 层电容屏，外部绝缘纸表面出现多处击穿孔，见图 1-10。放电孔一直持续至第 65 层电容屏表面。

套管解体过程中，采用万用表由外至内逐渐测量套管电容变化情况，数据见表 1-7。采用万用表测量电容值时，由于测试电压较低，电容屏击穿碳化区域绝缘仍然有效，因此测试过程中除少部分电容屏出现击穿外，多数电容屏电容值仍可以测得。结合现场及局部放电试验前后电容值测试结果分析，套管内部电容屏短接处于不稳定状态，拆卸、运输等过程及测试电压均会对电容屏短接造成一定影响。

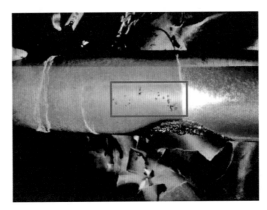

图 1-10　第 60 层电容屏外绝缘纸

表 1-7　　　　　　　　　　　　由外至内套管各层电容变化情况

层数	电容值（pF）	备注	层数	电容值（pF）	备注
1	1260		23	1740	
2	1280		24	1790	
3	1300		25	1830	
4	1320		26	1860	第一块碳化灼烧区域外边缘
5	1340		27	1900	
6	1350		28	1930	
7	1370		29	1980	
8	1390		30	2030	
9	1410		31	2080	
10	1430		32	2090	
11	1440		33	2140	
12	1470		34	2180	
13	1490		35	2230	
14	1510		36	2290	
15	1540		37	2340	
16	1550		38	2400	
17	1580		39	2480	
18	1600		40	2540	
19	1640		41	2630	第二块击穿碳化区域贯穿位置
20	1660		42	2710	
21	1690		43	2820	
22	1720		44	2880	

续表

层数	电容值（pF）	备注	层数	电容值（pF）	备注
45	2900	第二块击穿碳化区域贯穿位置	58	4120	
46	3020		59	4450	
47	3140		60	4800	
48	3290		61	5200	
49	3400		62	5660	多处放电孔
50	3530	多处放电孔	63	6300	
51	3540		64	7200	
52	3540		65	8300	
53	3720		66	9880	
54	3720		67	11980	
55	3530		68	11540	
56	3930		69	17550	
57	3840		70	39220	

1.1.2.3 故障原因分析

根据解体过程，套管电容屏击穿及绝缘碳化区域分布见图1-11。分析套管内部电容屏击穿过程，放电发展路径可能如下：套管起始放电位置位于套管最内层电容屏，电容屏击穿后，放电逐渐发展至第52层电容屏，形成第一条放电导通通道，此时电容屏击穿数达到总数的30%；由于电容屏击穿导通，套管有效电容屏层数减小，各层电容屏间承受电压增大，放电进一步往外层电容屏发展，造成第50层至第40层间电容屏击穿，形成第二条导通通道。同时，第一条放电导通通道进一步向外发展，在局部放电及过热等因素下共同作用下，造成直至第26层电容屏间绝缘纸碳化。

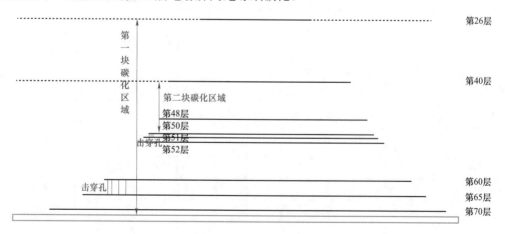

图1-11 套管内部电容屏击穿及绝缘碳化区域分布情况

结合解体情况，分析缺陷原因为套管绝缘内部存在异物或杂质，套管在长期运行过程中发生局部放电，绝缘缓慢劣化后发生电容屏击穿。由于套管采用电容屏搭接形式，运行过程中在同一层电容屏搭接处某种工况下可能存在电压差，长期运行后绝缘损伤、劣化、击穿。

1.1.2.4　提升措施

对于运行年限超过 10 年的同型号套管，建议每年开展一次套管介质损耗及电容量试验。

1.2　外 绝 缘 故 障

1.2.1　某站"2012 年 1 月 31 日"极 Ⅱ Y/D－C 相换流变压器网侧中性线 B 套管硅橡胶开裂渗油

1.2.1.1　概述

1. 故障简述

2012 年 1 月 31 日，某站运行人员在对冷备用状态的换流变压器进行巡视过程中，发现极 Ⅱ Y/D－C 相换流变压器底部有漏油痕迹，进一步检查发现该换流变压器网侧中性线 B 相硅橡胶套管升高座部位漏油。

2. 设备概况

故障换流变压器网侧中性线套管型号为 GSA 123，编号为 LMV2745605－982，于 2003 年 6 月 16 日投运。

1.2.1.2　设备检查情况

现场极 Ⅱ Y/D－C 相换流变压器网侧中性线 B 套管升高座部漏油情况见图 1－12。

图 1－12　现场极 Ⅱ Y/D－C 相换流变压器网侧中性线 B 套管升高座部漏油情况

该套管为固体绝缘内部中空,渗出的油为变压器本体绝缘油,为避免绝缘油持续渗漏,关闭了该相换流变压器本体与储油柜之间的阀门,随后检查其本体储油柜油位为 35%左右，远方显示油位为 33%，储油柜油位在正常范围。

对其余 13 台换流变压器（包括备用变）和 3 台平波电抗器（包括备用平波电抗器）进行相关检查，未发现异常。同时利用金属抱箍对极Ⅱ Y/D-C 相换流变压器网侧中性线 B 套管漏油部位的硅胶片进行紧固，阻止继续漏油，详见图 1-13。

图 1-13　漏油部位的硅胶片进行紧固效果图

1.2.1.3　故障原因分析

某站 GSA 套管渗油的故障原因已经明确，是该型号前期生产的套管只有一道密封，后面都改成两道了。

1.2.1.4　提升措施

建议结合国网设备部隐患治理情况更新故障原因分析和提升措施。

1.2.2　某站"2019 年 3 月 18 日"极Ⅰ Y/D-C 相换流变压器中性点套管硅橡胶与法兰结合面开裂渗油

1.2.2.1　概述

1. 故障简述

2019 年 3 月 18 日，某站运行人员发现极Ⅰ Y/D-C 相换流变压器中性点套管附近箱壁有大量油迹，3 月 19 日换流变压器转检修，检查发现中性点套管硅橡胶与中部法兰结合面开裂漏油，现场用绝缘胶带将开裂处缠住，为防止继续漏油，制定中性点套管更换作业方案并于 3 月 24 日开始套管更换。

2. 设备概况

极Ⅰ Y/D-C 相换流变压器相关参数见表 1-8。

表 1-8　　　　　　　　　极Ⅰ Y/D-C 相换流变压器相关参数

类别	具体参数	类别	具体参数
变压器型号	TCH 146DR	空载损耗	117.8kW
联结组别	Y/D	投运时间	2002 年 6 月 2 日
电压比	525/√3（网侧）/115.8（阀侧 Y 绕组）/ 200.6（阀侧 D 绕组）	故障时间	2019 年 3 月 18 日
额定容量	283.70MVA	中性点套管型号	GSA 123-OA/1600/0.5
短路阻抗	16.6%	中性点套管厂家	—

1.2.2.2　设备检查情况

1. 现场检查情况

中性点套管硅橡胶与法兰结合面漏油见图 1-14，同时还发现网侧高压套管升高座底部法兰漏油，对其进行紧固发现密封垫已无压缩量，法兰持续漏油。更换中性点套管需要对换流变压器排油，所以现场临时用绝缘胶带将开裂处缠紧，避免继续漏油，见图 1-15。

图 1-14　中性点套管硅橡胶与法兰结合面漏油　　图 1-15　中性点套管开裂临时处理措施

2. 故障处理情况

采用大排油方案进行中性点套管更换检修，同时起吊网侧高压套管更换各安装法兰的密封垫，处理情况见图 1-16。

现场进行网侧套管升高座密封垫更换时，起吊网侧套管后发现套管底部、载流端子均有烧损痕迹，接触面存在凹凸。现场用白洁布、无毛纸对套管底部及载流端子进行了打磨清扫，处理前后见图 1-17。

1.2.2.3　故障原因分析

该换流变压器已运行 17 年，中性点套管老化导致硅橡胶与中部法兰结合面有开裂风险，同时中性点引线使套管受一定的应力加剧了薄弱环节损坏。该次停电对其余换流变压器的中性点套管进行检查，暂未发现异常。

图1-16 中性点套管更换及网侧高压套管升高座底部法兰密封垫更换

处理前　　　　　　　　　　　　处理后

图1-17 网侧高压套管与底部载流端子烧损痕迹处理

1.2.2.4 提升措施

（1）采购中性点套管备品，以备在运套管老化更换。

（2）停电检修时因为需要消磁试验，中性点引线会进行拆装，装复时要注意减少中性点套管所受应力。

1.3 绝缘油分析异常

1.3.1 某站"2017 年 3 月 28 日"极Ⅰ低端 Y/Y－C 相换流变压器网侧套管油色谱数据异常

1.3.1.1 概述

1. 故障简述

2017 年 3 月 28 日，某站年度检修期间对换流变压器网侧套管取油进行油色谱试验，发现极Ⅰ低端 Y/Y－C 相换流变压器网侧 A 套管有乙炔，乙炔含量 0.2μL/L。

2. 设备概况

套管型号为 GOE1675－1175－2500－0.6－B，序列号为 1ZSC342582，投运日期为 2010 年。

1.3.1.2 设备检查情况

该套管每解体 5 层主屏后对套管 C1 电容进行电容值及介质损耗测量，测量值见表 1－9。

表 1－9　　　　　　　　　套管电容值及介质损耗测量值

测量次数	测量位置	电容值（pF）	介质损耗（%）	备注
1	末屏处	505.2	0.31	
2	第 5 层主屏	632.4	0.33	
3	第 10 层主屏	877.6	0.32	共 22 层主屏和 1 层零屏
4	第 15 层主屏	1286	0.36	
5	第 20 层主屏	3094	0.34	

试验数据未见异常，对该套管解体，发现如下问题：

顶部圆环与导电杆接触面存在明显烧蚀痕迹，见图 1－18，软连接内部白色圆环有受热融化迹象，见图 1－19。

因铝箔拼接工艺不同，该站套管内部铝箔搭接部位存在大量放电点，见图 1－20。其中第 2、9、14、16 层主屏周围均存有不同程度放电痕迹，见图 1－21。

 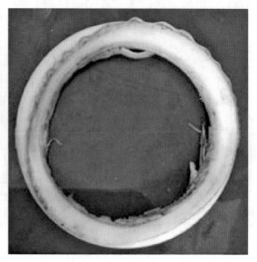

图 1-18 导电杆接触面存在明显烧蚀痕迹　　　图 1-19 软连接内部过热痕迹

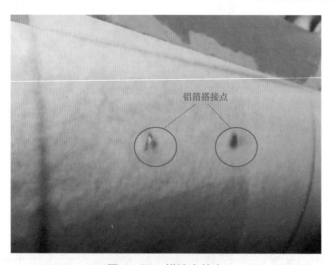

铝箔搭接点

图 1-20 搭接点放电

16

图 1-21 第 16 层主屏放电

在第 14 层与第 15 层主屏之间有一层油浸纸上发现一处长约 15mm、厚约 0.5mm 黑色杂质，见图 1－22。

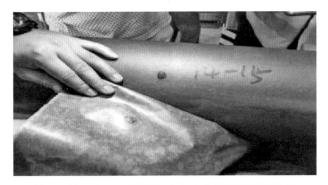

图 1－22　第 14 层与第 15 层之间绝缘纸存在杂质

零屏处导电杆及紧贴着的一层纸，有大量杂质，见图 1－23。

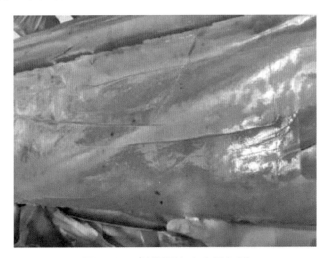

图 1－23　油浸纸上有大量杂质

套管底部密封环处存在圆盘状黑点，见图 1－24。

图 1－24　底部密封环有大量黑点

1.3.1.3 故障原因分析

网侧套管结构复杂，为多导电杆结构，各个导电管（如柔性软连接处的多管）存在电位差时，电极间隙放电会产生特征气体；且套管内层电容芯体内层电容屏间场强较大，厂内在绕制电容芯体过程中加工工艺管控不严，导致异物混入引起局部放电。

1.3.1.4 提升措施

套管制造过程中，加强工艺（包括干燥）控制，减少平板电缆纸内褶皱，严格控制生产环境和套管部件的洁净度，加大套管瓷套入厂质量把关的力度。

1.3.2 某站"2017年9月29日"800kV备用换流变压器网侧套管油中溶解气体数据异常

1.3.2.1 概述

1. 故障简述

某站投运一年后于年度检修期间发现800kV备用换流变压器（原极Ⅱ高Y/Y-C）网侧套管氢气含量为470.92μL/L，乙炔含量为1395.22μL/L，总烃含量为2603.59μL/L，微水含量为17.41mg/L。

2. 设备概况

故障换流变压器相关参数见表1-10。

表1-10　　　　　　　　　　故障换流变压器相关参数

类别	具体参数	类别	具体参数
变压器型号	ZZDFPZ-412300/750-800	负载损耗	1123.69kW
联结组别	Y/Y	投运时间	2016年8月
电压比	441.7/101	故障时间	2017年9月
额定容量	412.3MVA	套管型号	GOE 2550-1600-2500-0.6-B
短路阻抗	23.11%	套管厂家	—
空载损耗	183.00kW	其他	—

1.3.2.2 设备检查情况

1. 现场检查情况

2017年9月29日，在年度检修期间，检修人员对高端换流变压器网侧750kV套管进行油色谱分析时，发现800kV备用换流变压器（原极Ⅱ高Y/Y-C）网侧套管油色谱数据中氢气（H_2）含量为470.92μL/L，乙炔（C_2H_2）含量为1395.22μL/L，总烃含量为2603.59μL/L，微水含量为 17.41mg/L，具体试验数据见表 1-11。

表 1-11　　　　2017 年 9 月 29 日网侧套管油色谱试验数据（μL/L）

设备名称	氢 （H_2）	甲烷 （CH_4）	乙烷 （C_2H_6）	乙烯 （C_2H_4）	乙炔 （C_2H_2）	总烃 （ΣCH）	一氧化碳 （CO）	二氧化碳 （CO_2）	微水 （H_2O）
800kV 备用 变压器	470.92	348.96	68.23	791.18	1395.22	2603.59	153.56	568.39	17.41

2018 年 7 月 26 日，换流变压器网侧套管直立静置后再次开展油色谱试验、主绝缘试验，试验数据分别见表 1-12 和表 1-13。

表 1-12　　　　2018 年 7 月 26 日网侧套管油色谱试验数据（μL/L）

设备名称	氢 （H_2）	甲烷 （CH_4）	乙烷 （C_2H_6）	乙烯 （C_2H_4）	乙炔 （C_2H_2）	总烃 （ΣCH）	一氧化碳 （CO）	二氧化碳 （CO_2）	微水 （H_2O）
极 I 高端 Y/Y-A 相	1038.83	447.3	71.66	803.76	1521.35	2844.07	361.83	217.01	19.67

注　750kV 充油套管的微水注意值为 15mg/L。

表 1-13　　　　2018 年 07 月 26 日网侧套管主绝缘试验数据（pF）

测试项目	主电容量	误差	介质损耗（%）
设备铭牌值	608	-0.99% （标准为±5%）	0.34
测试值	602		0.27

2. 返厂检查情况

故障网侧套管结构及外观检查图见图 1-25。

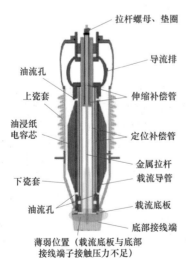

GOE套管内部结构示意图

返厂网侧套管

图 1-25　故障网侧套管结构及外观检查图（一）

载流底板密封垫圈有瑕疵毛边　　　　　　载流底板氧化痕迹

图 1-25　故障网侧套管结构及外观检查图（二）

该网侧套管绝缘瓷套表面存在多处刮痕（运输所致）；载流底板存在氧化痕迹为运行过程中的接触面氧化。

拆除将军帽过程中未发现异物及异常放电点，见图 1-26。

拆解将军帽　　　　　　　　　　　　　　拆除将军帽

导流排　　　　　　　　　　　　　　　伸缩补偿管

图 1-26　拆除换流变压器网侧套管将军帽过程（一）

拆除伸缩补偿管　　　　　　　　　　　　　拆除伸缩弹簧组

图 1-26　拆除换流变压器网侧套管将军帽过程（二）

套管下瓷套解体发现电容尾端有 4 处疑似放电痕迹，在下瓷套内表面对应位置存在明显 4 处放电痕迹，且下瓷套内壁存在污渍油迹，见图 1-27。

套管下瓷套　　　　　　　　　　　　　载流底板密封圈无褶皱、无刮痕

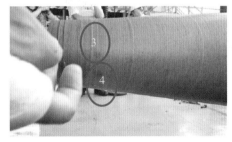

电容尾端疑似放电痕迹（2处）　　　　　　　电容尾端疑似放电痕迹（2处）

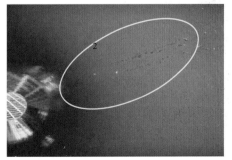

下瓷套（1为放电痕迹区域，2为污渍油迹）　　　　下瓷套内壁污渍油迹

图 1-27　套管下瓷套解体情况（一）

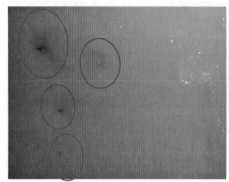

| 下瓷套内壁放电痕迹（4处） | 下瓷套内壁放电痕迹（其中1处） |

图1-27 套管下瓷套解体情况（二）

继续拆解上瓷套，末屏法兰与上瓷套间绿色密封垫挤压正常，但密封垫与密封面间存在大量蓝色胶泥；上瓷套内擦拭发现大量油渍污迹，见图1-28。专家认为：蓝色胶泥疑似密封垫溶解或杂质混入所致，上瓷套内油渍污迹疑似放电所致。

拆除上瓷套，绿色密封垫

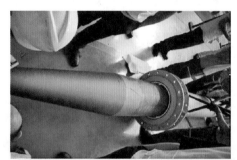

拆除末屏法兰连接板

末屏法兰密封面存在蓝色胶泥

上瓷套内部擦拭后污垢

图1-28 拆除上瓷套

拆除末屏法兰，发现末屏引线绝缘护套烧穿，末屏引线有过热放电烧伤痕迹，末屏引线已经烧断多股；末屏引线长约 460mm，在内部多圈盘绕。末屏小套管外侧压紧螺栓及弹簧垫片锈蚀。末屏引线过长，易引起高频电感量分压效应，引起局部压差放电。末屏密封不严引起油中微水超标，情况见图 1-29。

末屏法兰拆除后末屏引线首端

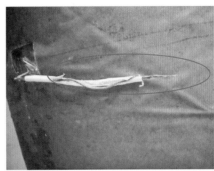
末屏引线有过热变色、烧蚀痕迹，护套烧伤

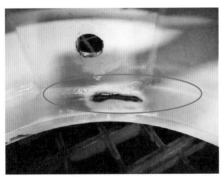
末屏法兰内部已经放电烧蚀

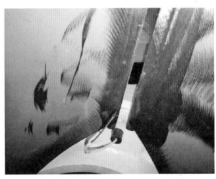
末屏法兰、末屏引线过热变色、烧蚀痕迹

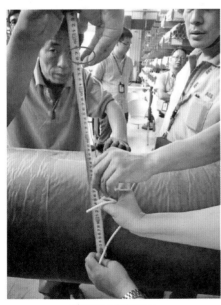
末屏引线长度约460mm

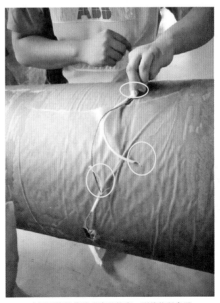
末屏引线绝缘护套多处烧穿，引线烧断多股

图 1-29 拆除末屏法兰情况（一）

末屏小套管外侧压紧螺栓及弹簧垫片锈蚀　　　　末屏小套管绝缘锈渍

图 1-29　拆除末屏法兰情况（二）

电容芯油纸解体过程发现部分电容屏存在褶皱；发现一处尾端电容屏绕制存在不规则重叠现象且在该部位发现油纸存在不规则撕裂痕迹、刀切割痕迹，见图 1-30。此处易引起局部电场畸变；进而引起局部放电。

剖解电容油纸　　　　　　　　　　　　电容油纸间电容屏存在褶皱

尾端疑似放电痕迹处油纸无击穿痕迹　　　　　尾端电容屏绕制存在不规则叠加

图 1-30　电容屏拆解过程（一）

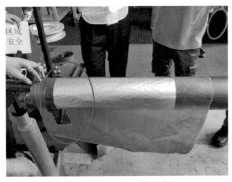

油纸刀切割以及不规则撕裂痕迹　　　　　　油纸刀切割痕迹（第二层）

图 1-30　电容屏拆解过程（二）

1.3.2.3　故障原因分析

（1）套管厂内检测油中微水含量 19.67mg/L，解体检查末屏密封压紧螺栓以及弹簧垫片存在锈蚀痕迹，密封圈未发生明显压接形变；判断微水超标原因为密封不严所致。

（2）套管现场以及厂内检测乙炔含量均达到 1000μL/L 以上，解体检查发现末屏引线长约 460mm，末屏引线存在过热以及烧蚀痕迹，且末屏引线与法兰搭接处存在严重放电烧蚀痕迹；分析此处放电是由于末屏引线过长，末屏引线高频电感效应分压引起局部压差放电所致。

（3）返厂套管下瓷套内表面存在 4 处放电痕迹且存在大量油渍污迹，对应的电容尾端存在 4 处疑似放电痕迹；也是引起油中出现乙炔的原因。

（4）返厂套管上瓷套擦拭发现大量油渍脏污，套管内部油渍脏污放电严重。

（5）末屏法兰与瓷套密封表面绿色橡圈密封处存在蓝绿色胶泥液体，该处色泽不符合正常状况，专家认为疑似密封垫溶解或杂质混入所致，有待进一步化验分析确定成分和原因。

（6）解体发现在紧靠套管载流导体处的油纸绝缘以及锡箔纸末屏存在叠装不规整以及刀片切割油纸绝缘痕迹，有可能造成局部电场畸变引起局部放电。

1.3.2.4　提升措施

返厂套管的主绝缘测试数据（电容量及介质损耗）均在合格范围内，不能发现问题。而油色谱分析对套管检测较敏感，但由于套管内为密封环境，多次取油样易造成套管油位下降；建议厂家对套管进行油色谱分析检测，同时制定详细取油样以及补油措施方案。

厂家对末屏引线长度的设计规范及引线选型（如长度、引线粗细、引线绝缘护套等问题）进行技术说明、尺寸整改进行工艺把控。

1.4 载流连接部件故障

1.4.1 某站"2019 年 1 月 28 日"极Ⅱ 低端 Y/Y－C 相换流变压器网侧套管底部过热异常产气

1.4.1.1 概述

1. 故障前运行工况

2019 年 1 月 26～31 日,某换流站极Ⅱ低端阀组按计划停电开展网侧套管升高座轻瓦斯改跳闸、换流变压器降噪装置顶盖拆除、消防喷头加装等工作。极Ⅰ高、极Ⅰ低、极Ⅱ高三阀组运行,1 月 28 日全站最大负荷 3500MVA。

2. 故障简述

2019 年 1 月 28 日,某换流站油色谱检测发现极Ⅱ低端 Y/Y－C 相换流变压器数据较 2018 年 12 月 28 日测试值有明显增长,总烃由 61.7μL/L 增至 87.2μL/L,与油色谱在线监测装置数据趋势相符,复测检测结果与第一次试验值一致。

2019 年 1 月 30 日,该站在开展极Ⅱ低端网侧套管拉杆检查工作期间,发现极Ⅱ低端 Y/Y－C 相换流变压器网侧套管拉杆系统紧固螺栓卡死,无法进行降拉力工作。3 月 10 日,对该台换流变压器采用"小排油"方案吊出网侧套管进行套管拉杆系统更换检查。

3. 设备概况

该网侧套管型号为 GOE1675－1300－2500－0,3,投运日期 2017 年。

1.4.1.2 设备检查情况

(1)停电前设备检查情况:

1)换流变压器本体无渗漏油,运行声音无异响,油温油位正常。

2)检查 4 组冷却器潜油泵绝缘、直阻、电流均无异常,潜油泵启动、运行过程中声音正常。

(2)停电检修期间设备检查情况:

1)黄紫铜端子上下接触面有烧热痕迹。吊出网侧套管进行检查清理过程中,发现套管底部接触面存在细微发热痕迹,随后拆除紫铜接线端子后在对应位置同样发现有发热痕迹,见图 1－31。

图 1-31　黄紫铜端子接触面发热痕迹

2）引线与底座连接螺母力矩不够。按照厂家工艺标准，引线与底座连接处的螺母应采用 70N·m 的力矩锁紧螺母，以保证引线与底座的可靠连接。在现场拆卸底座与引线连接螺母时发现力矩不到 40N·m，且原载流端子螺栓连接处有明显黑色发热痕迹（见图 1-32），经分析该部位可能是导致换流变压器总烃异常的主要原因。

图 1-32　绕组引线与载流端子发热痕迹

3）载流端子等电位线的连接位置安装不正确。现场检查发现该台换流变压器载流端子等电位线的连接在底座端子上表面螺孔，而按照厂家工艺标准是应接在底部端子下部的螺孔上。

（3）为确保换流变压器的安全稳定运行，现场厂家技术人员对上述问题进行了初步处理。

1）在连接绕组引线与载流端子时，按 70N·m 力矩要求对螺栓进行紧固。

2）在新的载流端子安装过程中，对安装高度进行了调整，满足工艺标准要求。

1.4.1.3　故障原因分析

1. 离线油色谱试验数据分析

该换流变压器投运后一直按规程要求开展油色谱等相关试验，其中 2018 年 7 月 26

日，曾出现油色谱试验数据较 2018 年 6 月 29 日测试值增速异常的现象，总烃由 11.4μL/L 增至 35.9μL/L，乙炔由 0.2μL/L 增至 0.4μL/L。随即按每天一次的频率跟踪检测一周，后改为每周一次跟踪检测一个月，油色谱数据稳定后改为正常周期每月一次。

根据 2019 年 1 月 28 日油色谱测试结果，总烃又有明显增长，按三比值法判断，极 Ⅱ 低 Y/Y – C 相换流变压器内部存在高温过热现象。

投运后历次离线油色谱试验数据变化趋势见图 1–33。

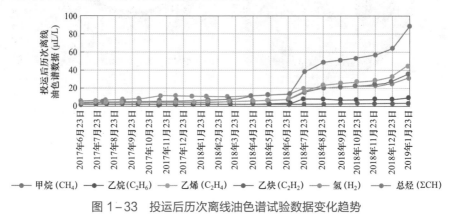

图 1–33　投运后历次离线油色谱试验数据变化趋势

2. 检修过程发现的内部问题分析

此次换流变压器总烃异常原因为基建安装过程中，厂家安装人员未安装套管组件标准安装工艺进行套管安装，套管底部出线装置安装位置错误，底部接线端子紧固力矩不达标，带电运行后，载流接触面间过热，导致换流变压器本体总烃的异常增长。

1.4.1.4　提升措施

（1）对该台换流变压器进行热油循环处理，待油化试验合格后，静置排气，完成相应试验。其后加强修后油色谱跟踪检测工作。

（2）对于其他换流变压器网侧套管，结合端子更换工作，开展引线力矩检查、等电位线连接位置专项检查。

（3）整改过程中，做好全程记录，确保安装质量工艺到位。

1.4.2　某站"2017 年 7 月 7 日"极 Ⅱ 低端 Y/D – A 相换流变压器网侧套管将军帽发热

1.4.2.1　概述

1. 故障前运行工况

输送功率：8000MW。

接线方式：双极四阀组大地回线全压方式运行。

2．故障简述

2017 年 7 月 7 日，某站 8000MW 满负荷运行期间，开展一次设备红外测温发现极 Ⅱ 低端 Y/D－A 相换流变压器网侧高压套管将军帽温度达到 100℃，经过两天持续跟踪测温，截至 9 日中午温度达到 130℃，现场立即申请停电对将军帽发热进行处理。

3．设备概况

该站双极低端换流变压器网侧高压套管型号为 BRLW－550/2500－3。该套管为油纸绝缘电容式结构，主要由接线端子、导电头（将军帽）、电容芯子、储油柜、法兰、上下瓷套等主要零部件组成，见图 1－34。

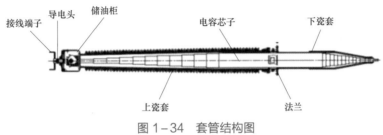

图 1－34　套管结构图

套管主绝缘为电容芯子，采用同心电容串联而成，封闭在上下瓷套、储油柜、法兰及底座组成的密封的容器中，它们之间的接触面衬以耐油橡胶垫圈，并通过设置在储油柜内的一组强力弹簧（见图 1－35）所施加的中心压紧力作用，使套管内部处于良好的密封状态，与外界大气隔绝。容器内充有经处理过的变压器油，使内部主绝缘成为油－纸结构，以提高绝缘能力。储油柜可对套管内的油在温度、压力变化时进行补偿，储油柜上采用磁性指针式油表。

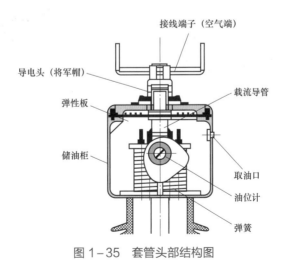

图 1－35　套管头部结构图

储油柜内部的弹性板在导电管热胀冷缩时能随着导电管一起往上移动，弹性板上下的双道径向密封构成套管的主密封。

1.4.2.2　设备检查情况

由于该套管在拆除过程中主体结构已经被破坏，导电杆已经发生位移，经过讨论不再对该套管进行高压试验，只取油进行油色谱试验。套管内部油样油色谱试验结果见表 1-14。由表 1-14 中可以看出，各成分未见明显异常情况。

表 1-14　　　　　　　　　　　油 色 谱 试 验 数 据

气体组分	氢 （H_2）	甲烷 （CH_4）	乙烷 （C_2H_6）	乙烯 （C_2H_4）	乙炔 （C_2H_2）	一氧化碳 （CO）	二氧化碳 （CO_2）	总烃 （ΣCH）
套管油样（μL/L）	0	2.96	0.16	0.06	0	22.42	319.53	3.18

在放油结束后，开始对套管进行解体。由于将军帽与导电管已卡死，现场对将军帽两侧开槽进行破坏性拆除，见图 1-36。

图 1-36　将军帽拆除情况

从图 1-36 可以看出，导电管上部（与将军帽接触位置）以及将军帽内部，有部分黑色物质，疑似发热变色痕迹；导电管部分螺纹已脱落，这是导致将军帽卡死的主要原因。

现场拆除套管末屏接地端子，拆开法兰螺栓，分离上瓷套与套管电容芯子。套管上瓷套、法兰、电容芯子、末屏接线图见图 1-37。

套管电容芯子本体无明显异常，末屏接线已断裂，推测现场在拆卸将军帽的过程中，导电管与连着电容芯子一起转动，导致末屏接线断开。

底部接线端子拆除图见图 1-38，将套管底部接线端子拆除，发现密封螺母已脱离导电管，随之接线端子一起脱离底座。从图 1-38 中可以看出，在拆卸将军帽的过程中，导电管大概向上移动 2cm，导致密封螺母脱离导电管。

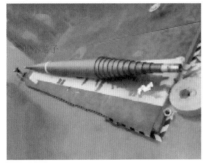

图 1-37 套管上瓷套、法兰、电容芯子、末屏接线图

图 1-38 底部接线端子拆除图

在拆除套管油箱过程中发现，套管油箱盖板有密封问题，盖板反面及弹性板上也存在大量水渍，说明此处密封问题需要改进，见图 1-39。

图 1-39 油箱盖板及弹性板上的水渍

1.4.2.3 故障原因分析

造成将军帽发热的原因有如下几点:

(1) 由于设计原因,将军帽现场施工紧固并紧螺母时无法利用力矩扳手按施工工艺规定进行操作,不能有效核实安装力矩,导致长时间运行后并紧圆螺母松动,造成将军帽和套管载流导管未能可靠紧密连接,将军帽与载流导管连接螺纹松动或接触不良,导致将军帽内部异常发热。

(2) 换流变压器运行过程中振动导致将军帽并紧螺母松动,造成将军帽与载流导管连接螺纹局部接触不良,导致将军帽内部异常发热。

(3) 套管将军帽受到顶部切向拉力,此拉力无法有效传导至套管本体,仅仅作用于将军帽与导杆之间,引起将军帽倾斜,造成将军帽与导杆有效接触面积减小,导致将军帽内部异常发热。

(4) 套管导杆材质为黄铜,将军帽材质为紫铜,运行过程中因负荷变化,引起在导杆与将军帽热胀冷缩过程中形变量不同,造成螺纹间有效接触面积减小导致将军帽内部异常发热。

1.4.2.4 提升措施

(1) 针对未改造的套管,运行期间需加强红外测温、紫外放电检测,年度检修期间对套管进行介质损耗、电容、电阻测量,尽快完成隐患套管更换。

(2) 设计改进:

1) 若保留将军帽结构进行设计改进见图 1–40,将原压圈、压板组合结构改为导电

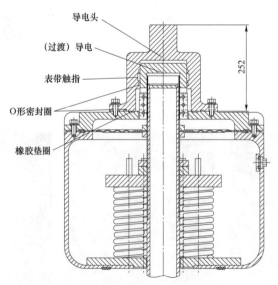

导电头

(过渡) 导电

表带触指

O形密封圈

橡胶垫圈

252

图 1–40 设计改进的将军帽结构(单位:mm)

头一体结构,原将军帽改为(过渡)导电头,与将军帽(导电头)之间通过表带触指载流,仅在储油柜盖板与导电头之间存在一条需要密封的通道,由 O 形密封圈和橡胶密封垫组成两道静态密封。

2)新设计套管采用一体式导杆载流结构,见图 1-41,取消了老式的将军帽结构,导杆与金属件、金属件与金属件之间每个泄漏通道上都设计有至少 2 道密封圈进行密封。所有金属件之间均为面与面直接接触,密封圈采用限位设计。合理设计压盖与载流导管之间间隙,承受架空线拉力作用及风力作用时,使密封圈的压缩率控制在有效范围内。套管采用单根、整根导电管结构,载流结构简单可靠,配合头部盖板处采用的多道密封结构,使得套管载流、密封性能以及运行可靠性能够得到保障。自 2018 年以来,取消将军帽结构的套管在多站均至少有 1 支在运行。就目前运行情况来看,该结构能够改善头部进水情况,降低头部发热风险。

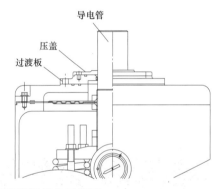

图 1-41　一体式导杆载流结构示意图

1.5　拉杆连接系统故障

1.5.1　某站"2011 年 1 月 22 日"极Ⅱ Y/Y-A 相换流变压器交接试验后局部放电超标

1.5.1.1　概述

1. 故障前运行工况

正常运行。

2. 故障简述

2011 年 1 月 22 日,某换流站极Ⅱ Y/Y-A 相换流变压器进行现场局部放电试验,网侧分接开关在 1 挡。当阀侧试验电压升至约 80kV（网侧电压约 118kV）时，局部放电测试仪收到剧烈放电信号，当继续升压至试验电压 412.8kV（网侧）时，测得放电量约为 40000pC，多次升压测量，放电起始电压基本为 80kV 保持不变，熄灭电压约为 68kV。

1.5.1.2 设备检查情况

1. 现场检查情况

为查找原因，将换流变压器网侧分接开关从 1 挡调至 28 挡（额定挡位），当阀侧试验电压升至约 105kV（网侧电压为 116kV），放电现象又开始出现，当继续升压至试验电压 412.8kV（网侧）时，放电量达到 50000pC 左右。此时保持试验电压不变，放电量呈逐渐减小趋势，从 50000pC 逐渐降至 20000、10000、4000pC，经过数小时后，放电量维持在 700～2000pC。采用超声定位系统进行检测，在换流变压器网侧高压套管升高座处测到明显放电超声信号。

经过反复移动超声探头，最终确定信号最强部位，该部位在网侧 500kV 高压套管末端均压罩与换流变压器出线装置连接法兰处。经过分析，决定将高压套管从升高座吊出进行检查处理。放电超声波信号情况见图 1-42。

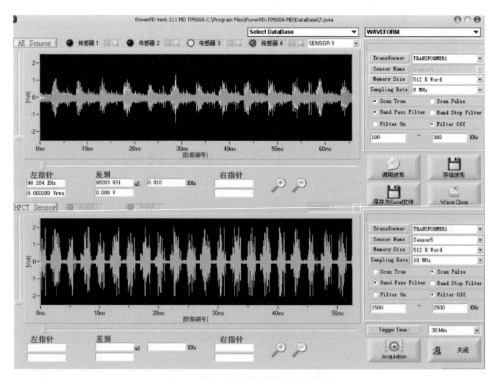

图 1-42 放电超声波信号情况

2. 返厂检查情况

（1）设备检查情况：关闭换流变压器本体储油柜阀门，将 500kV 高压套管升高座中的油放出并将套管吊起后检查发现，套管末端均压罩与换流变压器高压出线装置连接处的法兰盘上有明显的放电发黑痕迹（见图 1-43）。经现场检查发现，高压套管内部拉紧用拉杆的紧固螺栓有松动现象。

图 1-43　套管末端出线法兰盘上有明显的放电发黑痕迹

（2）换流变压器厂家技术人员现场对连接处的放电发黑痕迹进行打磨处理，将 500kV 高压套管重新安装就位，并用紧固胶对拉杆紧固螺栓进行了固定，并在抽真空状态下将换流变压器储油柜中的油补充到本体中。

1 月 23 日下午，在常规检查无异常情况下，对该换流变压器重新进行局部放电试验，当阀侧试验电压再次升到 80kV 左右时，再次出现剧烈放电现象，当试验电压升到额定值时，放电量达到约 50000pC，再次用局部放电超声探头检测，最大放电量仍在 500kV 高压套管升高座处。同时在升高座处，还能听到类似煮水时的"咕噜"声。降压后重新升压，放电起始电压逐渐升高。同时，随着施加电压的时间越长，放电量逐渐减小，当加压时间持续 30min 左右时，放电量已明显较小，约为 300pC，但仍不时有 2000pC 左右的放电脉冲出现，持续时间很短。分析认为主要原因是前期检查 500kV 高压套管后，虽然进行了抽真空补油，但补油后本体中的油仍会含有少量的气体，如果静放时间不够，这些少量的气体就会影响局部放电试验的结果。为此，决定静放一夜后，于第二天上午重新进行局部放电试验。

1 月 24 日上午，重新试验时，当试验电压升至 1.1 倍试验电压（网侧 349kV）时，出现一次较大放电脉冲，随即消失，继续升压到 1.3 倍额定试验电压（网侧 413kV）时，放电量基本稳定在 220pC 左右，偶尔出现一次 400pC 左右的放电脉冲，但出现的间隔时间越来越长，直到基本不再出现。降低电压后重新升压到 1.3 倍额定试验电压（413kV）并持续 1h，放电量基本稳定在 220pC 左右。根据局部放电试验判断准则，该 A 相换流变压器局部放电试验合格。

1.5.1.3　故障原因分析

分析认为，由于拉紧 500kV 高压套管的拉杆紧固螺栓松动，造成高压套管末端均压罩与出线装置连接处的法兰盘接触不良，有油膜间隙，出现电位差发生放电。虽然放电处放电量很大（测量值达到约 40000pC），但由于一是油膜间隙放电，放电发生在两个平面间，油量有限；二是在试验电压下放电，瞬间放电量虽然很大，但持续时间较短，对油中的可燃气体裂解浓度有限，再加之放电点位于升高座中，处于变压器油基本不流动的死油区，所以从 A 相换流变压器本体和升高座处取得的油样色谱分析结果中，未见明显异常。

1.5.1.4　提升措施

（1）严格按照设备说明书、安装指导手册要求、步骤开展换流变压器各部件安装工作，确保安装步骤、工艺满足技术手册要求。

（2）严格执行交接验收试验规程相关要求，认真开展现场交接验收试验工作，确保及时发现设备安装过程中存在的隐患。

（3）在可能存在金属件间歇性接触处设置绝缘套或加大金属件间隙，以防止存在电位差的金属件间歇性接触放电。

1.5.2　某站"2017 年 8 月 29 日"极Ⅰ低端 Y/Y－A 相换流变压器网侧高压套管拉杆与底部接线端子松脱

1.5.2.1　概述

1. 故障前运行工况

输送功率：6000MW。

接线方式：双极四阀组大地回线运行。

2. 故障简述

2017 年 8 月 29 日 20:35:02，某站极Ⅰ低端 Y/Y－A 相换流变压器网侧高压套管升高座气体继电器轻瓦斯报警，20:35:34 重瓦斯跳闸，极Ⅰ低端阀组闭锁，损失功率 2000MW，安稳装置动作切除发电厂 3 台机组。

3. 事件记录

故障时刻事件记录见表 1－15。

表 1－15　　　　某站"2017 年 8 月 29 日"故障时刻事件记录表

序号	时间	事件
1	20:35:02:067	极Ⅰ低端 Y/Y－A 相换流变压器网侧首端套管轻瓦斯报警

续表

序号	时间	事件
2	20:35:34:127	极 I 低端 Y/Y – A 相换流变压器网侧首端套管重瓦斯动作
3	20:35:34:171	极 I 低端阀控 ESOF
4	20:35:34:173	极 I 低端阀控系统 Y 闭锁动作
5	20:35:34:269	安稳装置 A/B 动作

4. 设备概况

该相换流变压器网侧套管电压等级 500kV，套管型号 GOE1675 – 1300 – 2500 – 0.3，出厂编号 1ZSCT14003317/01。

1.5.2.2　设备检查情况

根据保护动作情况，值班人员对极 I 低端 Y/Y – A 相换流变压器网侧高压套管升高座气体继电器检查，发现轻瓦斯、重瓦斯浮球已掉落，瓦斯内部集聚有气体，见图 1 – 44。

检查换流变压器顶部油温、绕组温度、本体储油柜油位、分接开关储油柜油位、套管油位等，未见异常；检查换流变压器本体、冷却器及潜油泵，未见渗漏油；检查一体化在线监测系统，最近一次（19:25）在线油色谱数据未见异常。

现场立即开展瓦斯取气、网侧高压套管升高座、本体顶部和本体底部取油样并进行色谱分析，结果显示网侧高压套管升高座油样乙炔含量达到 220.90μL/L，总烃达到 2641.40μL/L，数据见表 1 – 16。

图 1 – 44　瓦斯内部集聚气体

表 1 – 16　　　　　　　　换流变压器各部位油样气体含量（μL/L）

取样位置	甲烷 (CH_4)	乙烯 (C_2H_4)	乙烷 (C_2H_6)	乙炔 (C_2H_2)	氢 (H_2)	一氧化碳 (CO)	二氧化碳 (CO_2)	总烃 (ΣCH)
网侧高压套管升高座	524.28	1625.72	270.50	220.90	2001.45	2187.79	8033.21	2641.40
换流变压器顶部	45.70	81.40	10.36	8.79	35.52	563.08	3380.28	146.25
换流变压器底部	19.53	23.66	4.29	2.35	29.43	573.44	3370.17	49.83

1.5.2.3　故障原因分析

1. 故障分析

（1）故障录波分析。故障录波显示，极 I 低端换流变压器网侧三相电压、极 I 低端

Y/Y 换流变压器网侧首端、尾端套管三相电流无异常。

（2）故障位置分析。通过对各部位气体数据分析，初步判断换流变压器网侧高压套管升高座区域存在放电故障。

2. 故障处理

更换极 I 低端 Y/Y－A 相换流变压器。

3. 暴露问题

极 I 低端 Y/Y－A 相换流变压器网侧高压套管故障直接原因为拉杆过电流，引起拉杆、拉杆补偿铝管、拉杆补偿钢管、定位油密封管、定位补偿管间放电烧蚀洞穿。

1.5.2.4 提升措施

厂家提供能确保套管拉杆和导流结构可靠、便于操作和安后质量检查的现场安装工艺。

1.5.3 某站"2018 年 4 月 7 日"极 I 高端 Y/D－B 相换流变压器网侧套管拉杆与底部接线端子松脱

1.5.3.1 概述

1. 故障前运行工况

输送功率：5400MW。

接线方式：双极四阀组大地回线运行。

2. 故障简述

2018 年 4 月 7 日 16:45，某换流站极 I 高端 Y/D－B 相换流变压器发生故障，换流变压器差动保护动作，极 I 高端闭锁，故障造成极 I 高端换流变压器及阀厅设备损坏。

3. 事件记录

故障时刻事件记录见表 1－17。

表 1－17　　　　某站"2018 年 4 月 7 日"故障时刻事件记录表

时间	事件	备注
16:45:21.942	极 I 高端换流变压器角接小差速断保护动作	换流变压器电气量保护动作
16:45:21.944	极 I 高端换流变压器角接小差比例差动保护动作	
16:45:21.944	极 I 高端换流变压器保护大差比例差动保护动作	
16:45:21.945	极 I 高端换流变压器保护大差速断保护动作	
16:45:21.944	三取二模块出口跳交流断路器及阀组闭锁命令	换流交压器保护出口
16:45:21.992	5031.5032 开关三相断开	换流交压器开关跳开
16:45:22.158	极 I 高端 Y/D－B 相换流变压器本体重瓦斯保护动作	换流变压器非电量保护动作
16:45:22.161	极 I 高端 Y/D－B 相换流变压器本体压力释放阀动作	

1.5.3.2　设备检查情况

根据某换流站事件记录和故障录波，16:45:21.930（故障 0 时刻），极Ⅰ高端 Y/D–B 相换流变压器 500kV 侧交流电压瞬时跌落至 0kV，换流变压器 500kV 侧故障电流有效值为 36kA，达到了差动保护定值，12ms 换流变压器小差速断保护动作，14ms 换流变压器小差、大差比例差动保护动作，经"三取二"逻辑发跳闸并闭锁极Ⅰ高端阀组命令，59ms 故障切除（保护动作时间＋开关分闸时间＋燃弧时间，其中：保护动作时间 14ms，开关分闸时间＋燃弧时间共 45ms），保护正确动作，保护和开关动作时间均满足相关规程要求（差动速断动作时间不大于 20ms，差动动作时间不大于 30ms；开关分闸时间不大于 30ms，开关分闸时间＋燃弧时间不大于 50ms）。16:45:22.158，故障换流变压器本体重瓦斯保护动作，16:45:22.161，故障换流变压器本体压力释放阀动作。

根据保护范围判断：见图 1–45，故障时刻极Ⅰ高端 Y/D 换流变压器进线开关 TA1、TA2 和网侧套管首端 TA3 均测量到故障电流，网侧套管尾端 TA5 和阀侧套管 TA6、TA7 均无明显故障电流。结合故障期间电压和电流特征，判断故障点位于 Y/D–B 相换流变压器网侧套管根部区域。根据仿真计算结果，某 500kV 母线出口单相短路电流为 37.8kA，与此次实测结果 36kA 基本一致。

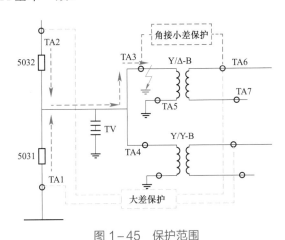

图 1–45　保护范围

小差保护范围包含了换流变压器网侧套管和网侧绕组。换流变压器网侧绕组存在电感，绕组短路时电压幅值会减小，但不会直接跌落为 0V。此次故障波形符合网侧套管根部区域故障特征，TA3 损坏也提供了佐证。

综合上述信息，判断极Ⅰ高端 Y/D–B 相换流变压器突发金属性对地短路故障，故障位置位于该换流变压器网侧套管根部区域。

1.5.3.3　故障原因分析

套管故障过程分析为：套管载流用紫铜底座与拉杆处脱离，紫铜与黄铜分离，如果拉杆和紫铜座在不连接情况下，紫铜和黄铜之间的油间隙击穿，在3000℃电弧的高温下，气体迅速产生，突发直接对地故障；如果拉杆和紫铜座连接情况下，电路通过拉杆流出，由于拉杆电阻是电流正常回路的800倍，高温使变压器油迅速劣化，产生气体使气体继电器动作。套管载流用紫铜底座与拉杆处脱离是故障发生的关键问题。

套管厂家所用拉杆的螺纹外径过小，为不合格产品；套管厂家所选择40kN的拉紧力过于激进，紫铜螺纹发生不可恢复塑性变形，无法保证多轮安装—拆卸—安装时的设计耐受力；在上述因素及温度、换流变压器振动的综合作用下，紫铜座螺纹无法耐受钢拉杆的剪切应力，最终导致拉杆与紫铜座脱离，电气连接失效。

1.5.3.4　提升措施

（1）针对结构设计问题，进行了两方面改进：① 整体采用钢–钢螺纹连接，消除钢–铜螺纹连接薄弱点；② 紫铜座–拉杆–钢衬套设计为不可拆卸整体，规避装拆质量风险。

（2）针对制造质量的问题，进行了两方面改进：① 增加拉杆螺纹直径入厂检验和拉杆出厂整体力学检测；② 将外瓷套长度制造精度由±40mm提高为±10mm。

（3）针对安装质量问题，进行了两方面改进：① 使用专用液压安装工装，顶部直接施加40kN拉力；② 顶部加装定位环，解决拉杆安装后的中心度无法保证问题。

（4）在运、在建工程更换新型拉杆连接系统；新建工程采用高可靠性套管和升高座方案。

1.5.4　某站"2018年6月2日"极Ⅱ低端Y/Y–A相换流变压器网侧套管拉杆与底部接线端子松脱

1.5.4.1　概述

1. 故障前运行工况

输送功率：6188MW。

接线方式：双极四阀组大地回线运行。

2. 故障简述

2018年6月2日，某站极Ⅱ低端Y/Y–A相换流变压器发生故障，换流变压器保护动作正确，故障造成极Ⅱ低端Y/Y–A相换流变压器损坏。

3. 事件记录

故障时刻事件记录见表1–18。

表 1-18　　　　　某站"2018 年 6 月 2 日"故障时刻事件记录表

时间	事件	备注
15:53:38.949	极Ⅱ低端换流变压器大差速断保护动作	换流变压器电气量保护动作
15:53:38.951	极Ⅱ低端换流变压器星接小差速断保护动作	
15:53:39.012	5222.5223 开关三相断开	换流变压器进线开关跳开
15:53:39.043	极Ⅱ低端 Y/Y-A 相换流变压器本体重瓦斯保护动作	换流变压器非电量保护动作
15:53:39.076	极Ⅱ低端 Y/Y-A 相换流变压器网侧首端套管重瓦斯保护动作	
15:54:02.517	极Ⅱ低端 Y/Y-A 相换流变压器网侧尾端套管重瓦斯保护动作	

1.5.4.2　设备检查情况

1. 保护动作分析

极Ⅱ低端换流变压器故障时刻，15:53:38.936（故障 0 时刻），极Ⅱ低端 Y/Y-A 相换流变压器 500kV 侧交流电压瞬时跌落至 0kV，换流变压器 500kV 侧故障电流有效值为 55kA，达到了差动保护定值，13ms 换流变压器大差速断保护动作，15ms 换流变压器星接小差速断保护动作，经"三取二"逻辑发跳闸和闭锁极Ⅱ低端阀组指令，76ms 故障切除，保护正确动作。107ms 故障换流变压器本体重瓦斯保护动作，140ms 故障换流变压器网侧首端套管重瓦斯保护动作，15:54:02.517，故障换流变压器网侧尾端套管重瓦斯保护动作。

经调阅故障发生时周边厂站故障录波，其电压电流特征与某换流站故障现象吻合，确认故障时刻为 15:53:38.936。

通过上述信息，可以确认 15:53:38.936，某站极Ⅱ低端 Y/Y-A 相换流变压器突发故障。

换流变压器星接小差和大差保护配置图见图 1-46，根据保护范围分析判断故障位

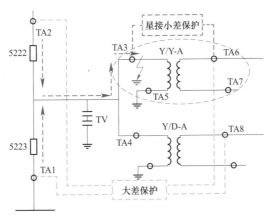

图 1-46　换流变压器星接小差和大差保护配置图

置：小差保护范围包含了换流变压器网侧套管和网侧绕组，故障时刻极Ⅱ低端 Y/Y 换流变压器进线开关 TA1、TA2 和网侧套管首端 TA3 均测量到故障电流，网侧套管尾端 TA5 和阀侧套管 TA6、TA7 均无故障电流，推断故障位于极Ⅱ低端 Y/Y－A 相换流变压器网侧套管根部区域及换流变压器网侧绕组。

极Ⅱ低端换流变压器保护相关 TA，故障过程中网侧套管电流互感器 TA3 的测量电流等于进线开关电流互感器 TA1、TA2 测量电流之和，表明 TA1、TA2、TA3 之间无故障。

故障时刻极Ⅱ低端 Y/Y－A 相换流变压器 500kV 侧交流电压瞬时跌落至 0kV，换流变压器网侧绕组存在电感，绕组短路时电压幅值会减小，但不会直接跌落为 0V，进一步推断故障位于极Ⅱ低端 Y/Y－A 相换流变压器网侧套管根部区域。

网侧高压套管根部采用双均压环屏蔽结构，下部接线端子通过出线装置与引线连接。出线装置采用成熟的 500kV 绝缘结构，该绝缘结构已经在多个直流工程应用。

2. 现场检查情况

根据现场检查情况，判断放电路径为：从套管下部接线端子与载流管接触面产生电弧—出线装置上部均压环外角环上表面—升高座壁。

现场检查故障换流变压器网侧套管残骸发现，紫铜接线端子与拉杆连接螺纹部分有严重烧蚀，对应的黄铜载流接触端面也有相应的烧蚀痕迹，拉杆安装导向锥部分烧融，拉杆上端部有烧蚀痕迹。

1.5.4.3 故障原因分析

（1）套管故障过程分析为：套管载流用紫铜底座与拉杆处脱离，紫铜与黄铜分离，如果拉杆和紫铜座不连接情况下，紫铜和黄铜之间的油间隙击穿，在 3000℃ 电弧的高温下，气体迅速产生，突发直接对地故障；如果拉杆和紫铜座连接情况下，电路通过拉杆流出，由于拉杆电阻是电流正常回路的 800 倍，高温使变压器油迅速劣化，产生气体使气体继电器动作。套管载流用紫铜底座与拉杆处脱离是故障发生的关键问题。

（2）套管载流用紫铜底座与拉杆处脱离原因是：套管制造厂所用拉杆的螺纹外径过小，为不合格产品；套管制造厂所选择 40kN 的拉紧力过于激进，紫铜螺纹发生不可恢复塑性变形，无法保证多轮安装—拆卸—安装时的设计耐受力；在上述因素及温度、换流变压器振动的综合作用下，紫铜座螺纹无法耐受钢拉杆的剪切应力，最终导致拉杆与紫铜座脱离，电气连接失效。

1.5.4.4 提升措施

（1）针对结构设计问题，进行了两方面改进：① 整体采用钢—钢螺纹连接，消除钢—铜螺纹连接薄弱点；② 紫铜座—拉杆—钢衬套设计为不可拆卸整体，规避装拆质量风险。

（2）针对制造质量的问题，进行了两方面改进：① 增加拉杆螺纹直径入厂检验和拉杆出厂整体力学检测；② 将外瓷套长度制造精度由±40mm提高为±10mm。

（3）针对安装质量问题，进行了两方面改进：① 使用专用液压安装工装，顶部直接施加40kN拉力；② 顶部加装定位环，解决拉杆安装后的中心度无法保证问题。

（4）在运、在建工程更换新型拉杆连接系统；新建工程采用高可靠性套管和升高座方案。

1.5.5 某站"2018 年 8 月 9 日"极Ⅱ低端 Y/Y–C 相换流变压器网侧套管拉杆与底部接线端子松脱

1.5.5.1 概述

1. 故障前运行工况

输送功率：4900MW。

接线方式：极Ⅰ低端、极Ⅱ高低端三阀组大地回线全压方式运行。

2. 故障简述

2018 年 8 月 9 日 15:02，某站极Ⅱ低端 Y/Y–C 相换流变压器网侧高压套管升高座气体继电器轻瓦斯报警，现场立即向国调申请降功率和停运极Ⅱ低端阀组，15 时 21 分，经国调许可将极Ⅱ低端换流器在线退出。

3. 事件记录

故障时刻事件记录见表 1–19。

表 1–19　　　　某站"2018 年 8 月 9 日"故障时刻事件记录表

序号	日期	时间	事件
1	2018 年 8 月 9 日	15:02:33.781	B 套保护极Ⅱ低端 Y/Y–C 相换流变压器网侧首端套管轻瓦斯报警
2	2018 年 8 月 9 日	15:02:33.995	A 套保护极Ⅱ低端 Y/Y–C 相换流变压器网侧首端套管轻瓦斯报警
3	2018 年 8 月 9 日	15:21:39.138	极Ⅱ低端换流器在线退出
4	2018 年 8 月 9 日	15:33:34.318	极Ⅱ低端换流器转检修

4. 设备概况

故障网侧高压套管为 GOE 套管（型号为 GOE 1675–1300–2500–0，3，2013 年出厂），2014 年 1 月正式投运。

1.5.5.2 设备检查情况

根据保护动作情况，值班人员对极Ⅱ低端 Y/Y–C 相换流变压器网侧高压套管升高座气体继电器检查，故障产生的气体达到报警定值，轻瓦斯保护正确动作。

检查换流变压器顶部油温、绕组温度、本体储油柜油位、分接开关储油柜油位、套管油位等，未见异常；检查换流变压器本体、冷却器及潜油泵，未见渗漏油；检查一体化在线监测系统，最近一次（8月9日14:00）的在线油色谱数据未见异常。

现场立即开展瓦斯取气、网侧高压套管升高座、本体顶部和本体底部等部位取油样并进行色谱分析，结果显示网侧高压套管升高座油乙炔含量达到 250.49μL/L，总烃达到 3015.47μL/L，数据见表 1−20。根据油色谱数据分析，判断换流变压器存在严重故障。

表 1−20　　　　　换流变压器各部位油样气体含量（μL/L）

序号	取样位置	甲烷（CH_4）	乙烯（C_2H_4）	乙烷（C_2H_6）	乙炔（C_2H_2）	氢（H_2）	一氧化碳（CO）	二氧化碳（CO_2）	总烃（ΣCH）
1	网侧高压套管升高座	502.00	1386.69	876.29	250.49	4345.86	2770.28	14785.39	3015.47
2	本体顶部	10.16	1.51	1.16	0.37	13.29	644.93	3325.87	13.20
3	本体底部	10.04	1.69	1.53	0.41	13.25	643.46	3317.16	13.67
4	8月6日本体底部	10.33	1.41	1.06	0.34	12.37	651.08	3249.67	13.14

对该换流变压器绕组连同套管的直流电阻、绕组连同套管的绝缘电阻、绕组连同套管的介质损耗及电容、网侧高压套管的绝缘电阻、网侧高压套管的介质损耗及电容进行测试，其中绕组连同套管直流电阻无数据，显示开路，其他试验数据未见明显异常，套管试验数据见表 1−21 和表 1−22。

表 1−21　　　极Ⅱ低端 Y/Y−C 相换流变压器网侧绕组直流电阻数据（mΩ）

测量绕组	分接位置	交接值（80℃）	2018年6月28日预试（38℃）	2018年6月28日预试（80℃）	2018年8月10日预试（53℃）
网侧绕组	1	203.86	172.7	199.3	开路
	24	197.16	167.2	193.0	开路
	29	203.73	172.7	199.3	开路
标准要求	按照 DL/T 273—2012《±800kV 特高压直流设备预防性试验规程》规定：与前次相应部位测得值进行比较，变化不应大于±2%				
试验结论	不合格				

表 1−22　　极Ⅱ低端 Y/Y−C 相换流变压器网侧高压套管介质损耗、电容数据

tanδ（%）				C_x（pF）				
出厂值	2017年11月预试	2018年4月预试	2018年8月10日预试	出厂值	2017年11月预试	2018年4月预试	2018年8月10日预试	$\triangle C_x$（%）
0.299	0.364	0.366	0.268	454.8	453.2	450.2	455.2	1.11

注　按照 DL/T 273—2012《±800kV 特高压直流设备预防性试验规程》规定，20℃时 tanδ≤0.8%，电容值与初始值差不超过±5%。

对该换流变压器网侧高压套管取油做色谱分析，未见异常，与 7 月 2 日套管专项检查时色谱差异不大。极 Ⅱ 低端 Y/Y-C 相换流变压器网侧高压套管油色谱数据见表 1-23。

表 1-23　极 Ⅱ 低端 Y/Y-C 相换流变压器网侧高压套管油色谱数据（μL/L）

取样时间	甲烷（CH_4）	乙烯（C_2H_4）	乙烷（C_2H_6）	乙炔（C_2H_2）	氢（H_2）	一氧化碳（CO）	二氧化碳（CO_2）	总烃（ΣCH）
2018 年 7 月 2 日	5.04	0.34	0.82	0.00	9.93	367.08	674.52	6.20
2018 年 8 月 10 日	5.16	0.37	0.90	0.00	11.92	402.36	676.21	6.43

1.5.5.3　故障原因分析

1. 故障前工况及油色谱分析

故障前对换流变压器网侧高压套管、升高座测温，未见异常；故障前换流变压器运行工况未见异常，数据见表 1-24。

表 1-24　　　　　　　　　故障前换流变压器运行工况

日期	2018 年 8 月 9 日	时间	14:00:00
顶部油温	51.1℃	绕组温度	52.5℃
铁芯工频电流	340mA	夹件工频电流	150mA
本体储油柜油位	52%	分接开关储油柜油位	50%
阀侧 a 套管 SF_6 压力	0.383MPa	阀侧 b 套管 SF_6 压力	0.388MPa
分接开关挡位	26	环境温度	37.7℃

故障前换流变压器油色谱在线数据无异常，故障后各特征气体含量逐渐上升，数据见表 1-25。

表 1-25　　　　　　故障前后换流变压器在线油色谱数据对比（μL/L）

时间	甲烷（CH_4）	乙烯（C_2H_4）	乙烷（C_2H_6）	乙炔（C_2H_2）	氢（H_2）	一氧化碳（CO）	二氧化碳（CO_2）	总烃（ΣCH）
2018 年 8 月 9 日 10:00	6.85	1.22	0.46	0.13	10.37	519.64	2040.11	8.66
2018 年 8 月 9 日 14:00	6.83	1.27	0.52	0.13	10.44	519.20	2031.12	8.76
2018 年 8 月 9 日 15:02（故障时间）								
2018 年 8 月 9 日 18:00	17.71	19.32	3.03	0.95	19.79	529.38	2034.41	41.00
2018 年 8 月 9 日 22:00	14.26	13.66	2.21	0.70	17.19	529.90	2037.07	30.82
2018 年 8 月 10 日 02:00	22.87	24.32	3.63	1.17	27.36	530.94	2043.06	51.99

8月5日，极Ⅱ低端Y/Y三台换流变压器网侧高压套管及升高座红外测温数据未见异常，数据见表1-26。

表1-26　故障前极Ⅱ低端Y/Y三台换流变压器套管及升高座测温数据

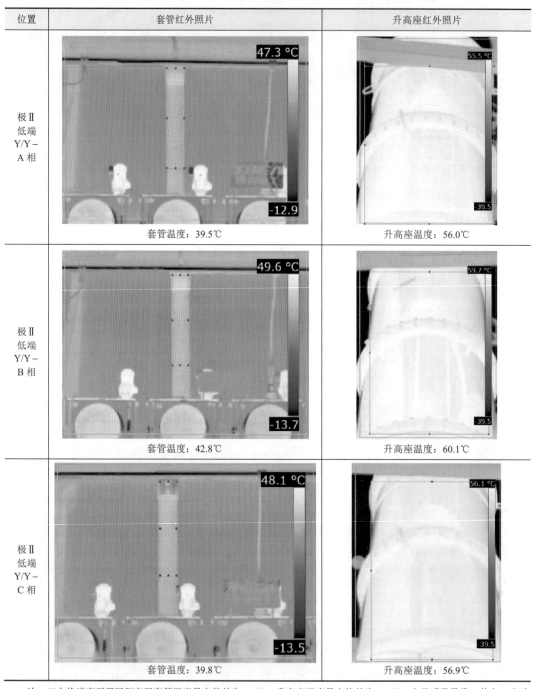

位置	套管红外照片	升高座红外照片
极Ⅱ低端Y/Y-A相	套管温度：39.5℃	升高座温度：56.0℃
极Ⅱ低端Y/Y-B相	套管温度：42.8℃	升高座温度：60.1℃
极Ⅱ低端Y/Y-C相	套管温度：39.8℃	升高座温度：56.9℃

注　三台换流变压器网侧高压套管温度最大偏差为3.3℃，升高座温度最大偏差为4.1℃，未见明显异常。其中B相为山东电工变压器，套管及升高座温度较A相、C相偏高。

2. 套管拉杆数据比对分析

2018 年 6 月，完成了某站极 II 低端换流变压器套管质量排查，套管拉杆顶部结构见图 1-47。

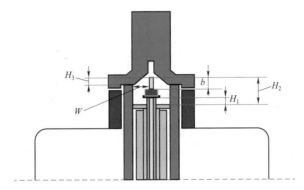

图 1-47　套管拉杆顶部结构

2018 年 6 月 25 日，完成对某站极 II 低端 Y/Y-C 相换流变压器套管质量排查，厂家认为套管及拉杆系统（包括底部端子）状态无异常，可以在额定电压和额定电流下长期安全运行；8 月 11 日对拉杆进行复测，数据见表 1-27。

表 1-27　　　　　　　　　套管拉杆顶部检查表（mm）

检查日期	H_1	H_2	H_3	b	W_{min}	W_{max}	顶部螺母安装时的力矩
2018 年 6 月 25 日	12	53	0	22.5	30	32	40kN
2018 年 8 月 11 日	28.4	64.9	11.0	19.3	28.9	32.5	无法安装工具

3. 故障套管拆除检查

8 月 11 日，现场检查发现套管将军帽内部有烧蚀痕迹，拉杆螺栓、拉杆头部有多处烧伤并有黑色油污，见图 1-48。

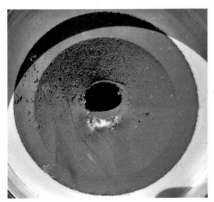

图 1-48　拉杆及将军帽烧蚀痕迹

套管起吊后发现接线端子与拉杆脱开，接线端子上表面、套管根部有聚四氟乙烯碳化后黑色残留物，见图1-49。

图1-49 接线端子及套管根部黑色残留物

拉杆底部螺纹内有残留铜丝，接线端子铜螺纹已损坏，见图1-50。

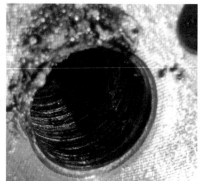

图1-50 拉杆与接线端子脱开

接线端子上表面、套管根部表面分别有两处烧蚀点，见图1-51。

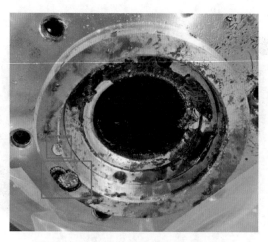

图1-51 接线端子及套管根部烧蚀点

初步分析认为故障原因为套管拉杆问题导致，运行中套管拉杆与底部接线端子松脱，造成底部接线端子与套管紫铜底座间接触不良，拉杆通流并发热，底部紫铜接线端子与黄铜载流底板表面及拉杆多处放电烧蚀。过热、放电产生的气体集聚在升高座造成气体继电器轻瓦斯报警。

1.5.5.4　提升措施

（1）拆除出线装置，排查受污染区域，制定处理措施，换流变压器厂家出具详细的检查试验及修复方案并进行专家评审。

（2）组织专家对同类产品站换流变压器是否可继续安全稳定运行进行评估。

1.6　密封系统故障

1.6.1　某站"2010 年 6 月 6 日"010B 相换流变压器网侧套管端部密封失效

1.6.1.1　概述

1. 故障前运行工况

换流站正常运行。

2. 故障简述

2010 年 6 月 6 日，某站 010B 相换流变压器运行时油色谱在线监测报警，油中乙炔、总烃等含量突然急剧增大，其内部有电弧放电。

3. 设备概况

该网侧套管型号为 BRLW－550/2500－3，投运日期 2008 年。

1.6.1.2　设备检查情况

产品返厂后器身解体检查发现，1 柱网侧线圈外表面有多处沿面电弧放电烧损痕迹（位置在线圈中部偏上区域，网侧引线正下方撑条左侧 10 挡，右侧 4 挡，共计 15 挡）。放电沿围屏与撑条接触面、围屏接缝处较为严重，另外线饼外表面约有 5 处放电点。

撑条放电位置集中在 60～100 饼之间，接近调压线圈上端部。撑条和纸筒之间有放电痕迹，线饼 S 弯突出点与纸筒接触面有放电痕迹。线饼放电点在器身中的对应位置见图 1－52。

图 1-52　换流变压器内部放电图片

故障处理情况：

（1）对发生故障的 1 柱网侧线圈全部更换（包括网侧线圈和相应的绝缘纸筒和撑条等绝缘件）。

（2）对保留使用的部分进行清理，确保产品的清洁度。

（3）需更换的零部件全部更换。

1.6.1.3　故障原因分析

从网侧线圈在感应电压 680kV 下电场分析，放电部位的场强计算都比较低。在发现放电痕迹的部位，当首端电压为 680kV 时，安全裕度系数在 1.7 以上。工作电压 $525/\sqrt{3}$ kV 正常情况下，该位置具有约 3.8 倍的安全裕度。

010B 相换流变压器故障前运行正常，未出现严重的过电压和外部短路。换流变压器是在额定电压下运行，正常情况下绝缘裕度较大，不会发生沿面放电。除非放电部位存在有异常情况，改变该区域绝缘的耐电强度，大幅度降低该区域的绝缘性能。

在解体检查时发现放电痕迹多为沿面放电，主要发生在线圈外撑条及纸筒表面。根据经验判断，放电的性质与线圈外表面局部区域绝缘油微水含量高及纸筒和撑条表面受潮有关。

换流变压器线圈外表面局部绝缘油微水含量高、线圈撑条及纸筒表面含水量大，使绝缘纸板和油隙耐电场强降低，导致绝缘性能下降，发生沿面放电现象。

根据检查情况及理化试验报告，从换流变压器结构和放电部位分析，此次换流变压器内部放电故障原因是网侧套管端部密封结构缺陷，运行中水分进入变压器内部，变压器绝缘性能下降，内部放电导致油色谱异常，具体分析如下：

（1）网侧套管采用拉杆式（端部示意图见图1-53），且发生放电故障的网侧线圈位于网侧套管正下端（见图1-54）。套管头部导电杆端盖处密封结构不可靠，当套管头部密封不严时，会有空气进入导电杆中，在套管导电杆上部形成空腔。

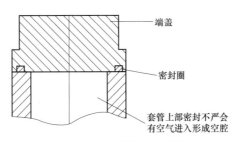

图1-53　网侧套管端部密封结构示意图

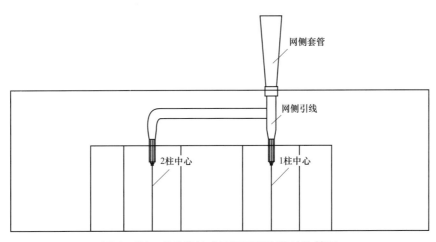

图1-54　故障换流变压器网侧出线结构简图

（2）换流变压器网侧套管顶部高于储油柜油面，换流变压器运行时由于负荷及环境温度在不断变化，储油柜最高油面也会有相应变化，套管上部形成的空腔会与外部空气形成呼吸现象，长期的呼吸作用会使空腔下部油的微水含量增加，微水含量增加的变压器油会沿着网侧套管导电杆——网侧套管均压管，进入网侧线圈（见图1-55）。

造成线圈局部区域的油及撑条、纸筒表面受潮，导致网侧线圈外表面绝缘撑条和纸筒沿面放电。

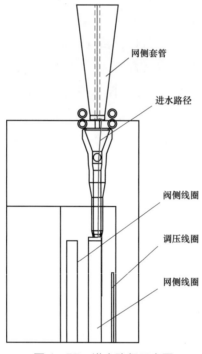

图 1-55　进水路径示意图

（3）换流变压器故障后现场试验网侧对阀侧及地的绝缘电阻实测值偏低，见表 1-28。在诊断性试验前，安装完成后进行真空注油和热油循环处理，去除绝缘表面的水分，其绝缘电阻明显增大，诊断性试验后绝缘电阻测试值与试验前基本相当。可判定换流变压器内局部绝缘有受潮现象。

表 1-28　　　　故障换流变压器网侧对阀侧及地的绝缘电阻试验记录

被试绕组	试验时间	R_{15s}（GΩ）	R_{60s}（GΩ）	R_{600s}（GΩ）	$\tan\delta$（%）	C_x（nf）
AX 对 a1b1＋a2b2 及地	2008 年 4 月 16 日交接试验	30.1	32.5	45.2	0.154	10.91
	2010 年 6 月 15 日现场试验	3.08	3.66	4.15	0.196	10.87
	2010 年 9 月 14 日厂家车间	26.1	28.2	38.0	0.159	10.90

（4）网侧套管油中接线端子见图 1-56 和图 1-57，对其进行化学分析，接线端子上的黄色印迹主要成分是银和铁，铁含量高说明微水产生了锈蚀作用。

图 1-56　网侧套管油中接线端子（正面）　　图 1-57　网侧套管油中接线端子（底面）

综上分析，引起 010B 换流变压器发生故障的主要原因是：网侧套管端部密封结构不可靠，存在密封不严的情况。网侧套管顶部高于储油柜油面高度，当网侧套管头部密封不好时，套管导电杆上部会形成一个空腔。在负荷及环境温度变化过程中，空腔会与外部空气形成呼吸现象，长期的呼吸作用会使导电杆内空腔下部油的微水含量增加。含微水量高的变压器油会沿套管导电杆和引线均压管进入变压器器身，造成网侧线圈外表面局部区域油微水含量高，撑条及纸筒吸潮后含水量增大，使局部区域绝缘油及固体绝缘耐电强度降低，发生了沿面放电的故障，网侧线圈外表面放电会产生大量的气体，使局部区域绝缘性能下降，放电范围进一步扩大。

2010 年 9 月 28 日召开了该站 010B 换流变压器故障原因分析会议，会议上根据故障换流变压器检查情况及分析报告，明确了换流变压器故障原因是网侧套管顶部端盖的密封存在缺陷导致顶部进水，造成绝缘表面局部受潮导致放电。

1.6.1.4　提升措施

对该换流站在运换流变压器网侧套管端部密封检查，并对网侧套管顶部端盖密封结构进行改进。

1.7　末屏连接系统故障

1.7.1　某站"2012 年 6 月 3 日"极Ⅰ Y/D-A 相换流变压器网侧套管末屏放电渗油

1.7.1.1　概述

1. 故障简述

2012 年 6 月 3 日，某站年度检修期间开展极Ⅰ Y/D-A 相换流变压器套管试验时，发现该换流变压器网侧 A 套管末屏有放电烧蚀及渗油情况,现场照片见图 1−58～图 1−60。套管末屏结构示意图见图 1−61。

图 1−58　故障套管末屏

图 1−59　正常套管末屏

图 1−60　放电分解物

1. 盖板,2749 515-2
2. 圆柱形头螺栓,2121 2459-220
3. 接地弹簧,9580 148-1
4. 密封塞,2522 731-A,当作电压装置时充油。在密封前,放掉15%的油
5. 套管,2769 522-N
6. 压紧螺栓,2129 713-3
7. 平垫圈,2195 703-1
8. 密封垫(O形圈)24.2×3
9. 电缆
10. 柱头螺栓,2769 517-6
11. 密封垫圈4.5×7
12. 柱头螺栓,2769 517-7

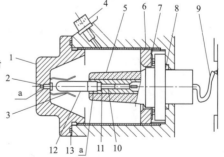

a 锁紧液1269 0014-407 (Loctite 601)

最高试验电压 1min,50Hz,20kV
最高运行电压 6kV

图 1−61　套管末屏结构示意图

2. 设备概况

故障套管型号为：GOE 1675－1300－2500－0.6－B，2009 年投运。

1.7.1.2 设备检查情况

对比该套管交接试验、首检试验及此次试验数据，无异常情况。

（1）绝缘电阻测量。绝缘电阻测量见表 1－29。

表 1－29　　　　　　　　　　　　绝缘电阻测量

仪器及编号	M I 2077 5kV 电动绝缘电阻表				
标准要求	主绝缘，不低于 10GΩ；末屏对地，不低于 1GΩ				
端子	试验部位	试验电压（kV）	交接试验（GΩ）	2011 年预试（GΩ）	2012 年检（GΩ）
A	C1	2.5	79.8	45.6	46.8
	C2	2.5	44.2	50.3	52.7
B	C1	2.5	37.5	45.1	47.9
	C2	2.5	16.4	39.8	47.8
a	C1	2.5	197	195	181
	C2	2.5	109	97.1	67.8
b	C1	2.5	74.0	89.2	57.5
	C2	2.5	40.5	51.3	35.8
结论	合格				

（2）介质损耗及电容量测量。介质损耗及电容量测量见表 1－30。

表 1－30　　　　　　　　　　介质损耗及电容量测量

仪器及编号			A I —6000（E）型介质损耗测量仪								
标准要求			电容值初值差不超过±5%；500kV 及以上 tanδ≤0.006								
端子	试验部位	试验电压（kV）	tanδ（%）				C_x（pF）				初值差（%）
			出厂	交接	首检	2012年检	出厂	交接	首检	2012年检	
A	C1	10	0.40	0.346	0.339	0.304	488	488.3	487.5	489.8	0.37
B	C1	10	0.35	0.405	0.336	—	384	382.2	383.2	—	－0.21
a	C1	2	0.379	0.349	0.317	—	495	489.3	494.1	—	－0.18
b	C1	2	0.373	0.361	0.338	—	496	485.9	484.1	—	－2.40
备注			阀侧套管采用末端加压法测量；此次试验以出厂值为比较值								
结论			合格								

1.7.1.3 故障原因分析

技术人员对缺陷原因进行分析讨论，达成以下意见：

（1）该套管末屏放电缺陷在首检后运行期间产生，末屏小套管有轻微渗油情况，小套管沿面放电烧蚀情况严重。故障末屏接地弹簧与小套管柱头螺栓压接处表面光洁，无放电痕迹；末屏盖板内腔表面覆盖黑色电弧放电分解物，有刺鼻气味。

（2）从试验数据看，套管介质损耗及电容量均无异常，初步判断此次缺陷尚不涉及套管电容屏。

（3）由于运行中末屏处于地电位，不可能对外部放电，末屏内侧小套管处于电场中，如果其存在缺陷，则可能导致由内侧小套管向外侧小套管产生沿面爬电，见图1-62。

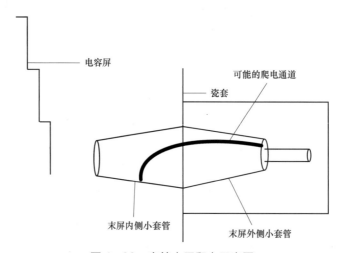

图1-62 套管末屏爬电示意图

（4）该套管不能继续运行，需进行更换。具体放电原因需根据返厂解体后分析确认。

1.7.1.4 提升措施

加强对同类型套管末屏检查，确认末屏接地良好。

第二部分
换流变压器阀侧套管

第2章 胶浸纸套管故障

2.1 芯 体 故 障

2.1.1 某站"2012年9月15日"极Ⅰ Y/Y-A相换流变压器阀侧套管电压 异常故障

2.1.1.1 概述

1. 故障简述

2012年9月15日19:43，某站极Ⅰ Y/Y-A相换流变压器阀侧套管电压异常报警，故障发生时刻一次设备运行正常，但OWS界面上显示换流变压器阀侧电压A相为164.6kV，高于B相的129.0kV及C相的126.2kV（Y/Y换流变压器阀侧电压一般应在124～130kV）。

2. 设备概况

该套管为某厂家生产的胶浸纸电容式阀侧套管，型号为GSETF 1950/465－3100 spec。

2.1.1.2 设备检查情况

1. 保护动作分析

一次设备运行正常，但OWS界面上显示换流变压器阀侧电压A相为164.6kV，高于B相的129 kV及C相的126.2kV（Y/Y换流变压器阀侧电压一般应在124～130kV）。现场人员对阀侧套管末屏二次电压进行实地测量，测量结果：A相为85V，B、C相为63V。9月16日06:37:27，极Ⅰ停运并转检修。

2. 现场检查情况

对套管的二次回路进行检查，检查项目包括：末屏分压电容值以及绝缘电阻、限流电阻值、二次回路绝缘值、检查放电间隙，检查结果均正常。

3. 返厂检查情况

（1）外观检查。该套管主要由硅橡胶复合外套、环氧树脂电容芯子、载流导体组成，载流导体由纯铜管组成，变压器内部采用变压器油绝缘，上部采用SF_6气体绝缘。外护套内部清洁、光滑，无电弧灼伤痕迹，附件未发现异常。

套管芯子尺寸及裂纹位置见图 2−1，故障套管解体后电容芯子表层发现存在三处裂痕，一处位于油侧汇流环附近，另两处集中在气侧汇流环附近，三处裂缝基本上处于同一直线上，裂缝位于电容芯子轴向上方，具体裂缝情况详见图 2−2。

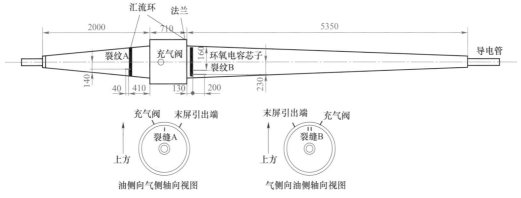

图 2−1　套管芯子尺寸及裂纹位置（单位：mm）

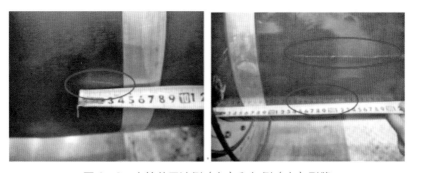

图 2−2　套管芯子油侧（左）和气侧（右）裂缝

（2）电容芯子整体切断电容检查。电容芯子切断见图 2−3，将电容芯子在末屏引出线处沿辐向整体切断，通过切面由外向内逐层测量电容屏之间的电容量，发现油侧第 1～2 层电容屏电容量异常，气侧第 2～13 层电容屏电容量异常，其中第 3～8 层电容屏已短接，具体电容屏电容量检测结果见表 2−1。

图 2−3　电容芯子切断

表2-1　　　　　　　　　　　　　　电容芯子单层电容屏电容量检测

油端芯子		SF$_6$端芯子	
单层电容编号	电容（nF）	单层电容编号	电容（nF）
63	19.4	63	27.8
62	19.6	62	28.4
61	19.4	61	28.2
60	20.6	60	29.8
59	20.9	59	29.4
58	21.7	58	29.3
57	21.4	57	30.1
56	21	56	30.2
55	21	55	29.6
54	21.1	54	30.3
53	19.7	53	30.6
52	19.6	52	29.5
51	19.7	51	29.9
50	20.2	50	29.3
49	17.9	49	30.2
48	18.5	48	26.4
47	18.4	47	27
46	17.1	46	26.8
45	17.4	45	24.5
44	17.4	44	25.1
43	17.6	43	25.4
42	17.5	42	25.8
41	18.4	41	25.3
40	18.8	40	25.5
39	21.6	39	25.9
38	23.6	38	26.1
37	18.8	37	26.3
36	18.9	36	26.6
35	19.1	35	26.5
34	18.4	34	26.9
33	17.7	33	25.3
32	17.7	32	25

续表

油端芯子		SF$_6$端芯子	
单层电容编号	电容（nF）	单层电容编号	电容（nF）
31	17.6	31	24.7
30	17.4	30	24.7
29	17.9	29	24.4
28	18.1	28	26.1
27	20.7	27	24.3
26	20.6	26	28.7
25	20.8	25	27.9
24	20.2	24	27.4
23	21.3	23	26.5
22	21.5	22	27.3
21	21.5	21	30
20	18.8	20	28.3
19	18.8	19	30.3
18	19	18	23.1
17	17.6	17	25.7
16	14.3	16	27
15	16.9	15	26.6
14	18.9	14	19.4
13	18.7	13	20.8
12	18.7	12	2
11	18.2	11	6
10	17.7	10	110
9	17.4	9	6
8	16.5	8	25
7	17.4	7	导通
6	16.5	6	导通
5	16.6	5	导通
4	15.8	4	导通
3	15.9	3	导通
2	15	2	44
1	11	1	14.9

注　单层电容从外到内编号，共64屏电容屏，第1屏（末屏）和第2屏之间电容编号为1号电容，依次类推。

（3）电容芯子裂缝处解体。

1）油侧芯子裂缝解体，见图 2-4 和图 2-5，对电容芯子油侧裂缝解体，发现第 1～3 层电容屏存在明显放电痕迹，该放电痕迹位于第 2 层电容屏铝箔搭接处，在高频情况下该搭接处存在微小电压差的可能性，是绝缘薄弱点，可能为故障的起始放电点，最终发展为部分电容屏击穿。

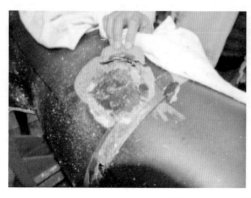

图 2-4　油侧电容芯子放电痕迹

2）气侧芯子裂缝解体。对电容芯子气侧裂缝解体，发现第 3～第 14 层电容屏存在贯穿放电通道，碳化最严重的区域位于第 7 层左右。套管解体发现的放电痕迹与分层电容测量结果相符。

2.1.1.3　故障原因分析

分析认为该套管的故障原因为套管制造质量分散性导致该套管电容芯存在缺陷，在长期运行中受振动等机械应力作用，内部可能产生微小裂纹，易发生局部放电；同时电容芯油侧第二层电容屏击穿点位于电容屏卷绕开口搭接处，是绝缘薄弱点，可能为故障的起始放电点，最终发展为部分电容屏击穿。放电痕迹见图 2-6。

图 2-5　故障点与电容层搭接的位置关系

图 2-6　放电痕迹

2.1.1.4　提升措施

该次套管阀侧电压监测功能成功预警运行中的换流变压器套管故障,使故障得到了及时处理,避免了事故发生。分析认为该类型套管缺陷发展相对较慢,可采取优化监测手段,继续加强监测的措施,增加阀侧套管的监测功能。

2.1.2　某站"2015 年 1 月 20 日"011A 换流变压器阀侧套管交流耐压局部放电超标

2.1.2.1　概述

2013 年,某换流站 011A Y/Y 换流变压器内部绝缘出现爬电情况。该换流变压器 2002 年运至现场后备用,2010 年 5 月对储油柜进行胶囊化改造,2012 年 9 月投入运行。分析认为该换流变压器曾采用敞开式储油柜,存在内部绝缘受潮和杂质入侵的风险,需要返厂检查和清理。2015 年 1 月 20 日,对该换流变压器开展阀侧交流耐压时局部放电超标。随后,根据对局部放电源的初步分析,阀侧两支套管对调后,2015 年 2 月 5 日再次进行阀侧交流耐压试验,局部放电依然超标。

2.1.2.2　设备检查情况

1. 现场检查情况

2015 年 1 月 20 日,某站 011A Y/Y 换流变压器开展阀侧交流耐压试验,局部放电起始电压为 350kV,Ya 侧局部放电量约 10000pC,Yb 侧局部放电量约 1000pC,传递比约10:1,超声波局部放电定位显示局部放电源位于 Ya 套管尾端,第一次局部放电波形见图 2-7;2015 年 2 月 5 日,阀侧套管对调后开展第二次阀侧交流耐压试验,局部放电起始电压为 350kV,Yb 出现局部放电量 2017pC,Ya 局部放电量 210pC,传递比约为 10:1,超声波局部放电定位显示局部放电源位于 Yb 套管尾端,第二次局部放电波形见图 2-8。

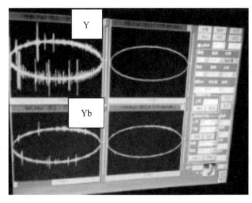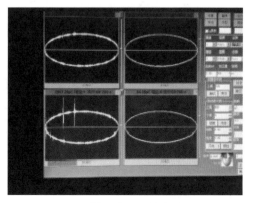

图 2-7　第一次局部放电波形图　　　　图 2-8　第二次局部放电波形图

两次阀侧套管对调前后交流耐压试验中局部放电具有相似的特征,为套管轴心位置从距套管法兰400mm处向油箱方向发展。怀疑原阀侧套管Ya(编号:99120162)本体发生局部放电,需对该套管进行独立耐压试验进行考核。

2.返厂检查情况

(1)对换流变压器升高座及套管进行检查,检查过程如下:

1)检查Ya升高座内壁,无明显放电痕迹。

2)检查与Ya套管接头的端部部位,无明显放电痕迹。

3)检查阀侧出线装置,无明显放电痕迹。

4)吊离Ya套管,对套管下瓷套沿面进行检查,发现Ya套管下瓷套有3处明显的黑色痕迹(见图2-9),使用酒精无法擦除,怀疑为套管放电痕迹。

图2-9 Ya套管下瓷套黑色痕迹

5)吊离Yb套管,对套管下瓷套沿面进行检查,发现Yb套管下瓷套也有1处明显的黑色痕迹(见图2-10),使用酒精无法擦除。

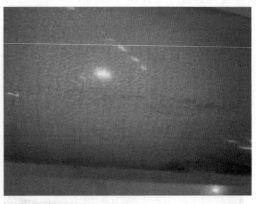

图2-10 Yb套管下瓷套黑色痕迹

6）对 Yb 套管连接处，阀侧接线装置及升高座内壁进行相应检查，检查未发现有明显的放电迹象。

7）对套管的 SF_6 气体做了分解物分析，未发现异常，数据见表 2-2，排除套管气端内部发生放电。

表 2-2　　　　　　　　　　　套管 SF_6 分解物（μL/L）

套管	SO_2	H_2S	CO	HF
Ya	0.5	0.1	1.1	0.0
Yb	1.0	0.7	5.0	0.0

8）测试阀侧套管电容量和介质损耗，未发现与历史数据明显差异。

根据局部放电试验情况、局部放电超声定位情况和局部放电后的排查情况，初步判断原阀侧套管 Ya（编号：99120162）本体发生局部放电，须对该套管进行独立耐压试验进行考核。因 Ya 与 Yb 检查中均在尾部环氧套筒发现黑色痕迹，因此不排除 Yb 套管也存在类似 Ya 套管的疑似绝缘问题，同样需要对套管的独立耐压试验进行考核。

（2）阀侧套管独立耐压试验。3月5日，对原阀侧套管 Ya（99120162）和 Yb（M0120176）进行试验诊断。

1）原 Ya 套管（99120162）。高电压介质损耗和电容量测试结果见表 2-3。

表 2-3　　　　　　　原 Ya 套管高电压介质损耗和电容量测试结果

施加电压（kV）	10	100	200	300	400	465
电容量（pF）	658.51	658.51	658.61	658.76	658.93	659.02
介质损耗（%）	0.422	0.431	0.446	0.459	0.463	0.463

2）局部放电试验结果见表 2-4。

表 2-4　　　　　　　　　　原 Ya 套管局部放电试验结果

电压（kV）	时间（min）	局部放电情况
295（1 倍）	5	<5pC，基本为背景
325（1.1 倍）	5	<15pC，不时出现单根局部放电脉冲
350	2	<15pC，出现多根局部放电脉冲，较频繁
410	2	约 100pC，局部放电稳定出现
443（1.5 倍）	5	约 200pC，局部放电稳定出现
511（U_m）	1	约 500pC，局部放电稳定出现
443（1.5 倍）	30	400pC，3min 后降低至 50pC 以下，随后逐步增大，10min 后稳定在 200pC

续表

电压 （kV）	时间 （min）	局部放电情况
443（1.5 倍）	30	462.96pC 增益:2 频带:40-300 v
350	1	30pC
228	1	＜10pC，局部放电熄灭

局部放电试验后测试套管主屏介质损耗和电容量分别为 0.412%和 658.7pF，未发现有电容屏击穿现象。由于该套管局部放电量严重超标（标准要求 1.5 倍电压下，局部放电量小于或等于 10pC），已不具备使用条件。另外，局部放电试验后未发现有电容屏击穿现象，对于环氧芯子套管不易查找缺陷部位。因此，对该缺陷套管开展较苛刻的交流耐压试验，使其暴露缺陷起源部位。该套管交流耐压水平为 740kV，通过试验变压器对该套管施加交流耐压，并加装局部放电监测放电量，不断升高电压。511kV 时，局部放电量约为 400pC；555kV 时，局部放电量为 400pC；600kV 时，局部放电量为 500pC；650kV 时，局部放电量为 550pC；680kV 时，局部放电量开始不断增大，并逐渐跃变，在 2min 内从 600pC 增长至 20000pC 后绝缘击穿。试验后测试该套管介质损耗和电容量，分别为 3.854%和 762.9pF，可以看出该套管电容量已变化较大，多屏击穿。

3 月 6 日，对已击穿的原 Ya 套管（99120162）进行解体检查。发现油端环氧电容芯子存在明显放电通道，距均压球 80～130cm 范围环氧芯子局部因内部放电开裂，距均压球 4～80cm 存在相距 15cm 左右的两道纵向沿面放电烧蚀痕迹，放电开裂位置见图 2-11 和图 2-12。

图 2-11　阀侧套管油端环氧芯子放电痕迹

68

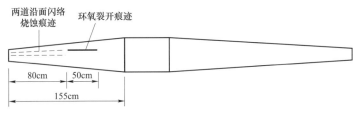

图 2-12　阀侧套管绝缘开裂位置

拔出芯子检查气端环氧电容芯子，表面无明显放电痕迹。检查气端环氧套筒，内部干净，无明显放电痕迹。

从油端侧汇流环附近将电容芯子辐向锯开，如图 2-13 所示采用电容表分别测试两半芯子各相邻屏电容量。发现气端芯子电容屏无短路导通，油端芯子从外向内第 17~19 屏、第 23~27 屏之间短路，共击穿短路电容屏间 6 层绝缘。

通过解体发现，油端芯子从外向内第 17~19 屏、第 23~27 屏之间短路，与换流变压器阀侧交流耐压试验时局部放电源的位置一致；另外其他电容屏电容量测试正常，且存在两处沿面闪络的烧蚀痕迹，说明其他电容屏未击穿，击穿电流在其他电容屏端部绝缘外表面流过。综上可以看出，短路电容屏端部应为局部放电起始部位。

图 2-13　芯子电容量测量

2.1.2.3　故障原因分析

分析认为该套管的故障原因为套管制造质量分散性导致该套管电容芯体内部存在缺陷，在长期运行中受振动、电场、热等应力作用，引发局部放电缺陷。

2.1.2.4　提升措施

（1）由于该缺陷套管局部放电起始点位于环氧芯子电容屏端部，处于环氧绝缘内部，采用 SF_6 气体成分分析和油色谱分析均不易发现，具有一定隐蔽性，通过此次换流变压器返厂检修发现并排除了此隐患。建议每年在停电检修前对在运换流变压器开展超声局部放电检测。

（2）厂家在产品设计时，综合考虑运行是电、热、振动工况，留有足够的设计裕度。

（3）套管出厂工频局部放电试验时进行录屏，对异常的局部放电信号进行展开分析。

2.1.3 某站"2017年7月31日"极Ⅱ低端Y/D-A相换流变压器阀侧2.1套管内部放电

2.1.3.1 概述

1. 故障前运行工况

输送功率：6000MW。

运行方式：直流双极三阀组大地回线全压方式运行，极Ⅱ高端换流器检修。

2. 故障简述

2017年7月31日09:32，某站极Ⅱ低端Y/D-A相换流变压器本体阀侧套管附近故障导致差动保护、重瓦斯保护动作闭锁阀组。现场通过换流变压器内检发现阀侧2.1套管内部放电导致本体内产生大量故障气体是造成此次重瓦斯保护动作的主要原因。8月5日，完成极Ⅱ低端Y/D-A相换流变压器更换、试验、投运前检查及复役工作。换流变压器结构简图及现场图见图2-14。

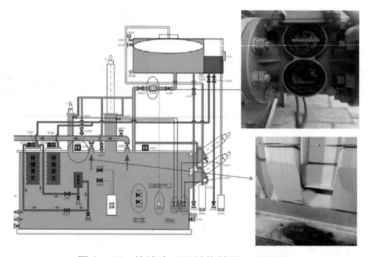

图2-14 换流变压器结构简图及现场图

3. 设备概况

该套管为某厂家制造的胶浸纸电容式阀侧套管，型号为GSETFt 1235/226-3000。

2.1.3.2 设备检查情况

1. 保护动作分析

故障后，极Ⅱ低端阀组闭锁。

2. 现场检查情况

极Ⅱ低端换流变压器闭锁后，进行现场检查，发现本体气体继电器动作，发出重瓦斯跳闸信号，重瓦斯动作（报警值：250～300mL，跳闸值：1.0m/s或者558mL）；本体压力释放阀动作（报警值：83kPa），换流变压器内部变压器油沿着压力释放阀导油管道流出。

（1）油样对比分析。通过一体化后台在线监测数据可以看出故障后换流变压器各项特征气体均明显激增，乙炔值由 $0\mu L/L$ 跃变至 $398.47\mu L/L$，曲线见图 2−15。故障相重瓦斯闭锁后，对换流变压器 6 个不同位置开展油化试验跟踪，具体油化数据见表 2−5。故障相 7 月 13 日投运后，第 1、4、10 天油色谱跟踪试验数据均正常，重瓦斯闭锁后故障相的氢气、总烃、乙炔含量均远远超过规程规定的注意值（分别为 150、150、$1\mu L/L$）。

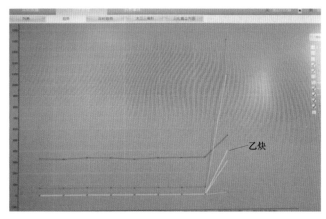

图 2−15　一体化在线监测曲线

表 2−5　　　　　　极 Ⅱ 低端 Y/D−A 相 7 月 13 日投运后油化数据（μL/L）

日期	氢气（H_2）	甲烷（CH_4）	乙烷（C_2H_6）	乙烯（C_2H_4）	乙炔（C_2H_2）	总烃（ΣCH）	一氧化碳（CO）	二氧化碳（CO_2）
1. 7 月 13 日投运后跟踪								
第一天（7 月 14 日）	33.69	1.54	0.33	0.24	0.10	2.21	95.23	185.98
第四天（7 月 19 日）	38.66	2.26	1.48	0.83	0.00	4.57	135.89	555.50
第十天（7 月 26 日）	32.21	2.23	0.24	0.26	0.08	2.81	161.78	608.41
2. 7 月 31 日闭锁后跟踪								
本体底部	263.38	65.44	3.80	59.38	120.84	249.46	212.22	559.71
本体顶部	281.12	76.49	5.39	80.52	159.86	322.26	218.57	554.95
首端阀侧套管升高座	983.23	189.25	8.68	146.02	307.42	651.37	280.55	1167.45
末端阀侧套管升高座	787.35	229.66	14.72	227.23	440.94	912.55	289.42	598.15
网侧高压套管升高座	649.53	202.70	12.65	193.42	381.99	790.76	232.16	785.95
网侧中性点套管升高座	511.08	115.01	5.68	95.28	201.65	417.62	252.85	489.03

（2）诊断性试验检查。7 月 31 日故障相重瓦斯闭锁后，对故障相开展诊断性试验检查，具体试验项目和数据见表 2-6。对比试验数据，发现阀侧 2.1 套管末屏对地绝缘电阻为 0.9MΩ，与前次试验值有明显下降趋势；绕组连同套管的介质损耗因数 tanδ 为 3.583%，而前次试验值为 0.231%，远远超过标准规定的"不大于前次试验值的 130%"要求；阀侧 2.1 套管的电容量为 0.126pF，而其前次试验值为 1355pF，远远超过标准规定的"与前次试验值的差值应在 ±5% 内"的要求。

表 2-6　　　　　　　　　故障后诊断性试验项目和数据

序号	试验项目	该次值	前次值	结论
1	阀侧 2.1 套管末屏对地绝缘电阻	0.9MΩ	3000MΩ	异常
2	阀侧末端套管末屏对地绝缘电阻	50000MΩ	3000MΩ	合格
3	阀侧首末端套管间直阻	94.35mΩ	35.74mΩ	异常
4	绕组连同套管绝缘电阻	1260MΩ	12900MΩ	异常
5	绕组连同套管介质损耗	tanδ: 3.583% C_x: 19060pF	tanδ: 0.231% C_x: 18800pF	异常
6	阀侧 2.1 套管介质损耗	tanδ: 5.161% C_x: 0.126pF	tanδ: 0.413% C_x: 1355pF	异常
7	阀侧末端套管介质损耗	tanδ: 0.309% C_x: 1376pF	tanδ: 0.406% C_x: 1348pF	合格
8	阀侧 2.1 套管末屏介质损耗	tanδ: N/A C_x: N/A	—	异常
9	阀侧 2.1 套管末屏介质损耗	tanδ: 0.459% C_x: 3134pF	—	合格
10	绕组变形测试	高频段和低频段波形均发生变化	—	异常

3. 返厂检查情况

（1）套管外观检查。在故障套管解体前进行外观检查，复合硅橡胶绝缘护套无异常，接地法兰表面无明显放电痕迹。套管靠近换流变压器侧放电烧蚀痕迹见图 2-16，从图中可以看出，插入换流变压器侧电容芯子表面存在严重的放电烧蚀痕迹，最外层环氧树脂绝缘层多处剥落，可见最末层电容屏。在距离套管末端端盖 91cm 处或距离法兰 64cm 处有一处明显放电击穿点，该处放电点是长×高约为 7cm×5cm 的椭圆结构，该击穿点位于接地合金带处。法兰密封圈烧损，同时法兰面处存在黏稠状黑色物质。

（2）套管电容芯子解体检查。为了观察套管电容芯子放电击穿情况，对套管进行拆装、主要是对电容芯子放电受损情况进行解体检查。

1）拆除复合绝缘护套和接地连接套筒，见图 2-17。拆除套管端盖、复合绝缘护套和接地连接套筒后，从图 2-17 上可以看出，接地法兰在靠近阀侧端处电容芯子外表面受损，其他部位外观良好。

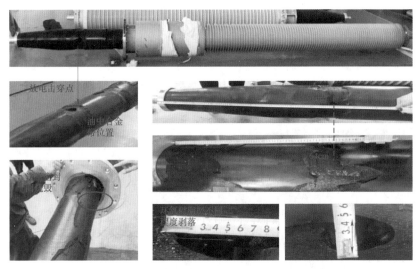

图 2-16　套管靠近换流变压器侧放电烧蚀痕迹

图 2-17　套管拆装检查图

2）破坏拆除接地法兰。对接地法兰进行切割拆除后，使电容芯子完全暴露。接地法兰处电容芯子受损情况见图 2-18，从图中可以看出，法兰表面碳化烧蚀痕迹明显，电容芯子环氧树脂绝缘层烧蚀严重。

图 2-18　接地法兰处电容芯子受损情况

3）拔出载流导电杆。将导电杆从电容芯子里拔出，发现导体杆存在两处故障点，见图 2-19，从图上可以看出，故障点 1：导电杆上存在两处明显的放电痕迹，存在电弧灼烧留下的凹沟。故障点 2：为整根导电杆表面过热熏黑，对应于套管油中接线端约 90cm 处导电杆发生过热和放电痕迹。两处位置与电容芯体击穿点相一致。

图 2-19　载流导电杆检查

4）合金带对比检查。将阀侧合金带拆开，与汇流合金带对比见图 2-20。合金带是由镀银铜线绕制而成，从图上看出阀侧合金带表面光滑，无灼烧痕迹；而汇流合金带已被熔断，其表面出现多处漏洞点，存在多处放电点。在汇流合金带上存在与末屏连接的焊点，同时环氧树脂绝缘体上末屏引出孔内焊锡及末屏连接线消失，但孔洞大小并无变化，见图 2-21。

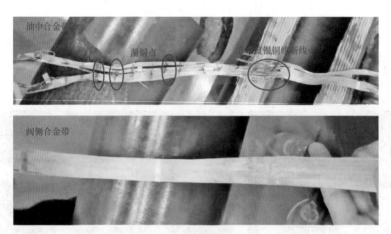

图 2-20　合金带对比图

5）电容芯子解体检查。沿电容芯子击穿点两侧、末屏引出位置进行纵向环切，切割1、2、3 断面未见异常，见图 2-22。

图 2-21　电容芯子上末屏引出孔及其焊点

图 2-22　电容芯子环切（断面未见异常）

　　再对击穿点位置进行了二次切割（纵切 4、环切 5），检查发现电容芯子内部导电杆到末屏之间形成贯穿型放电通道，见图 2-23。击穿位置成表面光滑、由外往内逐渐缩小的螺旋形沟道，同时该部位内壁脱落并存在碳化痕迹，内部电容屏间不存在其他放电通道。

图 2-23　电容芯子放电通道

2.1.3.3 故障原因分析

气体保护作为变压器的主保护，能有效地反映出变压器内部故障。轻瓦斯作用于信号，重瓦斯作用于跳闸。从事件记录上可以看出，09:27 报出极Ⅱ低端 Y/D-A 换流变压器本体轻瓦斯报警，09:32 报出极Ⅱ低端 Y/D-A 换流变压器本体重瓦斯动作，从图 2-24 中可以看出气体继电器内有大量气体，因此可初步判断为换流变压器内部故障。

考虑到电容屏贯穿点位置处于汇流合金带处，且击穿形状外大内小呈螺旋状，分析认为套管故障由于汇流合金带处末屏引出线焊点发生断线，导致末屏和汇流合金带产生悬浮电位，油中侧合金带处局部场强畸变产生局部放电，不断对树脂绝缘烧蚀，持续性的放电导致电容屏表面绝缘受损，并逐步由外向内发展，在不满足绝缘距离后，剩余电容屏被击穿，最终形成对导电杆的贯穿性放电通道。套管绝缘击穿造成严重的电弧放电后，油裂解产生大量气体是造成换流变压器本体气体继电器重瓦斯动作、极Ⅱ低端阀组闭锁的主要原因。

变压器故障时的特征气体主要有氢气、甲烷、乙烷、乙烯、乙炔、一氧化碳、二氧化碳以及总烃。如果变压器内部总烃含量很高，氢气含量很高，同时乙炔作为总烃的主要成分，则可能发生了严重电弧放电。根据故障后油化试验数据绘制出故障相乙炔含量分布，见图 2-24，发现本体靠近阀侧套管位置的乙炔含量略高于其他位置，初步判断放电位置在换流变压器本体阀侧套管附近。

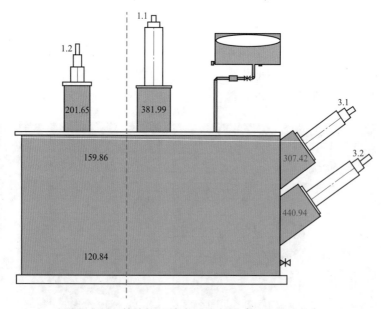

图 2-24 故障相乙炔含量分布图（单位：μL/L）

根据故障后诊断性试验数据，阀侧 2.1 套管的介质损耗及电容值无法测出，同时其绝缘电阻严重降低，说明套管外绝缘存在缺陷。相比上次值，阀侧 2.1 套管的介质损耗偏高、电容值偏小，同时直阻较前次值严重偏大，说明其主绝缘遭到破坏。因此，初步判断阀侧 2.1 套管内部存在故障。

2.1.3.4 提升措施

厂家之后将阀侧套管改为双末屏结构套管，见图 2-25。套管一方面通过电压抽头经分压器接地，另一方面通过末屏抽头直接和法兰一起接地。

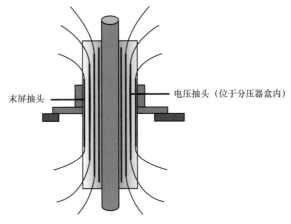

图 2-25 阀侧套管双末屏套管结构

2.1.4 某站"2022 年 2 月 17 日"极 Ⅰ 高端 Y/Y A 相换流变压器阀侧套管芯体气固界面放电

2.1.4.1 概述

1. 故障前运行工况

输送功率：800MW。

接线方式：双极四阀组大地回线全压方式运行。

2. 故障简述

2022 年 2 月 17 日 06:01，某站极 Ⅰ 高端阀组差动保护动作，极 Ⅰ 极差动保护动作，极 Ⅰ 闭锁。06:04，极 Ⅰ 低端阀组重启成功，无功率损失。故障原因为极 Ⅰ 高端 Y/Y A 相换流变压器阀侧 2.1 套管发生接地故障。

3. 事件记录

故障时刻事件记录见表 2-7。

表 2-7 某站"2022 年 2 月 17 日"故障时刻事件记录表

时间	事件来源	系统告警	事件描述	备注
06:01:48.945	S2P1CPR1	A	换流器差动保护Ⅱ段动作	三套阀组差动保护动作
06:01:48.945	S2P1CPR1	C	换流器差动保护Ⅱ段动作	
06:01:48.946	S2P1CPR1	B	换流器差动保护Ⅱ段动作	
06:01:48.947	S2P1PCP1	A	保护 X 闭锁	开始执行闭锁指令
06:01:48.982	S2P1CCP1	A	进线开关跳闸	
06:01:48.987	S2P1PPR1	A	极差保护Ⅱ段动作	三套直流极差保护动作
06:01:48.987	S2P1PPR1	C	极差保护Ⅱ段动作	
06:01:48.987	S2P1PPR1	B	极差保护Ⅱ段动作	
06:01:49.003	S2P1PCP1	B	极非正常停运出现	极隔离完成
06:02:18.921	S2P1PCP1	B	极隔离	
06:02:23.937	S2P1PCP1	B	极Ⅰ阀组自动解锁功能启动	低端阀组重启过程
06:03:42.146	S2P1CCP1	A	高端阀组隔离成功	
06:04:17.916	S2P1PCP1	B	极已连接	
06:04:39.735	S2P1CCP2	B	低端阀组解锁	

4. 设备概况

故障阀侧套管型号为 BRFGZ-±800/5766，出厂日期 2020 年 10 月，投运日期 2020 年 12 月。套管由胶浸纸电容芯体、空心复合绝缘子和中心高压载流导电管等部件组成，内部填充 SF_6 气体作为辅助绝缘。

2.1.4.2 设备检查情况

1. 保护动作分析

该站直流场 TA 配置见图 2-26。

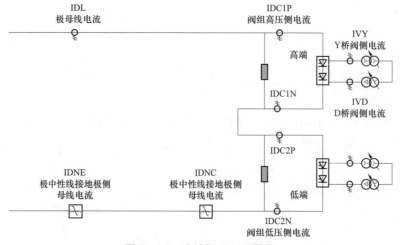

图 2-26 直流场 TA 配置图

极Ⅰ极控故障录波见图 2-27。故障前，直流场主回路 TA 测量电流均为 500A。故障发生时刻（06:01:48.935），直流电压下跌至 0kV 左右，IDC1N、IDC2P、IDC2N、IDNC等测点电流突然下降为 0A 左右，IDL 和 IDC1P 增加至 5500A 左右。从电流特征可以判断，极Ⅰ高端阀组 IDC1P、IDC1N 测点之间发生了接地故障，导致阀组差动保护、极差动保护先后动作。

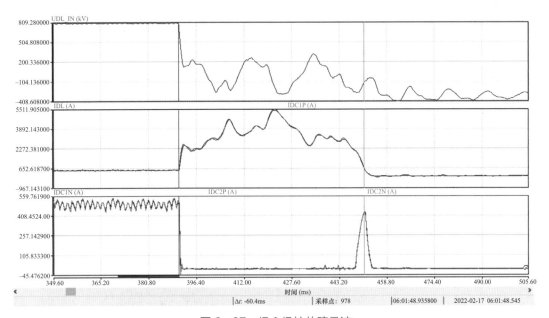

图 2-27　极Ⅰ极控故障录波

极Ⅰ高端阀控故障录波见图 2-28，故障时刻极Ⅰ高端 Y 桥三相电流峰值为 5kA 左右，D 桥三相电流下跌至 0A，低端 Y 桥 D 桥三相电流均下跌至 0A，推断故障点使得极Ⅰ高端阀组 D 桥和极Ⅰ低端阀组 Y 桥 D 桥均被旁路。

06:01:48.933，极Ⅰ高端 Y 桥 V5、V6 阀导通，D 桥 V1、V6 阀导通。故障发生时刻（06:01:48.935），极Ⅰ高端 Y 桥 V1 阀在触发脉冲尚未发出时，A 相换流变压器阀侧首端 TA 测量电流（IVY_L1）开始增大（此时 Y 桥 A 相电流从换流变压器流出，B 相电流从换流变压器流入），即流出 A 相换流变压器的电流增大，且 V1 阀尚未导通，由此推断 A 相换流变压器阀侧套管靠 TA 外侧发生接地故障的可能性较大。

且故障发生后 60ms 内，IVY_L2、IVY_L3 电流为正，BC 相之间有换相过程，但 IVY_L1始终存在电流且方向持续为负，与正常换相过程不符，表明 IVY_L1 电流大小和方向与V1 阀的导通关断状态无关，进一步证明 A 相存在接地点。综合上述分析，判断故障后电流回路见图 2-29。

查看换流变压器保护录波，确认 A 相换流变压器阀侧首末端套管电流大小相等，可以确认换流变压器阀侧绕组无故障。

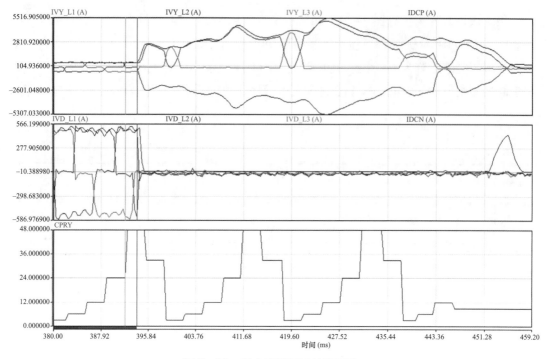

图 2-28 极 I 高端阀控故障录波

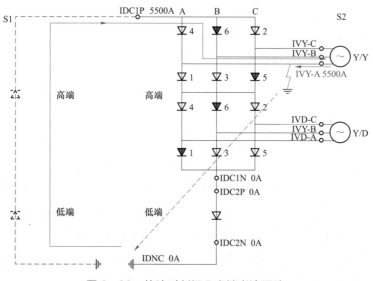

图 2-29 故障时刻极 I 高端电流回路

2. 仿真分析

故障发生后使用 PSCAD 电磁暂态仿真程序进行了故障模拟,故障点位于极 I 高端 Y/Y-A 相换流变压器阀侧 2.1 套管。

故障仿真波形见图 2-30,故障时刻 IDL 和 IDC1P 从 500A 跃变至 5kA,IDC1N、IDNC 跃变至 0A,IVD 三相均变为 0A,直流极母线电压跃变至 0A。上述特征此次故障一致。由于仿真中未考虑实际发生的 V6 阀换相失败,因此仿真波形中出现了 IVY 不连续情况。

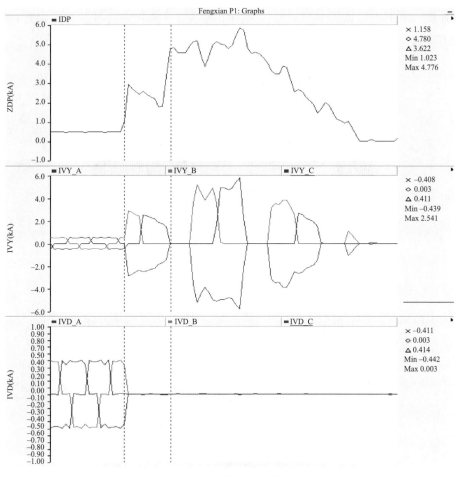

图 2-30　故障仿真波形

3. 现场检查情况

现场检查确认，空心复合绝缘子外表面无闪络放电痕迹，SF₆无泄漏，检查情况见图 2-31。

图 2-31　极Ⅰ高端 Y/Y-A 相换流变压器阀侧 2.1 套管外绝缘无放电痕迹

检查分压器内有放电产生的黑色粉尘，分压器引线接头和内壁存在电烧蚀痕迹。初步判断应为故障时刻电压波形发生突变，故障电流通过分压器入地导致分压器盒内烧蚀损坏。极Ⅰ高端 Y/Y－A 相换流变压器阀侧 2.1 套管故障前后分压器见图 2－32。

故障前   故障后

图 2－32 极Ⅰ高端 Y/Y－A 相换流变压器阀侧 2.1 套管故障前后分压器

对极Ⅰ高端 Y/Y－A 相换流变压器阀侧首端、尾端套管开展压力检查及 SF_6 气体分解物检测，发现套管故障后内部 SF_6 压力增加 0.01MPa，阀侧 2.1 套管 SO_2、H_2S、HF 气体含量严重超标（SO_2 含量 232μL/L、H_2S 含量 180μL/L、HF 含量 124μL/L），见图 2－33。阀侧尾端套管无分解物。证明极Ⅰ高端 Y/Y－A 相换流变压器阀侧 2.1 套管内部发生了闪络。

![图 2-33 气体分解物检测仪显示屏]
SO2 232.80 ppm
H2S 180.44 ppm
CO   4.3 ppm
HF   124.22 ppm

图 2－33 极Ⅰ高端 Y/Y－A 相换流变压器阀侧 2.1 套管分解物

经测量，2.1 故障阀侧套管主绝缘电阻下降，介质损耗和电容量正常，判断故障套管芯体无电容屏击穿。2.2 阀侧套管现场检查结果正常，各测试结果见表 2－8。

表 2－8   故障换流变压器阀侧套管主绝缘电气参量测试结果

套管	2.1 阀侧套管（故障套管）		2.2 阀侧套管	
测试时间	2021 年 10 月年度检修	2022 年 2 月 18 日现场检查	2021 年 10 月年度检修	2022 年 2 月 18 日现场检查
主绝缘电容量（pF）	2437	2433	2379	2373
主绝缘介质损耗（%）	0.292	0.311	0.344	0.360
主绝缘电阻（MΩ）	38400	6300	37400	37400

换流变压器本体及升高座 3 次油色谱测试均正常。判断套管 SF$_6$ 侧发生了放电，放电不涉及换流变压器本体和套管油中侧绝缘。

4. 返厂检查情况

（1）解体检查。故障套管返厂解体检查发现放电位于 SF$_6$ 侧电容芯体表面，放电路径见图 2−34：气端高压侧双导管连接件→电容芯体气固界面→气端汇流环→末屏及引线抽头→分压器→接地。放电主通道位于电容芯体表面 5～6 点方向，表面有树枝状放电痕迹，见图 2−35。气端高压侧双导管连接件表面存在多处电烧蚀点，见图 2−36。套管气端汇流环与末屏铝箔连接处表面存在电烧蚀痕迹，见图 2−37。

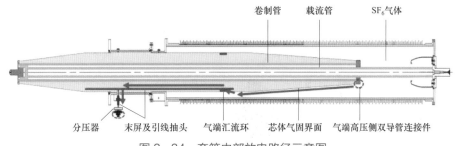

图 2−34　套管内部放电路径示意图

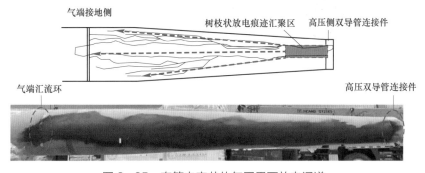

图 2−35　套管电容芯体气固界面放电通道

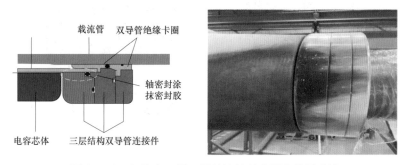

图 2−36　气端高压侧双导管连接件表面电烧蚀痕迹

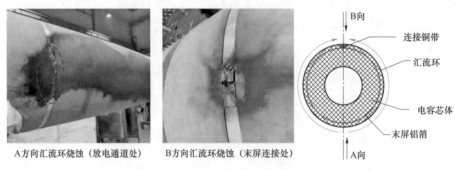

A方向汇流环烧蚀（放电通道处）　　B方向汇流环烧蚀（末屏连接处）

图2-37　气端汇流环表面电烧蚀痕迹

末屏外部引线抽头烧熔，抽头内部顶针弹性接触失效，顶针下端与末屏连接铜带上焊锡轻微烧蚀，见图2-38。

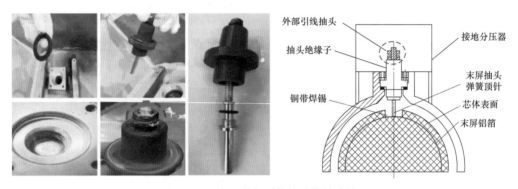

图2-38　末屏外部引线抽头烧蚀痕迹

分压器内有放电产生的黑色粉尘，分压器引线接头和内壁存在电烧蚀痕迹，见图2-39。

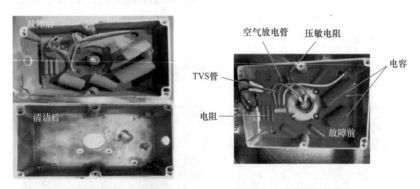

图2-39　分压器烧蚀痕迹

空心复合绝缘子内壁有电烧蚀和熏黑的痕迹，最大面积与汇流环电烧蚀区域对应，见图2-40。

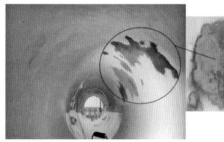

图 2-40　空心复合绝缘子内壁电烧蚀和熏黑痕迹

（2）绝缘设计、材料选型和芯体制造检查确认。为进一步核查套管绝缘设计、材料选型和芯体制造工艺，开展了套管复装后绝缘试验、电场计算校核、材料测试，确定故障套管整体绝缘设计、材料选型，芯体制造无问题，具体检查分析项目及结果见表 2-9。

表 2-9　　　　　　故障套管绝缘设计、材料选型、芯体工艺检查确认结果

序号	检查分析项目	检查分析目的	分析结果
1	故障套管电容芯体电容量、介质损耗测试	验证故障电容芯体内部受损情况	确认芯体内部无电容屏击穿
2	故障套管电容芯体工频局部放电测试	验证故障电容芯体绝缘状况	确认芯体制造无问题
3	故障套管复装后全套出厂绝缘试验	验证故障套管整体绝缘设计	确认套管整体绝缘设计合理
4	故障套管绝缘设计电场仿真计算校核	验证故障套管场强控制合理性	确认绝缘设计场强控制合理
5	故障套管材料测试分析	验证故障套管材料选型合理性	确认套管原材料选型合理

套管芯体清洁复装后，通过了包含工频交流、直流、雷电冲击、操作冲击的全套出厂绝缘试验验证，试验结果与出厂时一致。表明电容芯体设计、材料和制造无问题，具体试验结果见表 2-10。

表 2-10　　　　　　套管芯体清洁复装后全套绝缘试验结果

序号	试验项目	故障套管复装验证试验结果	验证结论
1	局部放电量测量	按出厂值 1083kV、1min，局部放电电量为 4.5pC	合格
2	介质损耗、电容量测量	满足出厂值	合格
3	雷电冲击耐受试验	3 次全波 -2160kV，2 次截波 -2375kV，与出厂值一致	合格
4	操作冲击耐受试验	5 次操作冲击 -1843kV，与出厂值一致	合格
5	工频耐受试验 + 局部放电	按出厂值 1083kV、60min，局部放电电量为 7pC	合格
6	介质损耗、电容量复测	满足出厂值	合格
7	直流耐受试验 + 局部放电	按出厂值 +1493kV、120min，无超过 2000pC 脉冲	合格
8	极性反转试验 + 局部放电	按出厂值 ±1157kV、90/90/45min，无超过 2000pC 脉冲	合格
9	局部放电复测	按出厂值 1083kV、1min，局部放电电量为 4pC	合格
10	介质损耗、电容量复测	满足出厂值	合格

复装后雷电冲击试验波形与出厂时波形一致。

工频耐受电压下局部放电（1083kV 持续 60min，局部放电电量小于 5pC）和直流耐受电压下局部放电（+1493kV，最后 30min 无超过 1000pC 脉冲），与出厂时一致，见图 2-41。

对套管整体场强再次校核，电场设计值合理。高压侧双导管连接件直流电场较小（最大值 6.2kV/mm，控制值 14kV/mm），双导管连接件电场设计无问题。

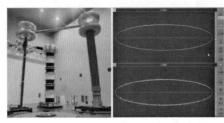

序号	试验项目	测量值
1	1083kV，持续60min	局部放电小于5pC
2	在953kV，持续5min	局部放电小于5pC
3	在647kV，持续5min	局部放电小于5pC

工频局部放电复测结果

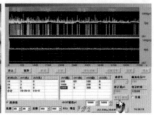

序号	电压（kV）	时间（min）	>1000pC 次数	>2000pC 次数
1	+1493	0~90	1	0
2	+1493	90~120	0	0

直流耐受及局部放电测试结果

图 2-41 工频局部放电复测结果和直流耐受及局部放电测试结果

考虑最大负荷电流下温度升高影响，校核确认运行电压下沿面场强变化后未超过控制值，表明温度梯度影响下的套管气固界面电场值设计合理，排除套管气固界面绝缘设计问题。

套管原材料与进口套管相同，材料特性合理，排除套管用原材料选型问题。

（3）放电部位试验验证。开展了汇流环、末屏铝箔、分压器及末屏抽头引线、空心复合绝缘子、芯体模型表面 7 类大电流烧蚀和放电试验，逐一排查各部位引发放电的可能性，验证了气固界面放电路径，具体试验见表 2-11。

表 2-11 放 电 部 位 验 证 试 验

序号	验证目的	验证试验
1	汇流环经电流烧蚀	汇流环与末屏连接铜带短路电流试验
2	汇流环悬浮下绝缘耐受	汇流环悬浮下长时直流耐受试验
3	末屏铝箔经电流受损	末屏抽头、汇流环、铝箔组合短路电流试验
4	末屏抽头电流烧蚀	末屏抽头和分压器引线短路电流试验
5	空套玻璃钢筒内壁烧蚀	空心复合绝缘子玻璃钢筒内壁高温电烧蚀试验
6	芯体表面爬电痕迹形态	芯体表面闪络放电痕迹验证试验
7	芯体表面电流烧蚀痕迹	芯体表面短路电流烧蚀试验

依据 63ms 时间内故障电流产生的能量，套管电流烧蚀试验施加了相应能量和波形等效的模拟短路电流。

套管同规格汇流环短路电流烧蚀试验（等效值 2950A，655kJ/Ω）证明，汇流环受损是故障电流烧蚀所致。

模型套管在汇流环与末屏悬浮状态下，气固界面耐受 3 倍运行场强 12h 无放电，可以排除汇流环悬浮引发放电。

依照实际套管铝箔电极、末屏抽头及汇流环结构布置，施加单位面积能量等效电流进行烧蚀试验，结果发现铝箔电极完好，证明末屏铝箔电极通过故障电流后未发生损伤。

依据实际套管分压器及末屏抽头引线连接形式，开展了短路电流烧蚀试验（等效值 2984A，633kJ/Ω），结果表明末屏抽头电弧烧蚀受损为故障电流通过所致。

开展了模型套管芯体表面短路电流烧蚀试验（等效值 670A，27kJ/Ω），复现了芯体表面与故障套管相似的烧蚀现象，验证了气固界面发生了贯穿性闪络放电。

解体检查和放电试验结果证明：气固界面放电起始于树枝状爬电痕迹汇聚区域，靠近高压双导管连接件，见图 2-42。

图 2-42　气固界面放电

2.1.4.3　故障原因分析

气固界面放电机理极其复杂，呈多因素敏感性。其放电发展过程为：界面电子崩转变为流注，流注与先导放电发展，最终贯穿高低压电极的过程。

气固界面较单一的气体、固体介质更易放电，是公认的绝缘薄弱环节，机理为：一是等电位面压缩造成界面电场变大，更易电离；二是界面宏观和微观状态，影响流注与先导放电的起始、发展过程。精细化控制界面处理工艺、排除表面缺陷是抑制气固界面放电的关键。

依据放电机理，阀侧套管气固界面放电的影响因素包括表面处理工艺、外部污染、直流电压作用时间，通过三方面试验研究，分析确定了此次放电原因，见表 2-12。

表2-12 阀侧套管气固界面放电影响因素分析

序号	影响因素分类	具体影响方面	影响机理
1	表面处理工艺缺陷导致电场畸变	车削和打磨	表面粗糙与微粒残留导致电场畸变，降低起始放电电压
		表面涂层处理	覆盖表面缺陷、均匀表面电场，抑制放电起始
2	外部污染微粒诱发起始放电	缺陷微粒和外部微粒吸附	向高场强区移动，附着芯体表面，增加电荷积聚、畸变电场
		外部水分侵入	侵入芯体表面，增大泄漏电流，畸变电场
3	直流电压作用时间微弱局部放电向闪络发展	电压作用时间	长时直流电压下，电场集中缺陷引发微量放电并持续发展，表面电荷持续累积畸变电场，形成爬电，最终引发贯穿性闪络放电

（1）表面工艺过程追溯。胶浸纸电容芯体套管制造过程中重要工序包括芯体车削、芯体打磨、芯体清理、表面涂漆，工艺处理不到位时在芯体表面可能产生局部缺陷，见表2-13。

表2-13 芯体表面处理工艺控制要求和缺陷形式

序号	处理工序	控制要求	处理不到位可产生的缺陷形式
1	芯体车削	控制芯体圆周跳动量，分区域控制芯体表面粗车、精车转速和进刀量	形成刀纹、表面环氧晶粒破损
2	芯体打磨	车削后芯体表面非密封面120/240/600目砂纸逐级打磨处理	打磨不彻底，纤维凸起、表面粗糙度不均
3	芯体清理	（1）须从高场强向低场强区、从绝缘件至金属件清理原则。 （2）按照白布干擦—吸尘器毛刷头吸—白布蘸酒精擦伴热风机吹—白布干擦—等离子风机消除电荷"五步法"进行清理	（1）清理顺序不对，在高场强区已形成微粒粉尘聚集及藏匿。 （2）清理不彻底，不能彻底清除芯体表面残留纸纤维及环氧表面结晶
4	表面涂漆	考虑SF$_6$气固界面场强设计裕度大，故障套管未进行涂漆处理，而另一支运行正常套管则进行了表面涂漆提升	能对表面纸纤维及微小缺陷覆盖，有效消除芯体表面缺陷隐患

故障套管芯体打磨面积大、处理工艺难度高，难以确保整体工艺处理一致性。5.6t芯体车削后表面刀痕多、粗糙度大，24m^{2}芯体表面手工分段精细打磨和清理的一致性控制困难。芯体打磨不到位时表面纤维凸起程度有较大分散性。与故障套管相同打磨工艺的套管测试发现：表面手工分段逐级打磨后，不同区域纸纤维裸露凸起的大小和密集程度差异较大。芯体表面纤维凸起可增加表面电荷积聚，导致局部电场增大。芯体试样电荷密度测量表明，纤维凸起密集区域靠近高压侧芯体表面时，引起电荷急剧增加和电场畸变。凸起的纤维会导致芯体表面粗糙度分布不均衡，粗糙度不均衡会增加芯体局部放电脉冲频次和累积放电总量。套管模型测试结果表明，芯体表面粗糙度轴向不均匀程度增大1倍时，直流闪络前高幅值放电脉冲数量增大50倍。

芯体清理不彻底会残留环氧晶粒和纤维碎屑。与故障套管相同清洁处理的套管检查发现：芯体表面凹槽、孔洞处存在车削和打磨后残留的环氧晶粒和纸纤维，主要成分为碳和氧。故障套管靠近高压侧的气固界面场强较高区域易吸附微粒，降低放电电压。测试打磨微粒在直流电压下向高场强区运动和吸附，导致电荷密度和电场畸变增加，起始放电电压降低。

涂漆可降低表面电荷密度，提高闪络放电场强。对比测试表明，涂漆前后材料基本电气参数相差不大，涂漆后试样直流闪络放电场强较涂漆前略微提高。

（2）外部污染的影响。套管充气和补气过程中，若未严格过滤可引入外部微粒，影响放电起始和发展过程，主要影响过程为：微粒运动吸附、微粒下电荷积聚、电场畸变放电。

故障套管在厂内充气直接采用气瓶，未加装过滤器。套管装配后进行充氮气置换降低水分含量，并进行充 SF_6 气处理，过程严格要求 SF_6 纯度、洁净度和微水含量（$<150\mu L/L$）。在 2021 年 6 月故障套管现场补气时同样直接采用气瓶，未加装过滤器。

充气处理未严格过滤气体时，可将微粒引入套管内部。对此开展了 SF_6 气体充、收和过滤试验和气瓶内部洁净度检查，发现气瓶内存在毫米级金属和非金属微粒。直流电压作用下套管内微粒会向高场强区运动迁移，吸附至靠近高压侧芯体表面的微粒，可使表面电荷积聚和电场畸变程度显著增加，引发起始局部放电。运动和吸附在气固界面高场强区域的微粒，可导致闪络放电电压降低。试验表明微粒在直流电场下会向高压侧电场集中区域运动，降低气固界面闪络放电电压。

故障套管 2021 年 10 月年检时 SF_6 微水含量仅 $128\mu L/L$，排除受潮问题。测试微水含量 $0\sim2000\mu L/L$ 的 SF_6 气体下套管放电电压基本相同。

（3）长时直流电压作用的影响。通过开展芯体试样和套管模型长时直流放电特性试验，发现由起始局部放电至贯穿性闪络放电时间长短的影响因素为：电场大小和时间、电荷累积量、局部放电量和脉冲频次。

长时直流电压作用下表面电荷逐渐累积可使电场畸变不断增加，可持续降低放电电压。测试芯体切样表面电荷累积特性表明，表面电荷密度持续累积时间超过 10h。

长时直流电压作用下气固界面闪络放电电压显著降低。测试了不同直流电场强度下芯体切样气固界面闪络放电时间，相对短时升压，加压 10、15h 后闪络场强最大可降低 $30\%\sim40\%$。

采用与故障套管相同表面处理工艺模型套管，靠近高压侧芯体表面设置纤维凸起和打磨微粒缺陷，开展直流电压下气固界面从起始局部放电至贯穿性闪络放电发展过程的试验。

4.5 倍运行场强持续 6 天无局部放电（第 1～6 天）；5 倍运行场强局部放电量小于 2000pC 持续 30 天（第 7～36 天）；5 倍运行场强局部放电量超过 2000pC 后，第 55 天闪络（第 37～55 天）。表明套管气固界面缺陷引发的闪络放电是长期发展过程。试验现象与故障套管相似，起始放电由高压侧局部电场畸变集中区域开始。

综上分析认为：见图 2－43，此次故障原因为套管芯体表面打磨不到位，靠近高压侧

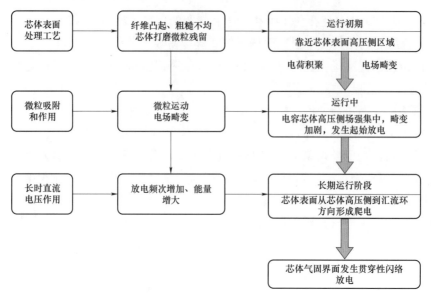

图 2-43　此次故障发展过程

区域气固界面存在纤维凸起，运行中吸附微粒，在直流电压作用下电荷积聚和电场畸变引发微弱起始局部放电；长期的电压作用使电荷积聚加剧，电场畸变程度进一步增大，局部放电频次和幅值逐步增加，进而引起气固界面爬电，最终导致贯穿性闪络放电。

2.1.4.4　提升措施

（1）套管制造阶段，加强工艺流程控制，升级优化表面处理工艺，避免因芯体表面凸起或微粒残留导致电荷积聚、电场畸变。

（2）套管场内安装、交接、检修过程中严格按照设备说明书、安装指导手册的要求，开展补气工作，确保补气过程中不发生外部微粒进入套管积聚而导致高压侧场强畸变。

（3）严格按照规程要求开展预防性试验，确保及时发现设备制造、安装、运行过程中存在的隐患。

2.1.5　某站"2023 年 7 月 19 日"极Ⅰ高端 Y/Y–C 相换流变压器阀侧套管芯体气固界面放电

2.1.5.1　概述

1. 故障前运行工况

输送功率：5000MW。

接线方式：双极四阀组大地回线全压方式运行。

2. 故障简述

2023 年 7 月 19 日 16:36，某站极Ⅰ高端换流器差动保护动作，极Ⅰ闭锁。16:39，极

Ⅰ低端阀组重启成功，功率损失 200MW。故障原因为极Ⅰ高端 Y/Y－C 相换流变压器阀侧 2.2 套管发生接地故障。

3. 事件记录

故障时刻事件记录见表 2－14。

表 2－14　　　　　　　故 障 时 刻 事 件 记 录

时间	事件来源	系统告警	事件描述
16:36:38:304	S1P1CPR1	A	换流器差动保护Ⅱ段动作
16:36:38:304	S1P1CPR1	C	换流器差动保护Ⅱ段动作
16:36:38:304	S1P1CPR1	B	换流器差动保护Ⅱ段动作
16:36:38:305	S1P1PCP1	A	保护 X 闭锁
16:36:38:306	S1P1CCP1	B	进线开关跳闸
16:36:38:309	S1P1PCP1	A	极非正常停运出现
16:37:18:327	S1P1PCP1	A	极隔离
16:37:23:327	S1P1PCP1	A	极 1 阀组自动解锁功能启动
16:39:06:036	S1P1CCP1	A	高端阀组隔离成功
16:39:49:805	S1P1PCP1	B	极 1 已连接
16:39:53:414	S1P1CCP2	B	极 1 低端阀组解锁

4. 设备概况

故障阀侧套管型号为 BRFGZ－±800/5766－3，出厂日期 2023 年 3 月，投运日期 2023 年 6 月。套管由胶浸纸电容芯体、空心复合绝缘子和中心高压载流导电管等部件组成，内部填充 SF_6 气体作为辅助绝缘。

2.1.5.2　设备检查情况

1. 保护动作分析

极Ⅰ高端阀组保护故障录波见图 2－44，故障前直流场主回路 TA 测量电流均为 3130A。故障发生时刻（16:36:38:304）直流电压下跌至 0kV，IDNC、IDNE、IDC1N 测点电流突然增加至 7300A，IDC1P 下降至 900A。从电流特征可以判断，极Ⅰ高端阀组 IDC1P、IDC1N 测点之间发生了接地故障，导致换流器差动保护动作。

由图 2－45 中极Ⅰ高端阀组保护故障录波可知，故障发生时极Ⅰ高端 Y 桥和 D 桥均为 V3、V4 导通，Y 桥 A 相换流变压器阀侧首端 TA 测量电流（IVYA）增大至 7300A（此时 Y 桥 A 相电流从换流变压器流入，B 相电流从换流变压器流出），Y 桥 B 相换流变压器阀侧首端 TA 测量电流（IVYB）减小至 900A，由此判断极Ⅰ高端 Y 桥存在内部接地故障。

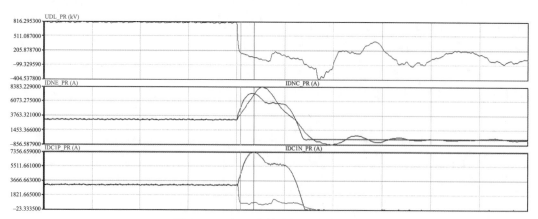

图2-44 极Ⅰ高端阀组保护故障录波

极Ⅰ高端 Y/Y-A 相换流变压器阀侧套管首尾端电流大小相同、方向相反，均为7300A，说明极Ⅰ高端 Y/Y-A 相换流变压器内部无接地故障。极Ⅰ高端 Y/Y-B 相换流变压器阀侧套管首尾端电流大小相同、方向相反，均为 900A，说明极Ⅰ高端 Y/Y-B 相换流变压器内部无接地故障。此时极Ⅰ高端 Y/Y-C 相换流变压器无电流通路，可以排除极Ⅰ高端 Y/Y-C 相换流变压器内部接地故障可能性。

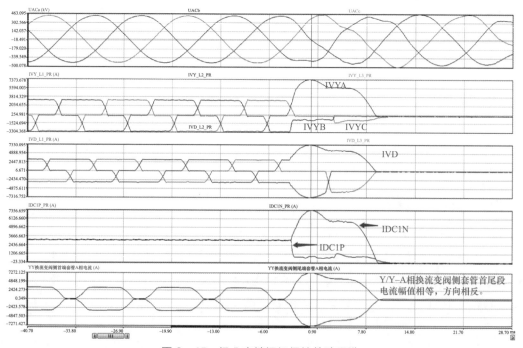

图2-45 极Ⅰ高端阀组保护故障录波

故障时刻极Ⅰ高端电流回路见图2-46，直流电流经 IDNC 测点、高端 D 桥、高端换流阀 Y 桥 V4、星接换流变压器 A 相首尾端套管，分成两路：一路经接地点入地（大小约6400A），另一路经换流变压器 B 相首尾端套管、高端换流阀 Y 桥 V3、极母线流出（大小为 900A）。由此推断故障为极Ⅰ高端星接换流变压器阀侧中性点接地。

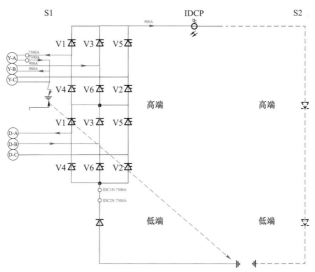

图 2-46　故障时刻极 I 高端电流回路

由于星接三相换流变压器阀侧中性点套管为一个电气连接点，该电气连接点接地均可能导致该故障现象，建议现场重点检查极 I 高端 Y/Y 换流变压器阀侧三相尾端套管（即 2.2 套管）。

2. 仿真分析

故障发生后使用 PSCAD 电磁暂态仿真程序进行了故障模拟，故障点设置于极 I 高端星接换流变压器阀侧中性点，见图 2-47。

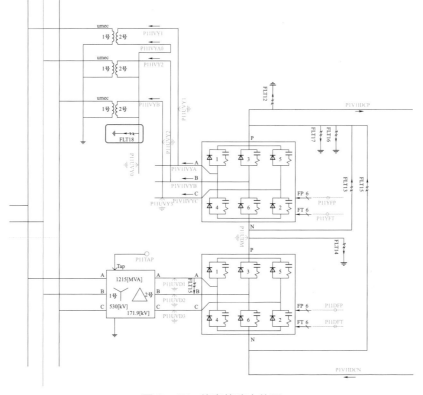

图 2-47　仿真故障点位置

故障仿真波形见图 2-48，故障时刻换流变压器阀侧套管首端电流 A 相增大，B、C 相减小，A 相套管首端电流和尾端电流大小相等、方向相反，IDC1P、IDC1N 存在较大的差流，其中 P1B1_YYUn 是 Y/Y 换流变压器阀侧中性点电压，故障时换流变压器阀侧中性点电压迅速下降。仿真波形与故障波形相似，进一步说明故障为极 I 高端星接换流变压器阀侧中性点接地。

3. 现场检查情况

（1）换流变压器检查情况。故障发生后，运维人员检查 OWS 后台报文，未发现极 I 高端换流变压器非电量告警，现场检查极 I 高端换流变压器油温油位正常，压力释放阀未动作，外观也未见渗油等异常情况。

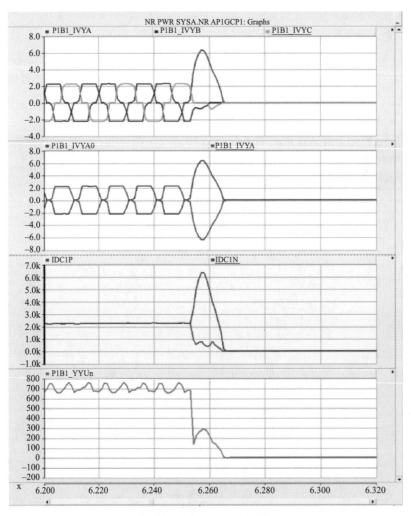

图 2-48　故障仿真波形

通过后台一体化在线监测后台检查该阀组 6 台换流变压器本体、升高座在线油色谱数据，未见明显异常。开展极 I 高端阀组换流变压器和极 I 高端 Y/Y-C 相换流变压器本体上、中、下和升高座离线油色谱分析,试验结果无异常。

(2)套管检查情况。通过后台一体化在线监测后台核查极 Ⅰ 高端换流变压器 12 支阀侧套管和 2 支直流穿墙套管压力趋势平稳,未见异常。现场开展极 Ⅰ 高端阀组 6 台换流变压器阀侧 2.1 套管和 2.2 套管及极 Ⅰ 高端 800kV、400kV 直流穿墙套管 SF_6 气体试验,发现极 Ⅰ 高端 Y/Y-C 相换流变压器阀侧 2.2 套管 SF_6 气体分解产物异常(CO 含量 4.5μL/L、SO_2 含量 66.2μL/L、H_2S 含量 1.4μL/L,

图 2-49 极 Ⅰ 高端 Y/Y-C 相换流变压器
阀侧 2.2 套管 SF_6 分解物检测结果

见图 2-49),其余阀侧套管及穿墙套管 SF_6 气体无异常。检查极 Ⅰ 高端换流变压器阀侧 2.1 套管和 2.2 套管末屏分压盒,发现极 Ⅰ 高端 Y/Y-C 相换流变压器阀侧 2.2 套管末屏分压盒内存在烧蚀发黑痕迹,见图 2-50,其余阀侧套管末屏分压盒未见异常。

图 2-50 极 Ⅰ 高端 Y/Y-C 相换流变压器阀侧 2.2 套管末屏分压器

4. 现场试验情况

(1)故障换流变压器试验情况及分析。故障发生后,分别于 7 月 19 日晚、20 日凌晨对故障极 Ⅰ 高端 Y/Y-C 相换流变压器本体及两阀侧升高座进行绝缘油色谱试验,未见异常,见表 2-15。

表 2-15 故障换流变压器及升高座离线油色谱数据(μL/L)

取样时间: 2023 年 7 月 19 日 20:50								
特征气体	甲烷 (CH_4)	乙烯 (C_2H_4)	乙烷 (C_2H_6)	乙炔 (C_2H_2)	氢 (H_2)	一氧化碳 (CO)	二氧化碳 (CO_2)	总烃 ($\sum CH$)
Y/Y-C 本体下部	0.45	0.18	0.22	0.07	1.36	21.87	101.47	0.92
Y/Y-C 2.2 升高座	0.47	0.14	0	0.05	6.03	22.03	104.63	0.66
Y/Y-C 2.1 升高座	0.42	0.13	0	0.04	3.88	17.63	91.02	0.59

取样时间：2023 年 7 月 20 日　01:00							
Y/Y－C 本体下部	0.45	0.13	0	0.05	0.6	20.25	111.2	0.63
Y/Y－C 本体中部	0.47	0.12	0	0.05	0.66	20.99	169.57	0.64
Y/Y－C 本体上部	0.45	0.13	0	0.06	0.69	20.33	106.59	0.64
Y/Y－C 2.2 升高座	0.48	0.12	0	0.05	1.12	20.04	117.19	0.65
Y/Y－C 2.1 升高座	0.46	0.11	0	0.03	1.18	20.2	120.4	0.6

（2）套管试验情况及分析。对故障极Ⅰ高 Y/Y－C 相换流变压器 2 支阀侧套管开展介质损耗、电容量、主绝缘测试，结果见表 2－16 和表 2－17，其中 2.2 套管主绝缘介质损耗升高（与交接值对比偏大 27.9%）、电容量正常、主绝缘电阻正常，判断故障套管芯体无电容屏击穿。2.1 套管数据未见异常。

表 2－16　　　　　故障换流变压器套管介质损耗、电容量测量结果

套管	介质损耗因数 $\tan\delta$（%）			电容量 C_x（pF）			
	出厂值	交接值	试验值	出厂值	交接值	试验值	偏差%
2.1	0.312	0.296	0.275	2496	2473	2465	－0.32
2.2	0.300	0.290	0.371	2504	2477	2467	－0.40

表 2－17　　　　　故障换流变压器套管绝缘电阻测量结果

套管	主绝缘电阻（GΩ）		末屏对地电阻（GΩ）	
	交接值	试验值	交接值	试验值
2.1	86.6	20.7	8.42	26.5
2.2	88.1	21.8	8.39	40.1

分别于故障后 4h 及 68h 对故障套管的气体成分进行了分析，测量结果见表 2－18。故障套管 2.2 在故障后 4h 和 68h 的 SO_2 含量分别为 66.2μL/L 和 105.3μL/L。非故障套管 2.1 气体成分测量结果无异常。

表 2－18　　　　　故障换流变压器阀侧套管气体成分测量结果

套管	2.1		2.2	
测试时间	故障后 4 h	故障后 68 h	故障后 4 h	故障后 68h
纯度（%）	99.99	99.99	99.99	99.99
露点温度（℃）	－43.5	－42.5	－33.8	－33.8
微水（μL/L）	56.9	77.2	173.6	186.5
二氧化硫（SO_2）（μL/L）	0	0	66.2	105.3
硫化氢（H_2S）（μL/L）	0	0	1.4	0
一氧化碳（CO）（μL/L）	0	0	4.5	0

2.1.5.3　故障原因分析

1. 同类套管故障情况对比分析

该站（以下简称"A 站"）极Ⅰ高端 Y/Y－C 相换流变压器 2.2 故障套管与 2.1.4 节 2022年 2 月 17 日发生故障的 B 站极Ⅰ高端 Y/Y－A 相换流变压器阀侧 2.1 套管，均为同一公司生产的±800kV 换流变压器阀侧套管，由胶浸纸电容芯体、空心复合绝缘子和中心高压载流导电管等部件组成，内部填充 SF_6 气体作为辅助绝缘。

（1）故障前运行情况对比。故障前 B 站极Ⅰ高端 Y/Y－A 相换流变压器阀侧 2.1 套管状态见表 2－19。B 站极Ⅰ高端 Y/Y－A 相换流变压器阀侧 2.1 套管 2020 年 12 月 30 日带电投入运行，故障前累计运行 413 天，故障时无系统操作。套管运行期间，每月进行红外测温、紫外检测，外部无异常发热和放电，2021 年 10 月进行了全面年检，包括 SF_6 气体成分和水分含量在内所有检测结果正常。

表 2－19　　故障前 B 站极Ⅰ高端 Y/Y－A 相换流变压器阀侧 2.1 套管状态

测试日期	不同阶段	套管状态
2020 年 12 月 7 日	交接试验	正常
2020 年 12 月 30 日	168h 后开始试运行	正常
2021 年 6 月 3 日	现场调整气压	正常
2021 年 10 月 25 日	首次年度检修	正常
2022 年 2 月 17 日故障前	套管末屏电压	正常
2022 年 2 月 17 日	放电故障退出运行	—

故障前 A 站极Ⅰ高端 Y/Y－C 相换流变压器阀侧 2.2 套管状态见表 2－20，A 站极Ⅰ高端 Y/Y－C 相换流变压器阀侧 2.2 套管 2023 年 6 月 23 日带电投入运行，故障前累计运行 25 天，故障时无系统操作。套管 2023 年 3 月 9 日完成交接试验，状态良好，故障前 SF_6 气体压力和红外测温正常。

表 2－20　　故障前 A 站极Ⅰ高端 Y/Y－C 相换流变压器阀侧 2.2 套管状态

测试日期	不同阶段	套管状态
2023 年 3 月 9 日	交接试验	正常
2023 年 6 月 24 日	168h 后开始试运行	正常
2023 年 7 月 19 日故障前	Y/Y－C 相换流变压器阀侧 2.1 套管末屏电压	正常
2023 年 7 月 19 日故障前	Y/Y－C 相换流变压器阀侧 2.2 套管末屏电压	未监测
2023 年 7 月 19 日	放电故障退出运行	—

套管故障前，A 站故障套管与 B 站故障套管电气参量测试数据、SF_6 气体压力、红外测温均无异常征兆。

（2）故障套管现场外部检查对比。两次故障中，故障套管外部均压结构、复合绝缘子伞裙及金属法兰的现场检查均未发现放电痕迹，见图 2−51。接地分压器盒内部均发生引线端子烧熔、连接端断开，见图 2−52。

(a) B站故障套管现场外观检查

(b) A江站故障套管现场外观检查

图 2−51　故障套管现场外观检查情况对比

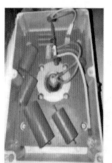

(a) B站套管接地分压器故障前后内部状态

(b) A江站套管接地分压器故障前后内部状态

图 2−52　故障分压器盒的状态对比

套管故障时，A 站故障套管与 B 站故障套管对地放电电流都通过了套管末屏抽头和分压器入地。

（3）故障套管现场测试结果对比。A、B 两站故障后套管内 SF_6 气体分解气体含量见表 2-21，其中 B 站故障套管 SF_6 检测出 SO_2、H_2S、HF，A 站故障套管 SF_6 检测出 SO_2 和 H_2S。B 站故障套管 H_2S 首次测量结果是 A 站的 147 倍，现场检测结果见图 2-53 和图 2-54。

表 2-21　　　　　　　　　故障后套管内 SF_6 气体分解气体含量

测试时间	B 站故障后 1h	B 站故障后 8h	A 站故障后 4h	A 站故障后 68h
纯度（%）	98.27	99.99	99.99	99.99
露点温度（℃）	−1.18	−7.7	−33.8	−33.8
二氧化硫（SO_2）（μL/L）	233.15	99.9	66.2	105.3
硫化氢（H_2S）（μL/L）	207.49	60.6	1.4	0.0
一氧化碳（CO）（μL/L）	3.6	28.5	4.5	0.0
氟化氢（HF）（μL/L）	124.8	—	未检测	未检测
微水（μL/L）	5502	3152	245	245

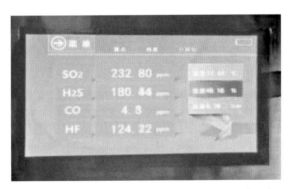

图 2-53　B 站套管 SF_6 气体成分测试结果（1h）

图 2-54　A 站套管 SF_6 气体成分测试结果（4h）

A 站与 B 站故障套管电气参量测试结果见表 2-22，其中 B 站和 A 站故障套管主绝缘电容量正常，判定故障套管芯体无电容屏击穿。B 站故障套管主绝缘电阻下降，A 站故障套管介质损耗增大。

表 2-22 　　　　　　　　A 站与 B 站故障套管电气参量测试结果

套管	B 站极 Ⅰ 高端 Y/Y-A 相换流变压器阀侧 2.1 故障套管		A 站极 Ⅰ 高端 Y/Y-C 相换流变压器阀侧 2.2 故障套管	
测试时间	年度检修	故障后测试	交接	故障后测试
主绝缘电容量（pF）	2437	2433	2477	2467
主绝缘介质损耗 $\tan\delta$（%）	0.292	0.311	0.290	0.371
主绝缘电阻（GΩ）	38.4	6.3	88.1	21.8
末屏对地绝缘电阻（GΩ）	6.2	136	83.9	40.1

2. 套管放电类型分析和判定

A 站极 Ⅰ 高端 Y/Y-C 相换流变压器阀侧 2.2 套管阀厅侧空心绝缘子外表面、高压侧均压环外表面、接地端法兰和均压环均无放电痕迹，判定套管外部未发生空气侧空心复合绝缘子外部放电。

（1）油色谱结果判定套管油中侧未发生放电。根据 A 站极 Ⅰ 高端换流变压器及阀侧升高座油色谱结果（见表 2-23），各放电特征气体级总烃含量无明显增大，且故障套管油色谱结果与其余在运套管结果无明显差异，判定极 Ⅰ 高端 Y/Y-C 相换流变压器阀侧 2.2 套管故障时油中侧未发生放电。

表 2-23 　　　　极 Ⅰ 高端 Y/Y-C 相换流变压器故障前后油色谱测量结果

双极高运行第 10 天，取样时间 2023 年 6 月 26 日　10:00 油箱底部								
气体类别	甲烷（CH_4）	乙烯（C_2H_4）	乙烷（C_2H_6）	乙炔（C_2H_2）	氢气（H_2）	一氧化碳（CO）	二氧化碳（CO_2）	总烃（ΣCH）
Y/Y-C 本体	0.55	0.19	0	0.07	2.73	18.49	103.9	0.81
故障变升高座（故障后）取样时间　2023 年 7 月 19 日　20:50 油箱底部								
气体类别	甲烷（CH_4）	乙烯（C_2H_4）	乙烷（C_2H_6）	乙炔（C_2H_2）	氢气（H_2）	一氧化碳（CO）	二氧化碳（CO_2）	总烃（ΣCH）
Y/Y-C 本体	0.45	0.18	0.22	0.07	1.36	21.87	101.47	0.92
Y/Y-Cb 升高座	0.47	0.14	0	0.05	6.03	22.03	104.63	0.66
Y/Y-Ca 升高座	0.42	0.13	0	0.04	3.88	17.63	91.02	0.59

（2）套管电容量判定套管芯体未发生屏间击穿。极 Ⅰ 高端 Y/Y-C 相换流变压器阀侧 2.2 套管电容量和介质损耗见表 2-24，极 Ⅰ 高端 Y/Y-C 相换流变压器阀侧 2.2 套管故障

后，主绝缘电容量未发生明显变化，判定故障套管芯体无电容屏击穿。

表 2-24　　极Ⅰ高端 Y/Y-C 相换流变压器阀侧 2.2 套管电容量和介质损耗

套管	Y/Y-C 相换流变压器阀侧　2.2 套管	
	交接	故障后测试
主绝缘电容量（pF）	2477	2467
介质损耗因数 $\tan\delta$（%）	0.290	0.371

（3）SF_6 分解产物判定套管 SF_6 侧发生内部放电。极Ⅰ高端 Y/Y-C 相换流变压器 2.2 阀侧套管发生故障后，套管内部 SF_6 气体检出大量分解产物，判定故障套管 SF_6 气体侧内部发生放电。由故障录波数据确定故障电流峰值 6500A（IDC1P-IDC1N），持续时间 14.8ms，故障电流通过末屏抽头和分压器入地，见图 2-55 和图 2-56。

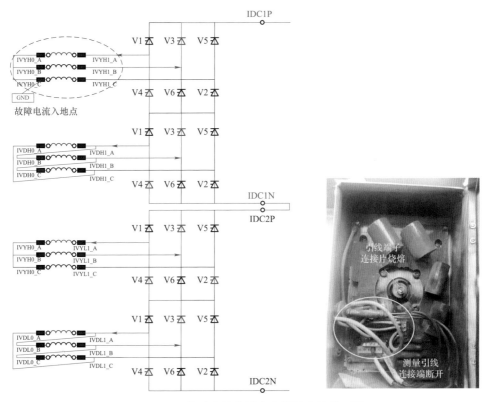

图 2-55　故障电流入地点和故障套管分压器

故障套管为胶浸纸 SF_6 气体绝缘套管，套管内高压对地之间有 3 种绝缘形式：气固界面绝缘、芯体径向绝缘、油中芯体表面绝缘。通过换流变压器的油中分解气体、气体侧 SF_6 分解气体、电容芯体的绝缘特征量和绝缘外套外表状态，可判定 A 站极Ⅰ高端 Y/Y-C 相换流变压器阀侧 2.2 套管 SF_6 侧发生内部放电，套管油中侧尾端未发生放电，电容芯体极板未发生屏间击穿。

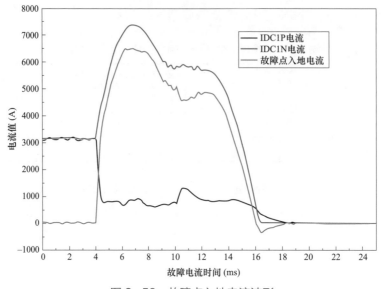

图 2-56　故障点入地电流波形

2.1.5.4　提升措施

1. 在线监测措施完善

（1）加强 SF_6 气体压力监测。将极 I 高换流变压器阀侧套管压力参数接入一体化在线监测后台，将数据存档周期由 15min 修改为 1min，后续根据应用效果做进一步完善。

（2）优化阀侧末屏电压信号监视。采用临时方案将极 I 高端 Y 接换流变压器阀侧 2.2 套管末屏电压接入换流变压器故障录波装置，后续将根据运维实际情况联合各套管厂家制定电压监视方案，合理设置电压监视预警值，优化阀侧 2.1 套管及 2.2 套管末屏电压报警值及报警信息。

（3）加装套管无线测温装置。极 I 高端 Y/D 换流变压器四支西套 ±600kV 阀侧套管顶部接线金具加装无线测温传感器，温度定值参照红外测温导则执行，实时准确监测套管运行温度，防止发生过热故障。

2. 运维策略优化

（1）加强运行监盘及设备巡视工作，及时发现设备异常；加强变压器油色谱监测装置管理，确保在线油色谱装置数据准确，适当缩短离线油色谱监测周期；加强红外测温、紫外放电检测，确保无异常过热、放电。

（2）建立预警机制，通过定期对换流变压器各项运行及监测数据进行分析比对，及时发现潜在缺陷和问题。

（3）提前编制套管故障、换流变压器更换应急抢修典型方案，确保第一时间完成方案报审、人员组织等开工准备工作。故障发生 24h 内，协调施工单位、大件运输厂家、换流变压器及其相关辅助设备厂家、阀厅封堵厂家到站。确保所需设备配件、特种车辆、特种设备、检修工具及试验仪器、封堵填料等耗材 24h 内到站。

2.2 空心绝缘子故障

2.2.1 某站"2011年6月30日"极Ⅱ平波电抗器极母线侧套管异常放电

2.2.1.1 概述

1. 故障前运行工况

输送功率：600MW。

运行方式：双极大地回线全压方式运行。

2. 故障简述

2011年6月30日15:00，对某站进行例行紫外放电测试时，发现极Ⅱ平波电抗器极母线侧套管从上往下数1/3处有光子密集区，光子数最大值为598个/min，放电连续，但现场听不到放电声音，肉眼看不到放电点；而极Ⅰ平波电抗器极母线侧套管光子数20～50个/min，同一部位无连续放电点。

2.2.1.2 设备检查情况

1. 保护动作分析

无。

2. 现场检查情况

现场检查发现异常套管上部约1/3处明显发黑，紫外放电测试发现有较为集中放电现象，检查结果见图2-57和图2-58。

图 2-57 异常套管上部约 1/3 处明显发黑

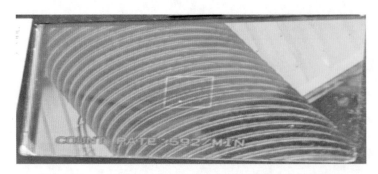

图 2−58　6 月 30 日 500kV 运行时极Ⅱ套管紫外测试情况

根据调度指令，分别于 6 月 30 日 17:55、18:55 将直流极Ⅱ、极Ⅰ降压至 350kV 运行。双极降压至 350kV 后，极Ⅱ平波电抗器极母线侧套管最大光子数为 214 个/min，放电周期无明显变化，测试结果见图 2−59。

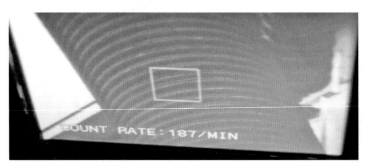

图 2−59　6 月 30 日 350kV 运行时极Ⅱ套管紫外测试情况

由表 2−25 紫外测试情况可以看出，极Ⅱ平波电抗器极母线侧套管持续放电，放电部位固定，且光子数明显高于极Ⅰ。

表 2−25　　　　　　　　某站平波电抗器极母线侧套管紫外测试情况

序号	运行电压（kV）	测试时间	极Ⅰ套管光子数（个/min）	极Ⅱ套管光子数（个/min）	极Ⅱ套管放电周期（s）	天气情况
1	500	6 月 30 日 15:20	20～50	500～600	连续不间断	晴
2	350	6 月 30 日 20:00	—	150～200	连续不间断	晴
3	350	7 月 1 日 9:00	12～20	100～200	0.5～1	晴
4	350	7 月 1 日 14:00		100～200	0.5～1	阴
5	350	7 月 1 日 20:00	10～20	100～200	0.5～1	阴
6	350	7 月 2 日 8:00	10～20	100～140	0.5～1	阴
7	350	7 月 2 日 16:00	2～15	80～110	0.5～1	阴
8	350	7 月 2 日 20:00	1～10	100～140	0.5～1	阴

序号	运行电压（kV）	测试时间	极 I 套管光子数（个/min）	极 II 套管光子数（个/min）	极 II 套管放电周期（s）	天气情况
9	350	7 月 3 日 9:00	10～20	100～150	1～2	阴
10	350	7 月 3 日 14:00	10～20	100～150	1～2	阴
11	350	7 月 3 日 20:00	10～20	100～120	1～2	阴
12	350	7 月 4 日 9:00	10～20	100～110	2～3	小雨
13	350	7 月 4 日 14:00	10～20	30～50	2～3	小雨
14	350	7 月 4 日 20:00	10～20	30～50	2～3	小雨
15	350	7 月 5 日 10:00	10～20	30～50	3～5	小雨
16	350	7 月 5 日 18:00	10～20	30～50	3～5	小雨
17	350	7 月 6 日 18:00	10～20	40～80	3～5	小雨
18	350	7 月 7 日 10:00	1～10	50～90	3～5	晴
19	350	7 月 7 日 18:00	1～10	30～60	3～5	晴

3. 返厂检查情况

2011 年 7 月 11～15 日，对 2010 年 12 月出现同类型异常放电的平波电抗器套管进行了返厂解体检查。

2.2.1.3　故障原因分析

2011 年 8 月 2 日，根据解体检查情况组织召开了分析会，经与会专家分析，套管内部绝缘材料由内向外由绝缘发泡材料（厚度约 12cm）、环氧树脂桶（厚度约 1.5cm）、硅橡胶伞裙三部分构成，绝缘发泡材料的电阻率远低于环氧树脂桶和硅橡胶的电阻率，最厚的绝缘发泡材料没有起到主绝缘的作用并降低套管的表面场强，绝缘发泡材料与环氧树脂桶内壁的接触面的场强最高，首先在该接触面出现树枝状放电，并向内至套管导电杆，向外至硅橡胶表面发展，形成内外贯穿的放电通道，因此套管内绝缘设计不合理是造成套管放电的根本原因。

2.2.1.4　提升措施

（1）后续招标规范和反事故措施中，规定阀侧套管不宜采用发泡材料作为填充介质。

（2）将在运平波电抗器极母线侧套管全部更换为充 SF_6 式胶浸纸套管。

（3）充分利用红外、紫外等成熟的技术手段，加强套管设备运行状态监测。

2.2.2 某站"2011年9月8日"极Ⅰ高端Y/Y-B相换流变压器2.1套管SF₆渗漏

2.2.2.1 概述

1. 故障前运行工况

正常运行。

2. 故障简述

某换流站极Ⅰ高端Y/Y-B相换流变压器（800kV，型号：EFPH8557）阀侧套管为国外某公司生产的胶浸纸SF_6套管（型号：GSETF 2090/844-4100），于2010年7月正式投入运行。2011年9月8日，经泄漏检查确定极Ⅰ高端Y/Y-B相换流变压器2.1套管本体存在SF_6渗漏，12h内泄漏浓度约240μL/L，随即采取更换换流变压器的措施。

2.2.2.2 设备检查情况

1. 现场检查情况

运行期间，每日巡视换流变压器运行状况并定期人工抄录换流变压器套管压力值进行比对分析。8月2日之前抄录换流变压器套管压力值对比分析无异常，极Ⅰ高端Y/Y-B相换流变压器2.1套管SF_6压力值为3.4bar（额定值3.2bar，报警值2.4bar，跳闸值1.0bar）；8月12日抄录极Ⅰ高端Y/Y-B相换流变压器2.1套管SF_6压力值为3.29bar，比对分析认为极Ⅰ高端Y/Y-B相换流变压器2.1套管可能存在泄漏，其他换流变压器套管压力值比对分析无异常。管理处决定对极Ⅰ高端Y/Y-B相换流变压器2.1套管SF_6压力值抄录周期调整为每日两次，加强现场跟踪分析，8月12日~9月9日期间，该套管SF_6压力基本保持在3.29bar，未明显变化。

利用9月8~10日极Ⅰ直流分压器更换SF_6气体消缺停电期间，现场对极Ⅰ高端Y/Y-B相换流变压器2.1套管进行SF_6泄漏检查，使用手持式SF_6泄漏定性检测器检测到套管外绝缘硅橡胶中上部存在间歇性SF_6泄漏，后通知技术监督单位对此可能泄漏点进行定量分析并通知厂家，厂家技术人员到现场，9月8日24:00对可能泄漏点进行包扎，9月9日12:00对包扎后可能收集的SF_6气体进行测量，测量到SF_6气体浓度为240μL/L，详见图2-60和图2-61。经厂家和技术监督单位现场见证确定：极Ⅰ高端Y/Y-B相换流变压器2.1套管本体存在泄漏。

图2-60 疑似杂质点

根据抄录压力值变化趋势和泄漏检查情况看（8月2～12日，压力值由 3.4bar 降至 3.29bar，8月12日～9月9日，压力值无明显变化），套管 SF_6 气体泄漏速率不恒定，硅橡胶外绝缘无明显裂纹或砂眼，套管胶套破裂等内部故障情况不能确定。

在确定套管本体 SF_6 泄漏后，对此套管进行了相关试验，包括介质损耗电容测试、SF_6 分解物检测、套管 SF_6 压力比对检测（采用备品表计比对）等，试验检测结果未见异常，介质损耗电容测试试验结果见表 2-26。

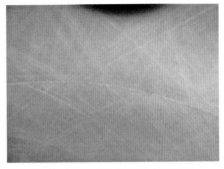

图 2-61　环氧树脂筒内壁接缝

表 2-26　　　　　　　　　介质损耗电容测试实验结果

序号	试验项目	出厂值	交接值	大修值	此次试验值
1	电容值（pF）	1345.8	1362	1323	1342
2	介质损耗	0.310	0.476	0.477	0.321

2. 返厂检查情况

2012 年 3 月 14～16 日，对该站±800kV 换流变压器漏气套管进行了解体检查，发现了疑似漏点。

该套管产品编号：M9200588，型号：GSETF2090/844-4100spez，技术参数（铭牌参数）：$U_{rdc}=721kV$，$U_{rpeak}=844kV$，$U_{BIL}=2090kV$，$I_{rdc}=A$，$I_{rac}=4100A$，$U_{SIL}=1840kV$，$C_1=1350pF$，$C_2=3028pF$，最小压力 3.2bar，$\tan\theta=0.34\%$，质量为 4800kg。套管共计 5 节硅橡胶复合外套黏接，共 176 片伞群（包括一大一小）。复合外套长 8528mm，套管全长 14850mm。复合外套浇注在 12mm 厚环氧树脂筒上。

检查步骤：

（1）0.25bar 压力（运输压力）情况下，薄膜包扎 24h 后，外观检查，SF_6 检测仪检测漏点。SF_6 回收约 0.5h，抽真空约 1h 后，注入氢气，使套管压力达到 3bar。

（2）套管完全包扎后，用氢气检漏仪进行整体漏气试验。

（3）用氢气检漏仪进行局部漏气试验，并锁定漏点，确定从套管顶部起 63～65 片之间，距套管顶部 3.20～3.29m 间有漏点。

（4）立起套管解体复合外套，吊出套管导电杆上半部铝管、内部均压罩及外部环氧树脂筒。检查套管铜导电部分及硅橡胶外套内部，发现铜导电部分端部有黑色物质及部分损伤。

（5）明确环氧树脂筒从顶部往下数 63～65 片绝缘子间存在漏气部位，内壁检查发现 1 个黑色针孔及 1 个疑似杂质点。

另在距套管顶部 2.9m 处发现环氧树脂筒内壁接缝处连接工艺如下：

2.2.2.3　故障原因分析

空套复合绝缘子用环氧玻璃钢筒制造时内部存在杂质，在电场作用下产生局部放电。运行过程中的持续放电引起环氧玻璃钢筒壁形成贯穿通道，造成 SF_6 气体发生微渗。

2.2.2.4　提升措施

（1）加强环氧玻璃钢筒制造过程管控，严格控制缠绕时环境和异物控制，出厂前检查外观。

（2）空套复合绝缘子出厂进行交流局部放电试验和密封试验。

2.3　载流连接部件故障

2.3.1　某站"2012 年 6 月 28 日"极Ⅰ Y/Y-B 相换流变压器阀侧 2.1 套管导电杆铜铝过渡接头处过热

2.3.1.1　概述

1. 故障前运行工况

输送功率：1800MW。

运行方式：直流系统双极大地回线 400kV 降压运行，功率正送。

2. 故障简述

2012 年 6 月 28 日 06:23:11，某站 OWS 报 P1PPR B 系统发直流过流跳闸报警、A 系统报阀直流差动保护动作跳闸报警，极Ⅰ直流系统闭锁，极Ⅰ换流变压器交流侧 5012 和 5013 断路器跳闸、直流场转为极隔离状态。安全稳定控制装置动作，切呼伦贝尔电厂 1 台机，切鄂温克电厂 1 台机。

2.3.1.2　设备检查情况

1. 保护动作分析

（1）故障发生后，极Ⅰ直流系统闭锁，5012、5013 开关跳闸，极Ⅰ直流场转至极隔离状态，极Ⅱ单极大地回线功率 1211MW 运行。

（2）500kV 交流滤波器场，5611、5613、5623 相继退出运行。

（3）申请东北网调将极Ⅱ功率降至 1000MW 运行。

2. 现场检查情况

故障发生后，某站立即启动应急预案，将相关情况立即汇报网调及相关领导，将极Ⅱ直流系统功率降至 1000MW，将极Ⅰ直流系统转至检修状态，同时到现场检查一、二次设备情况，打印、收集故障录波信息，并将故障材料报相关单位。检查情况如下：

（1）检查 5012、5013 开关跳开，5012、5013 断路器保护装置动作，极Ⅰ换流变压器断电，极Ⅰ闭锁。

（2）对极Ⅰ换流阀及阀厅设备进行外观检查，未见异常情况。

（3）对极Ⅰ直流场一次设备进行检查，未见异常情况。

（4）检修工区对极Ⅰ直流线路进行巡线检查，检查范围为本站围墙出线侧 1～7 号塔，未见异常情况。

（5）经过分析故障点有可能在极Ⅰ Y/Y－B 相换流阀或者在高压母线 IDP 靠近阀侧的区域。

（6）现场立即通过工业电视系统检查阀厅设备运行情况，发现在极Ⅰ闭锁的瞬间，极Ⅰ Y/Y－B 相换流变压器 2.1 套管距接头 1/3 处存在放电点（见图 2－62），现场检查 2.1 套管本体及伞群，发现套管有轻微规律的闪络放电痕迹。

图 2－62　故障套管放电点

初步分析判断：针对此次事故情况及保护动作范围，检修人员立即开展相关一次设备检查、试验工作，主要对阀厅内换流阀、直流分压器、阀避雷器动作情况、换流阀出线光 TA、换流变压器阀侧套管等进行了检查。在对极Ⅰ Y/Y－B 相换流变压器阀侧 2.1 套管检查发现有轻微规律的闪络放电痕迹及套管末屏烧断外，其他一次设备未发现异常情况，见图 2－63。

图 2－63　套管检查情况

极 I 系统闭锁后，通过查看图像监控录像，在事故跳闸瞬间 011B 换流变压器 B 相阀侧 2.1 套管有闪络放电现象，仔细查看视频录像可以看出闪络放电火花在距套管顶部 1/3 处有较大的弧光，并且此弧光一直延续到套管根部外壳处，据此初步判断应为套管放电接地导致保护动作跳闸。现场立即对此套管进行检查，并开展套管绝缘、介质损耗和气体微水等试验。

（1）套管主绝缘测试。试验人员对套管主绝缘进行了测试，测试数值为 44.7MΩ，标准值为 10000MΩ，怀疑套管内已经发生击穿，绝缘完全破坏，已不能正常使用。

（2）介质损耗、电容量测试。试验人员对电容量进行了测试，测试结果为：500V 电压测试，介质损耗为 −4.104%，电容量为 0.283pF；1000V 电压测试，介质损耗为 −24%，电容量为 0.1pF；而 2011 年 6 月 2 日的数据为：介质损耗因数为 0.342%，电容量为 1201pF。此后加压至 1500V 已无法施加电压，说明套管绝缘能力已经严重破坏。

（3）套管 SF_6 气体微水试验。试验人员对套管进行 SF_6 分解物测试，测试过程中气体从仪器排气口流出，当场出现浓重的臭鸡蛋气味，为避免试验人员中毒，立即停止了试验，套管内气体已完全分解，不能继续使用。

3. 返厂检查情况

故障套管解体后发现：

（1）套管复合外套无明显损伤，末屏已被熔断，见图 2−64。

图 2−64　末屏熔断

（2）拆掉末屏端子及分压器然后拆掉法兰。末屏端子与套管末屏的连接线已断裂，末屏端子尾端的橡胶防护套已经有碳化现象，法兰桶内有黑色粉末，法兰内芯子表面有大面积的黑色污染痕迹，见图 2−65。

（3）电容芯子外表面有两条明显的放电路径，套管气体侧汇流接地环炸裂并烧熔（见图 2−66），末屏引出线熔断，末屏测量端子与法兰间绝缘电阻为零。

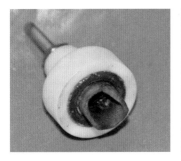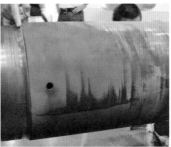

图 2-65 末屏端子连接线

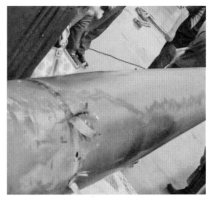

图 2-66 末屏引出线熔断

（4）套管玻璃钢筒内表面附着有部分黑色固体熔化物（见图 2-67），套管气体侧汇流接地环已经严重损坏；套管芯子上端有约 1.2m 长的大面积黑色物质，芯子表面有两条明显沿面闪络痕迹。

图 2-67 套管芯子上端黑色物质

（5）在套管铜铝过渡连接处发现铝导体有烟熏痕迹，且铝导体表面黏有大面积的黑色固体熔化物（为尼龙导向锥熔化后的物质）；铜导体表面有严重过热现象，并有黑色流淌固体熔化物（见图 2-68）。

  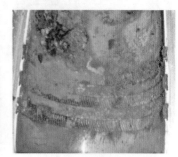

图 2-68　铝导体表面黏有大面积的黑色固体熔化物

（6）将铜铝导体结合处切开后发现，铝导体内的镀银弹簧触指（MC 触点）与铜铝导体间均有黑色物质，且有部分镀银弹簧触指已经烧坏（见图 2-69）。铝导体管内尼龙导向锥大部分已烧熔、碳化。

 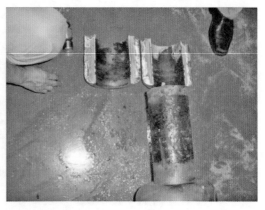

图 2-69　铝导体内的镀银弹簧触指烧蚀

2.3.1.3　故障原因分析

根据上述情况已判定故障为极Ⅰ Y/Y－B 相换流变压器阀侧 2.1 套管内部发生故障，致使套管绝缘降低发生击穿，造成极Ⅰ直流系统停运。经过解体检查，确认故障原因为：

（1）故障套管解体后发现套管复合外套无明显损伤。电容芯子外表面有两条明显的放电路，套管气体侧汇流接地环炸裂并烧熔，末屏引出线熔断，末屏测量端子与法兰间绝缘电阻为零。在套管铜铝过渡连接处发现铜导体表面有严重过热现象，铝导体管内尼龙导向锥大部分已烧熔、碳化，镶嵌在铝导体内的部分镀银弹簧触指已经烧坏。

（2）套管故障起因及其发展过程为：套管铜铝过渡接头处过热，温度达到了尼龙导向锥的熔化温度后，熔化物沿铜铝过渡接头之间的缝隙流出，并沿着套管芯子外表面向变压器方向流动，由上至下流淌至套管电容芯表面 1.2m 处。导致套管 SF_6 侧的绝缘距离缩短，从距套管顶部 1/3 处的半球形均压球（半球形均压球可见电弧烧蚀痕迹）到套管气腔中汇流接地环方向沿芯子表面闪络，故障电流经套管金属法兰及末屏试验抽头接线柱入地。套管故障完全是由于套管本身存在缺陷造成的，缺陷主要集中在铜铝过渡接头连接部位。可能的缺陷包括铜铝过渡接头装配不当、铝管内部处理不干净而遗留微量金属屑、MC 触点缺失导致局部发热量增加等。

套管解体检查情况见图 2－70。

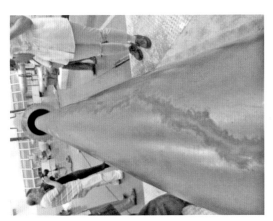

图 2－70　套管解体检查情况

2.3.1.4　提升措施

结合 2011 年 4～6 月其他换流站共 6 只平波电抗器极母线侧套管出现放电情况及系统闭锁事件。通过对干式套管、充气套管的解体及根据专家组意见，说明该公司提供的胶浸纸充气套管均存在质量问题。提升措施建议为：

（1）套管中部导电管禁止采用对接结构，改为一体式导电管。

（2）例行检修时对套管内部 SF_6 气体成分进行检测。

（3）巡检时，用红外测温仪检查套管伞裙表面温度，与其他相套管同位置进行比较。温差超过 3K，要重点关注。

2.3.2 某站"2015 年 9 月 19 日"极 Ⅱ Y/Y－A 相换流变压器阀侧 2.2 套管导电杆铜铝过渡接头处过热

2.3.2.1 概述

2015 年 9 月 19 日 18 时，某站运维值班人员红外测温发现极 Ⅱ Y/Y－A 相换流变压器阀侧 2.2 套管温度横向对比较其他套管高出 10～15℃，进一步检测发现该套管 1/3 处温度最高达到 50℃左右，其余套管温度为 35℃左右，测温图谱详见图 2－71；同时套管压力升至 3.8bar，较其他套管压力高 0.2～0.3bar。经检测，SF_6 气体含有 SO_2 分解物，套管回路电阻测量异常。

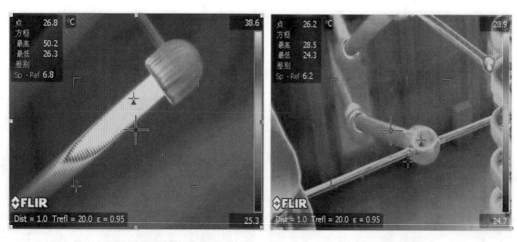

(a) 温度异常图谱   (b) 正常温度图谱

图 2－71 极 Ⅱ Y/Y－A 相换流变压器阀侧 2.2 套管

2.3.2.2 设备检查情况

经返厂检查，发现末屏端子与套管末屏的连接线已断裂（见图 2－72），末屏端子尾端的橡胶防护套有碳化现象，法兰桶内有黑色粉末，法兰内芯子表面有大面积的黑色污染痕迹。

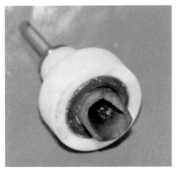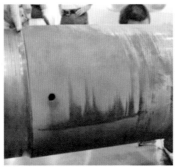

图 2-72　末屏端子连接线

检查发现电容芯子外表面有两条明显的放电路径，套管气体侧汇流接地环炸裂并烧熔，末屏引出线熔断（见图 2-73）。经专家分析，原因是套管导电杆铜铝过渡接头处过热，铝接头内部的 MC 表带触指受热失去弹性，通流能力降低，尼龙导向锥烧融加剧发热，并在电容芯子表面形成沿面放电通道，最终导致设备故障。2017～2019 年，该类故障多次出现。

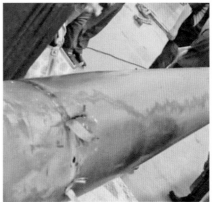

图 2-73　末屏引出线熔断

2.3.2.3　故障原因分析

解体套管发现导电杆触指连接处发热，MC 表带烧损、失去弹性，尼龙导向锥烧融，加剧发热，见图 2-74。分析故障原因为，套管导电杆铜铝过渡接头处过热，铝接头内部的 MC 表带触指受热失去弹性，通流能力降低，最终导致设备故障。MC 表带设计存在缺陷，长期运行后接触电阻增大，表带熔化。

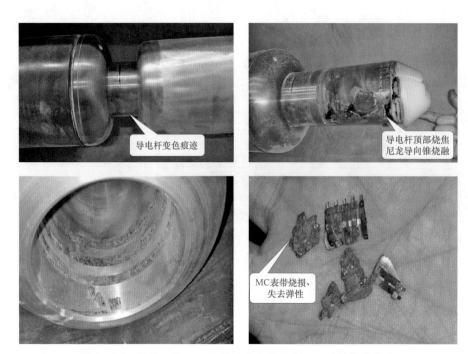

图 2-74　极 Ⅱ Y/Y-A 相换流变压器阀侧 2.2 套管解体情况

2.3.2.4　提升措施

（1）阀侧套管导电杆采用整体式结构，避免采用中间过渡连接。

（2）对现有该型号套管进行更换。

（3）做好套管备品的储备和试验检查，以便发现故障及时处理。

2.3.3　某站"2016 年 10 月 21 日"极 Ⅰ Y/Y-A 相换流变压器阀侧 2.1 套管触指与铜铝载流接触面发热

2.3.3.1　概述

1. 故障简述

某换流站 2016 年 10 月 21 日，巡视发现极 Ⅰ Y/Y-A 相换流变压器阀侧 2.1 套管阀厅侧本体表面不均匀发热（见图 2-75），最高温度为 36.9℃，最低温度 26.5℃，表面温差 10.4℃，极 Ⅰ 功率为 1575MW，阀厅温度为 22℃。通过排查，极 Ⅰ 和极 Ⅱ 的换流变压器 2.1、2.2 套管表面温度存在 7～13℃ 的温差。

2. 设备概况

该型号套管结构见图 2-76，套管内部载流结构为载流铝导电管和载流铜导杆插接而成，载流铝导电管内壁有三道表带触指载流，载流铜导杆顶部安装尼龙导向锥用于铜铝导管对接安装。

图 2-75　极Ⅰ Y/Y-A 相换流变压器阀侧 2.1 套管阀厅侧本体表面不均匀发热

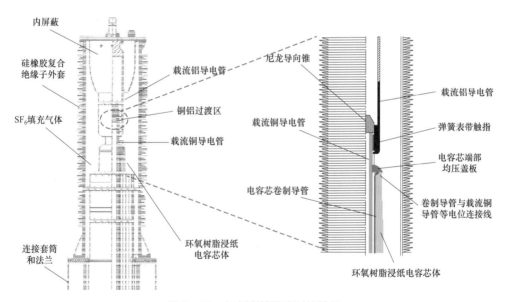

图 2-76　阀侧套管载流对接结构

2.3.3.2　设备检查情况

对该套管进行了现场头部插拔解体，发现红外测温温差较大的极Ⅰ Y/Y-A 相换流变压器阀侧 2.1 套管触指已经严重烧损，套管绝缘部分未受影响，尼龙导向锥完整，见图 2-77。套管修复完成后运行状态良好。

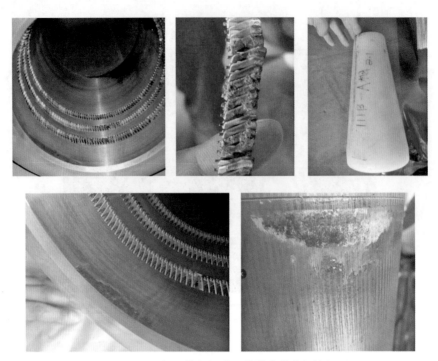

图 2-77　极 I 外部温度不均的套管内部情况

2.3.3.3　故障原因分析

现场组织厂家和技术监督单位对过热原因进行了分析,认为触指槽内的粉末长期存在并随套管运行中导杆热胀冷缩(铜铝导体轴向滑动),粉末可能增多,并导致触指与铜铝载流接触面接触面积减小,接触电阻增大,造成过热。

对套管进行了热场建模仿真计算,模拟铜铝导管不同接触电阻下的套管内外部温度分布,见图 2-78,计算得到接触电阻是正常情况 10 倍时,护套表面的最高温度由 30.76℃上升至 37.89℃,且外护套表面温差达到 12℃,内部铜铝接触位置最高温度由 80.18℃上升至 204℃。计算结果说明,套管外部产生 10℃以上的温差,可能是由内部铜铝过渡位置接触不良过热导致的。

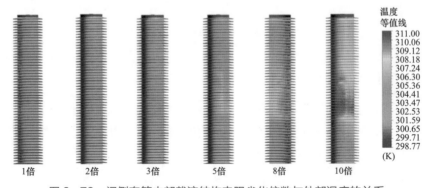

图 2-78　阀侧套管内部载流结构电阻劣化倍数与外部温度的关系

仿真分析认为，套管表面温差小于 10℃时，内部载流连接处发热缺陷不会引发套管内部发生恶性绝缘故障。为了评估套管运行状态，防止缺陷恶化，确认存在温度不均现象的套管导向锥有无烧熔情况，对极Ⅰ Y/Y 换流变压器 A、B、C 相阀侧套管 X 射线探伤，见图 2−79。试验可有效发现套管尼龙导向锥的状态，进而判断套管内部过热缺陷是否恶化。

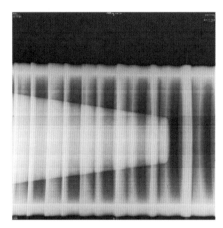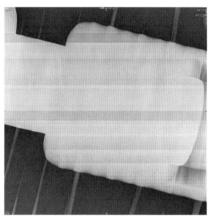

图 2−79　阀侧套管 X 射线检查情况

2.3.3.4　提升措施

在现场打开套管头部，清理铜铝载流表面运输和运行中产生的粉末并对载流接触面进行打磨，可以恢复表带触指与载流导体的有效接触面积，对消除过热缺陷有一定作用。表带触指由 3 道增加到 4 道，增大了载流裕度；铝导体内表面镀银可以减小表带触指与铝导体的接触电阻，对消除过热缺陷有一定作用。改进后的铝导管结构见图 2−80。

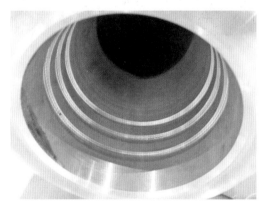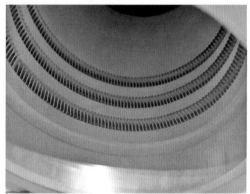

图 2−80　改进后的铝导管结构

运行中对套管表面的红外监测可以有效发现该类型套管载流连接过热缺陷，套管表面温差小于 10K 时，内部载流连接处发热缺陷不会引发套管内部发生恶性绝缘故障。现场修复的方式可有效避免载流过热缺陷恶化，应对其他同类型套管进行持续监测。

2.3.4 某站"2017年6月14日"041B换流变压器B相阀侧套管触指发热

2.3.4.1 概述

1. 故障简述

2017年6月14日,某站发现041B换流变压器B相阀侧Yx套管发热,温度达到55℃,相对于其他同类设备明显增高,其他同类套管温度38℃左右。经过1天的持续跟踪,该套管温度呈逐渐上升趋势。6月15日21:30对其进行测温,温度已达69℃。鉴于系统内多站先后发生换流变压器阀侧套管爆裂故障,为避免再次发生设备损坏,经与套管厂家沟通确认,向调度部门申请单元四停电,进行检查处理。

2. 设备概况

041B换流变压器B相阀侧Yx套管为胶浸渍纸电容纯干式复合外套结构,型号为ETA-186/3800,2008年投运。041B换流变压器B相Yx套管6月14日测温图谱见图2-81。

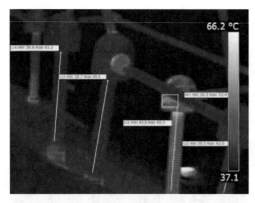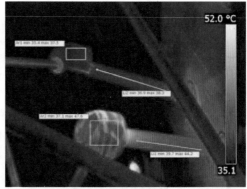

图2-81 041B换流变压器B相Yx套管6月14日测温图谱

2.3.4.2 设备检查情况

1. 现场检查情况

6月16日单元四停电,经检查发现041B换流变压器B相阀侧Yx套管头部导流铜柱镀银层出现氧化、分离脱落现象(见图2-82、图2-83),分析认为镀银层工艺不良,导致接头发热。对套管进行介质损耗、电容量等相关试验,结果正常。当日厂家对套管头部导流铜柱做清洁处理后,重新进行现场电镀银,并更换了铜铝过渡片。6月17日单元四恢复运行后,持续进行温度监视,结果显示故障没有排除,6月19日最高温度达72℃。

厂家要求接头红外测温超过70℃时应停电检查,6月21日~7月1日,单元四第二次停电，对 041B 换流变压器 B 相阀侧的两支套管进行了更换，同时也更换了配套金具、铜铝过渡片，Yx 套管返厂。2017 年 7 月 4 日，该套管生产厂家对该套管进行了解体和检查工作，并对故障原因进行了讨论和分析。

图 2−82　套管头部导流铜柱情况　　　　图 2−83　铜铝过渡片内侧情况（铜柱侧）

该套管为环氧树脂浸渍纸电容式直流套管，套管由头部盖板、电容芯体、安装法兰及头尾部接线端子等部件组成，其主绝缘为环氧树脂浸渍纸，外绝缘由环氧树脂电容芯体直接车制而成。该产品导杆为整只铜管，中间没有接头，套管头尾部端子与导杆（铜管）有载流连接，采用表带触指结构。头部接线柱通过 2 条表带触指连接载流，套管头部结构见图 2−84。尾部接线端子也是通过 2 条表带触指与导电管连接，见图 2−85。头、尾部接线端子使用的表带触指型号为 LA−CUD/90，每条表带有导电载流片 101 片，单片的载流能力为 50A，单条的载流能力为 5050A，合计 10100A。

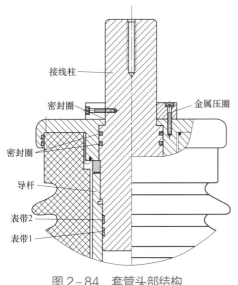
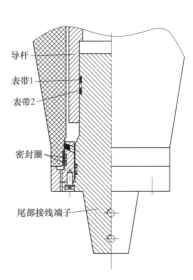

图 2−84　套管头部结构　　　　　　　　图 2−85　套管尾部结构

2. 返厂检查情况

解体发现中部导杆外表面光洁；套管头部密封圈完好，弹性正常，头部接触电阻为 14.5μΩ（测试电流 100A），导管外表面端部约 200mm 长颜色明显变深，疑似有过热迹象；套管头部表带触指及其对应位置导电管内部颜色正常，头部表带触指局部有机械损伤，受损片数共计约为 55 片，其中表带 1 有 19 片、表带 2 有 5 片已脱离卡槽（见图 2-86）。尾部接线端子处表带触指及其对应位置导电管内部颜色正常，无过热痕迹（见图 2-87）。头尾部接线端子处表带触指颜色无明显差异。

图 2-86　头部表带损坏情况　　　　图 2-87　尾部导体结构

2.3.4.3　故障原因分析

通过对该换流站 041B 换流变压器 B 相阀侧 Yx 套管的解体发现，套管头部接线端子表带触指局部的机械损伤为产品装配操作不当所造成，虽然局部机械伤损、55 片变形，尤其是已经脱离卡槽的导电片，对整个表带各片触指与导管内壁的接触压力产生不良影响。由于两个表带的受损部位接触不良，在晚间功率较低时（2100MW 左右）发热不明显，但白天满功率运行时，加上外部环境温度较高（最高 39℃，阀厅温度约 45℃），导流片开始过热，当达到 72℃（外部测量）时到达发热散热平衡。

从该套管返厂后的试验数据和解体情况看，套管内部导体及其连接部件没有发生特别高的温度，因此端部的密封胶圈弹性仍然较好。

综上所述：套管头部导流接头表带的机械损伤，是此次套管过热的主要原因。

2.3.4.4　提升措施

该套管存在载流结构设计不合理，厂家在产品装配过程中的工艺控制不严等问题。由于换流变压器阀侧套管倾斜安装，在重力作用下，导致套管头部载流接头表带触指压缩不均匀，出现机械损伤，造成载流发热。建议采取以下措施：

（1）导电管与头部载流端子间表带触指两端增加限位结构，保证表带弹簧片各方向压缩均匀，防止出现局部过热。

（2）导电管与卷制管之间增加限位结构，避免导电管由于重力作用，在端部出现偏心的现象。

（3）改进产品的装配工艺，避免因操作不当造成的表带机械损伤。

2.4　密　封　系　统　故　障

2.4.1　某站"2013 年 11 月 23 日"极Ⅱ Y/Y-B 相、C 相换流变压器 2.1 套管密封检查孔进潮

2.4.1.1　概况

1. 故障简述

某换流站 2013 年预试发现极Ⅱ Y/Y-B 相、C 相换流变压器 2.1 套管末屏绝缘偏低，实测值分别为 B 相 64MΩ、C 相 170MΩ，B 相 2.1 套管末屏介质损耗为 9.8%，C 相 2.1 套管末屏为 9.7%。另一换流站 2015 年预试发现极Ⅰ平波电抗器 1.1 套管末屏对地绝缘电阻 412MΩ，末屏对地介质损耗 5.8%。2017 年 3 月，对两根阀侧套管进行解体分析，缺陷原因为套管底座法兰盘的密封检查孔处密封失效，水分经由该检查孔进入油气密封面之间的槽，使得水分与电容芯表面接触，引发套管末屏附近绝缘受潮。

2. 设备情况

极Ⅱ Y/Y-B 相、C 相换流变压器阀侧 2.1 套管制造时间为 2003 年，投运时间为 2004 年。极Ⅰ平波电抗器 1.1 穿墙套管制造时间为 2005 年，投运时间为 2007 年。

2.4.1.2　设备检查情况

1. 现场检查情况

极Ⅱ Y/Y-B 相、C 相换流变压器 2.1 套管末屏绝缘偏低缺陷。2013 年 11 月 23 日，预试发现极二换流变压器 Y/Y-B 相、Y/Y-C 相 2.1 套管末屏绝缘电阻偏低，其实测值分别为 64MΩ、170MΩ（规程要求不小于 1000MΩ）；随后测量套管末屏介质损耗值，Y/Y-B 相、Y/Y-C 相 2.1 套管末屏介质损 耗值分别为 9.8%，9.7%（规程要求不大于 2%）。现场对上述两台换流变压器 2.1 套管末屏进行小瓷套更换和干燥后复测，绝缘电阻略有好转但仍未达到标准要求。

2013～2016 年期间，每半年对末屏绝缘及介质损耗进行测试，绝缘电阻及介质损耗无恶化趋势，测试数据见表 2-27。

表 2-27 套管绝缘电阻及介质损耗变化趋势

	测试部位	试验电压（V）	2013年12月	2014年5月	2014年9月	2015年1月	2015年5月	2015年12月
B相	一次对末屏主绝缘	2500	—	—	—	—	260G	—
	末屏对地绝缘	500	198M	49.8M	46.5M	52.6M	44.1M	106M
	末屏对地介质损耗（%）	10	6.715	11.62	11.28	11.47	12.27	8.46
C相	一次对末屏主绝缘	2500	—	—	—	—	305G	—
	末屏对地绝缘	500	523M	353M	124M	110M	104M	215M
	末屏对地介质损耗（%）	10000	6.15	10.27	10.64	10.70	11.2	8.41

2. 返厂检查情况

2017年对试验超标的两支套管进行了解体检查发现：

（1）套管末屏绝缘电阻分别为 155、345MΩ。

（2）套管底座法兰盘油气密封面之间的槽内存在积水痕迹。

（3）底座法兰盘的油气密封面部分对应的电容芯表面有黑色受潮痕迹，见图 2-88。

某站极 I 平波电抗器 1.1 套管末屏绝缘偏低缺陷。2015 年 12 月，停电检修发现极 I 平波电抗器 1.1 套管末屏对地绝缘电阻 412M，末屏对地介质损耗 5.848%，不满足规程要求。2016 年 2 月、2017 年 4 月复测，末屏对地绝缘电阻分别为 600、102MΩ，末屏对地介质损耗分别为 5.7%、9.25%。

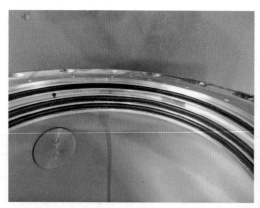

图 2-88 套管电容芯体受潮位置

2.4.1.3 故障原因分析

阀侧套管底座法兰盘的密封检查孔堵头为非密封设计（见图 2-89），其内部开孔，套管油、气密封面之间可与外界连通，一旦油、气间所有密封面均失效（有 3~4 道），气体不至于进入油中；密封检查孔塞有两道密封，同时采用轮胎"气门芯"式结构设计，保证正常情况下水汽无法直接进入油气密封面与套管直接接触。

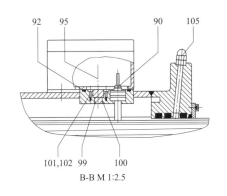

图 2-89　阀侧套管底座法兰盘的密封检查孔堵头

该检查孔位于套管户外法兰"2 点"方向，一旦密封失效，水分将可能直接进入套管油气密封面，直接与套管电容芯子接触。

因此，末屏绝缘、介质损耗超标原因为套管底座法兰盘的密封检查孔处密封失效，水分经由该检查孔进入油气密封面之间的槽，直接与电容芯接触，导致末屏绝缘下降。该密封检查孔无明显标识，现场存在误打开可能，尤其是在变压器安装排气过程中，容易误开启此密封检查孔并遗忘恢复。

2.4.1.4　提升措施

针对已投运工程：结合停电开展阀侧充气套管末屏的绝缘电阻及介质损耗测试，检查密封孔塞是否松动，并在密封检查孔处加装明显标识，防止人员误打开。对于存在试验异常（500V 电压下绝缘低于 1000MΩ 或介质损耗超过 5%）的套管末屏进行防潮处理，在处理前重点检查密封检查孔塞是否松动，垫片是否存在损伤。防潮处理主要是进行抽水、抽真空及干燥氮气充洗。抽水前应检查确认软管无破损，插拔过程中应避免用力过度导致软管断裂。

针对新建工程，督促厂家完善密封检查孔标识，监督施工单位防止误开启密封检查孔塞，运维单位应做好密封检查孔塞的验收检查。

2.5 末屏连接系统故障

2.5.1 某站"2014年7月12日"极Ⅰ低端Y/Y-A相换流变压器阀侧套管末屏接线柱漏气

2.5.1.1 概述

1. 故障前运行工况

正常运行。

2. 故障简述

2017年10月27日，某直流线路满负荷开展带电检测工作，发现某站极Ⅰ低端Y/Y-A相换流变压器阀侧4.1套管末屏接线盒处存在轻微漏气，套管压力0.34MPa（该套管额定压力0.32MPa，报警压力0.24MPa，跳闸压力0.1MPa）。2017年12月2日停电后，检修人员分别使用SF_6定性检漏仪和SF_6红外成像检漏仪对漏气套管进行检查，发现泄漏点位于套管末屏引出线接线柱顶端。现场使用末屏接线柱进行更换，并重新锡焊，抽真空注气至0.34MPa，检漏无异常。

3. 设备概况

该套管为某厂家生产的胶浸纸电容式阀侧套管，型号为GSETF-1365/430-4100。

2.5.1.2 设备检查情况

1. 现场检查情况

2017年12月2日停电后，检修人员分别使用SF_6定性检漏仪和SF_6红外成像检漏仪对漏气套管进行检查，发现泄漏点位于套管末屏引出线接线柱顶端。现场使用新的末屏接线柱进行更换，并重新锡焊。按照厂家工艺标准，接线柱更换结束后，进行抽真空并重新注气至0.34MPa，检漏无异常，进行套管绝缘、介质损耗、电容量，分解物、微水试验数据合格，静置24h后再次进行分解物、微水试验，数据合格。

SF_6在线监测系统后台中显示极Ⅰ低Y/Y-A相阀侧4.1套管SF_6压力有轻微下降趋势，具体见图2-90。

现场使用SF_6气体探测仪对阀侧套管末屏接线盒进行检漏，发现有轻微漏气，见图2-91。同时使用SF_6泄漏成像仪对该套管进行检测，发现该点也存在轻微漏气。

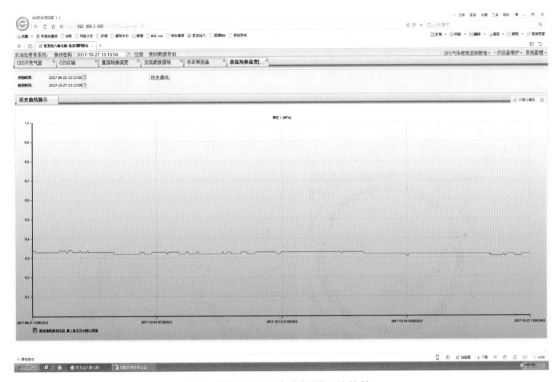

图 2-90　SF$_6$压力有轻微下降趋势

图 2-91　末屏处渗漏

2. 返厂检查情况

现场检查发现气体泄漏问题，随即进行更换，未返厂检查。

2.5.1.3 故障原因分析

末屏接线盒内能导致套管漏气的原因可能有以下两个方面：一方面是备用孔与接线柱间出现裂纹漏气；另一方面是接线柱漏气。其处理方法如下：

1. 备用孔与接线柱间出现裂纹漏气

若检查备用孔存在裂纹，则需更换换流变压器，故障套管返厂维修并更换盖板。若末屏接线柱渗漏，接线柱为空心结构，内部与SF_6气室联通，安装后将顶端和末屏接线锡焊熔接在一起并形成密封面，见图2-92。

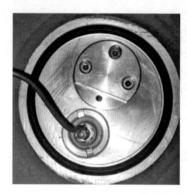

图2-92　末屏接线柱结构

2. 接线柱漏气

若接线柱漏气，可在现场重新更换接线柱。对投运后的极 I 低端 Y/Y-A 相换流变压器阀侧套管 SF_6 压力进行持续监视，观察套管末屏漏气情况。

2.5.1.4 提升措施

（1）优化末屏结构，对金属密封件的强度进行校核计算。

（2）加强零部件质量管控，对末屏进行密封试验。

（3）注意 SF_6 密度计日常监测。

2.5.2 某站"2017年10月14日"极 II 换流变压器 Y/Y-C 相 2.2 套管 SF_6 渗漏

2.5.2.1 概述

1. 故障前运行工况

正常运行。

2. 故障简述

2017 年 10 月 14 日 07:00，某换流站极 II 换流变压器 Y/Y-C 相 2.2 套管报 SF_6 气体压力低告警，现场检查该套管压力为 2.37bar，低于报警值 2.4bar，当日 09:00 检修人员将该套管 SF_6 气体补充至 3.6bar。使用 SF_6 气体泄漏成像仪检查发现套管底部末屏分压器接线盒内有漏气现象。

2017 年 12 月 4 日，换流变压器停电检修时，使用高精度 SF_6 定量检漏仪发现末屏接线柱和备用法兰面之间 SF_6 气体浓度最高，由此初步判定该处可能有微小裂纹，导致漏气。12 月 5 日，对漏气部位进行了冷焊处理，因法兰面不规则，无法完全封堵，漏气情况依然存在，经与厂家沟通，需要对套管进行返厂处理，更换末屏法兰面。

3. 设备概况

极 Ⅱ 换流变压器 Y/Y－C 相 2.2 套管型号为：GSETF1950/536－3000AC spez，编号：M9202630，内部采用 SF_6 充气方式，正常充气压力为 3.2bar，报警压力为 2.4bar。2011 年 5 月投运。

2.5.2.2　设备检查情况

10 月 14 日对该套管采用 SF_6 泄漏成像仪进行检漏，发现漏气部位位于套管底部末屏分压器接线盒（见图 2－93、图 2－94）。因该换流变压器在运行，无法进行进一步开盖检查。在 12 月 4 日换流变压器停电检修前，分别于 11 月 6 日、25 日，对套管进行了带电补气。

图 2－93　末屏分压器接线盒　　　　图 2－94　SF_6 气体检漏仪照片

12 月 4 日该站联系厂家人员至现场进行处理，先将该套管末屏分压器接线盒（见图 2－95）拆掉，露出套管末屏（见图 2－96）。

将套管末屏接线柱及末屏备用口拆除，发现末屏接线柱有一处密封圈有破损（见图 2－97），对整个法兰面（见图 2－98）进行检查，未发现明显裂缝。

更换了末屏接线柱后，对套管进行抽真空，持续 12h 后真空度为 23Pa，随后充入 SF_6 气体至额定压力，再次对套管末屏进行检漏，发现漏气情况仍然存在。对末屏法兰面进行超声金属探伤（见图 2－99）及试剂渗透法（见图 2－100）进行探伤，未发现裂缝；使用高精度 SF_6 定量检漏仪发现末屏接线柱和备用法兰面之间 SF_6 气体浓度最高（见图 2－101），由此判定该处可能有微小裂纹，导致漏气。

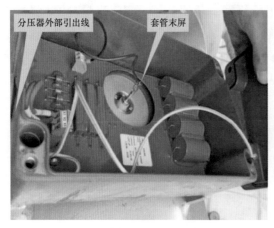

图 2-95 套管末屏分压器接线盒内部

图 2-96 套管末屏

图 2-97 套管末屏接线柱破损密封圈

图 2-98 套管末屏法兰面

再次对套管末屏进行处理,将套管 SF_6 气体压力降至微正压,对漏气位置进行冷焊处理(见图 2-102),因两处法兰面的不规则,处理后漏气情况仍然存在。

为保证换流变压器的稳定可靠运行,在年度检修期间,将该换流变压器与备用 Y/Y 换流变压器进行互换,在将存在漏气套管的换流变压器退至备用位置后,对漏气套管末屏由厂家进行了加装过渡法兰的处理(见图 2-103~图 2-105)。

图 2-99　套管末屏法兰面进行超声探伤

图 2-100　套管末屏法兰面进行试剂渗透探伤

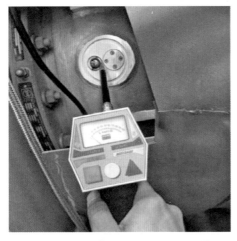

图 2-101　高精度 SF$_6$ 定量检漏仪检漏
（红色探头处 SF$_6$ 气体浓度最高）

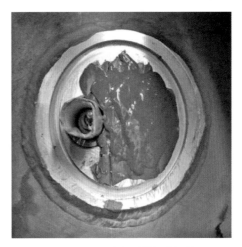

图 2-102　对末屏进行冷焊处理

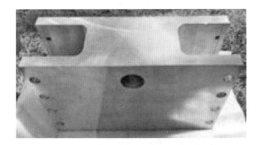

图 2-103　末屏过渡法兰面（一）

图 2-104　末屏过渡法兰面（二）

　　加装完以后对套管补气至 3.28bar（图 2-106 红色箭头指示处），同时对压力表拍照，过了 4 天后再次对套管压力表拍照（见图 2-107），发现压力值有降低，截至 2018 年 3 月 21 日对套管压力表拍照（见图 2-108），压力已降至 2.91bar，证明该套管在加装末屏过渡法兰后还是存在漏气。

图 2-105　加装末屏过渡法兰面后

极2YYC2.2

图 2-106　漏气套管 12 月 12 日压力表照片

备用YY2.2

图 2-107　漏气套管 12 月 16 日压力表照片

采用包扎法进行 SF$_6$ 漏量和漏率计算：包扎时间 24h，套管充气质量为 23kg。漏气量的计算公式为

$$g = (k/\Delta t)v\rho\, t$$

式中：k 为浓度值（体积比）；v 为测试体积，L；ρ 为 SF_6 的密度（6.14g/L）；t 为被测对象的工作时间，h，如求一年之中的漏气量，则 $t = 365 \times 24 = 8760h$；$\Delta t$ 为测量的间隔时间。

图 2-108　漏气套管 2018 年 3 月 21 日压力表照片

计算得出：$g = 2 \times 10 - 5 \times 20000 \times 6.14 \times 8760/24 = 896$（g）

漏气率的计算公式为

$$M = (g/Q) \times 100\%$$

式中：Q 为设备或者容器中充入的 SF_6 气体的总质量，g。

计算得出：漏气率 $M = 896/(20 \times 1000) = 4.5\%$

经过试验计算后的该套管年漏气率为 4.5% 大于规定值 0.5%。

2.5.2.3　故障原因分析

末屏接线柱和备用法兰面之间存在微小裂纹，导致漏气。

2.5.2.4　提升措施

因为该套管还是存在漏气，并且漏气率较高，为保证换流变压器以后的稳定可靠运行，建议针对该套管进行更换，漏气套管返厂更换末屏法兰，彻底处理好漏气缺陷。

2.6　其 他 附 件 故 障

2.6.1　某工程送受端换流变压器阀侧套管法兰根部开裂漏气

2.6.1.1　概述

1. 故障简述

2017 年 1 月、2018 年 1 月，某直流工程换流变压器阀侧套管在停电检修中检查发现存在多支根部法兰开裂的情况，两站分别有 8 根和 11 根存在套管根部法兰裂纹情况。

2. 设备概况

该故障换流变压器阀侧 2.1/2.2、3.1/3.2 套管型号为 GSETF 1550/412－2200 spec，型式为胶浸纸电容芯子填充 SF_6 气体绝缘套管，出厂时间 1998 年。3.1/3.2 套管型号为 GSETFt 1050/212－1300 spec，型式为胶浸纸电容芯子干式套管，出厂时间 1998 年。换流变压器阀侧套管结构见图 2－109。

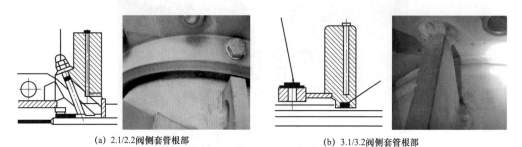

(a) 2.1/2.2阀侧套管根部　　　　　　　　(b) 3.1/3.2阀侧套管根部

图 2－109　换流变压器阀侧套管结构

2.6.1.2　设备检查情况

2016 年 12 月 28 日，检修人员检查发现极Ⅱ换流变压器 C 相 2.1 套管（阀侧 SF_6 套管）气体压力偏低，怀疑存在泄漏，当日对该套管进行了检漏，未能发现渗漏点。12 月 29 日，通过红外成像 SF_6 检漏仪发现该套管近升高座法兰与金属筒连接拐角处上半侧存在裂缝，SF_6 气体从裂缝中漏出，见图 2－110。

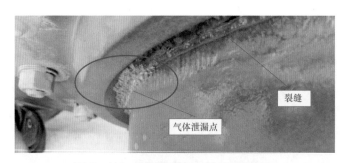

图 2－110　阀侧套管根部法兰开裂漏气

对极Ⅰ换流变压器 A 相 3.1 套管检查发现根部出现裂纹，最大裂纹宽度为 2～3mm，加强筋与法兰焊接处断裂，裂缝内可见套管固体填充物残渣和污秽异物，见图 2－111。

对两站套管根部裂纹情况开展排查，其中 4 根的裂纹仅存在于加强筋上。

2.6.1.3　故障原因分析

1. 故障表象

2.1/2.2 套管根部法兰主要裂纹位置在法兰的上半部，以 12 点方向为中心向两边扩展。

3.1/3.2 套管法兰的裂纹扩展形式分为三种，裂纹位置仅出现在 12 点方向加强筋焊接位置
处；加强筋两侧出现裂纹扩展；加强筋焊接处开裂，裂纹由法兰 12 点方向向两侧扩展。
套管法兰故障表现见图 2-112。

(a) 裂缝最大宽度 2～3mm

(b) 加强筋焊接处断裂

(c) 加强筋焊接处断裂

图 2-111 极 I 换流变压器 A 相 3.1 阀侧套管法兰根部开裂

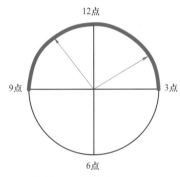

周长约160cm，裂纹长度20～80cm

(a) 2.1/2.2 套管法兰故障表现

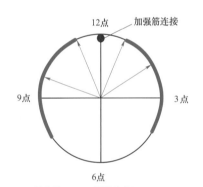

周长约110cm，裂纹长度9～54cm

(b) 3.1/3.2 套管法兰故障表现

图 2-112 套管法兰故障表现

2. 裂纹扩展形式

以 2.1/2.2 套管为例，SF_6 充气套管，法兰内部有三道密封，分别为 2 道气侧密封和 1
道油侧密封，第一道气密封上方约 10mm 为焊缝位置。法兰内部第一道气侧密封和法兰
壁之间还有 1 道细槽。2.1/2.2 套管法兰根部裂纹扩展及裂缝位置见图 2-113，从图可以
看出，裂纹起始于法兰外侧拐角处，并朝着气侧第一道密封槽延伸，部分区域扩展至细槽
的倒角处。

采用体视显微镜观察断口（见图 2-114），断口存在三个区域（b、e 和 f）。裂纹源起
源于外表面，然后沿壁厚方向扩展，B 区域（扩展区）断口表面凹凸不平，凹坑较大且深；
C 和 D 区域表面依旧凹凸不平，但是凹坑比较细小，结合断口的一般特征可推断，C 和 D
区域为瞬断区。

图 2-113 2.1/2.2 套管法兰根部裂纹扩展及裂缝位置

图 2-114 2.1/2.2 套管法兰根部断口微观形貌

3. 法兰结构应力分析

2.1/2.2 套管在运行位置时（倾斜 20°安装）的应力分布计算结果（拐角处曲率半径 1.5mm）见图 2-115。从图中可以看出，2.1/2.2 套管中间法兰根部的最大应力处位于 12 点方向和 6 点方向，前者主要为拉应力，而后者主要为压应力；法兰根部的应力由 12 点位置向 3 点和 9 点方向逐渐减小，与现场 2.1/2.2 套管的故障表现形式和裂纹扩展路径一致。

结合套管运行工况，天广换流变压器阀侧套管法兰断裂符合疲劳断裂的特征：① 应力集中；② 交变应力；③ 最大应力远小于屈服强度；④ 没有明显塑性变形；⑤ 长时间运行后破坏。综上所述，天广换流变压器阀侧套管法兰开裂的根本原因为：法兰结构设计不合理，安全裕度偏低，法兰拐角处曲率偏小、应力集中，长期运行过程中受到弯矩与振动载荷作用，在应力集中位置萌生裂纹，最后导致疲劳断裂。

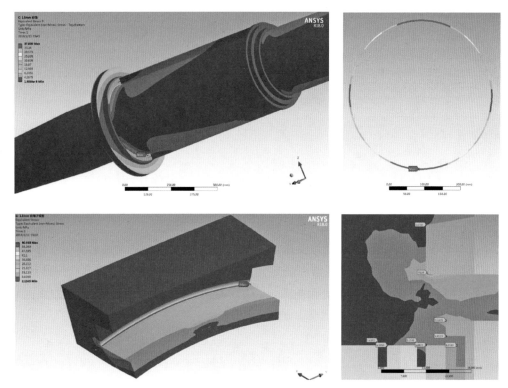

图 2-115　2.1/2.2 套管运行位置状态下法兰根部应力分布

2.6.1.4　提升措施

采用焊接加强筋的方式可将套管法兰拐角处的应力降低至原水平的 50%以下，有效改善法兰的应力集中情况；焊接方式采用冷金属过渡焊接技术能够满足焊接过程中套管的温度要求，同时能够适应现场的作业要求。2018 年 6～7 月，在换流站现场对共计 43 支换流变压器阀侧套管的法兰进行焊接工作，见图 2-116。

图 2-116　焊接加强筋加固后的套管根部效果

2.6.2 某站"2018年2月9日"双极高端换流变压器阀侧套管 SF$_6$ 渗漏

2.6.2.1 概述

1. 故障前运行工况

正常运行。

2. 故障简述

2018 年 2 月 9 日至 5 月 11 日，某换流站极 Ⅱ 高端 Y/D−B 相换流变压器阀侧 a、b 套管，极 Ⅰ 高端 Y/D−C 相换流变压器阀侧 a 套管 SF$_6$ 气体压力存在持续下降趋势，漏气最严重的从额定压力降至 0.3MPa。

年度检修期间对双极 24 台换流变压器阀侧套管进行检漏，发现极 Ⅰ 高端 Y/Y−C 相阀侧 a 套管、Y/D−C 相换流变压器阀侧 a 套管、极 Ⅱ 高端 Y/D−B 相换流变压器阀侧 a、b 套管法兰附近止回阀接头共 4 处存在漏气。随后对所有高端换流变压器该位置止回阀接头进行包扎检漏，均检测出 SF$_6$ 气体。

3. 设备概况

故障换流变压器阀侧套管型号：GSETF 1890/844−4800，投运时间 2017 年；套管额定压力 0.32MPa，告警值 0.24MPa。

2.6.2.2 设备检查情况

针对极 Ⅰ 高端 Y/Y−C 相、Y/D−C 相、极 Ⅱ 高端 Y/D−B 相换流变压器套管的漏气问题，现场利用 SF$_6$ 气体检测仪、GF306 红外检漏仪及 Q200 气体定量检测仪进行反复检测，发现漏点均位于导管接头与铜转换阀密封面位置，接头漏气点见图 2−117。

图 2−117 接头漏气点

根据厂家处理方案对以上 4 处漏气点密封圈进行了更换，更换后泄漏现象仍然存在。对其余换流变压器套管同位置止回阀接头进行包扎检漏，6h 后复测所有接头均检出 SF$_6$ 气体。鉴于高端换流变压器阀侧套管止回阀接头处漏气为普遍现象，经 DILO 厂家现场勘查，确认导管接头存在隐患，计划用原厂 DILO 导管及转换阀对其进行全部更换。

现场已完成双极高端换流变压器共 23 根导管更换工作，更换后检漏未发现漏气。未更换的为极 Ⅱ 高端 Y/Y−C 相换流变压器阀侧 a 套管，原因为其止回阀螺纹损坏。

6 月 5 日在更换极 Ⅱ 高端 Y/Y−C 相换流变压器阀侧 a 套管 SF_6 导管时，发现套管止回阀螺纹已严重损坏，且螺纹处涂有润滑剂。根据检查情况推断，安装过程中止回阀螺纹受到损坏，后涂抹润滑剂进行强制安装。止回阀螺纹损坏情况见图 2−118。

图 2−118　止回阀螺纹损坏情况

经套管厂家确认，该止回阀螺纹损坏情况较为严重，继续使用无法满足密封要求，需对该止回阀进行更换。

6 月 6 日按照套管厂家提供方案对极 Ⅱ 高端 Y/Y−C 相换流变压器阀侧 a 套管止回阀进行更换。拆下止回阀后发现套管底座螺纹也已受损，厂家认为无法现场修复，需更换该台换流变压器。底座损伤情况见图 2−119。

6 月 14 日完成该台换流变压器的更换工作，6 月 15 日极 Ⅱ 高端换流器投入正常。

2.6.2.3　故障原因分析

换流变压器阀侧套管供货中不含套管止回阀至压力表计导管及转换阀，目前安装的导管为换流变压器厂家另购。转换阀与导管接头密封面装有硬质密封圈，若接头加工工艺不良，易发生漏气（DILO 原厂止回阀、转换阀及导管接头均为铜材质，密封面直接接触，无密封圈）。原软管接头密封面情况见图 2-120。

(a) 套管内部螺纹

(b) 止回阀螺纹

图 2-119　底座损伤情况检查

(a) 目前安装导管

(b) DILO 原厂导管

图 2-120　原软管接头密封面

2.6.2.4　提升措施

（1）套管法兰处止回阀、转换阀、导管均由同一表计厂家提供，转换阀与导管出厂前已安装完好，避免拆卸。

（2）套管出厂前在厂内将套管与以上部件连接好，充入 SF_6 气体打压试漏，保证密封性。

（3）安装时出线异常情况，应查明原因，不允许强行安装。

2.6.3　某站"2018 年 4 月 27 日"单元Ⅲ031B 换流变压器 B 相 b1 套管在线监测异常

2.6.3.1　概述

1. 故障前运行工况

输送功率：直流系统输送功率 572MW。

2. 故障简述

2018 年 4 月 27 日 23:55，某换流站单元Ⅲ031B 换流变压器 B 相 b1 套管在线监测系统危急报警，监测系统测量套管电容值为 1321.66pF，标称电容值为 1167pF，电容量偏差达到 13.25%。此后，该套管电容值在 1220～1438pF 之间波动，告警信息一直在一般告警、严重告警、危急告警之间变换（偏差 5% 为一般报警、偏差 8% 为严重报警、偏差 10% 为危急报警）。

3. 设备概况

单元Ⅲ031B 换流变压器为三台单相三绕组变压器组合，单台换流变压器阀侧共有 4 根套管，位置靠上两根为 D 接线 a1、b1 套管，下面两根为 Y 接线 a2、b2 套管。异常 b1 套管为环氧树脂浸纸电容式，2012 年 7 月产品，型号为 ETA－186/3800。

2.6.3.2　设备检查情况

（1）在现场端子箱内用万用表测量单元Ⅲ031B 换流变压器 b1 套管末屏电压值分别为 A 相 65V、B 相 90V、C 相 66V，B 相电压值偏高，且电压值稳定。

（2）对 031B 换流变压器阀侧套管进行红外测温，A、B、C 相 b1 套管温度分别为 38、38、37℃。

（3）在套管在线监测屏内将末屏电压空开断开，隔离在线监测系统，在现场端子箱内测量换流变压器 b1 套管末屏电压值，A 相 65V、B 相 90V、C 相 66V，与未隔离前测量值对比无变化。

（4）未避免因套管内部电容屏绝缘击穿导致重大设备事故，4 月 28 日 3:15，申请单元Ⅲ直流系统停运，安排省检修公司、电科院试验人员及套管厂家技术人员赶赴高岭现场，进行相关诊断分析。

（5）在单元Ⅲ停电过程中，在直流系统闭锁但换流变压器仍在充电状态时，用万用表测量 031B 换流变压器 b1 套管末屏电压值，A 相 62V、B 相 86V、C 相 63V，B 相偏高，数值稳定；用示波器检测，A、C 相波形稳定，B 相波形抖动，见图 2–121～图 2–123。

2.6.3.3　故障原因分析

经调查，该站换流变压器单元Ⅲ套管在线监测系统 2016 年 10 月投运。在线监测系统通过套电压抽取装置实时采集套管末屏电压，通过算法来评估套管电容和绝缘性能，电压抽取装置除了接套管在线监测系统外，出现电压异常的 b1 套管还接入了单元Ⅲ第二套直流保护。

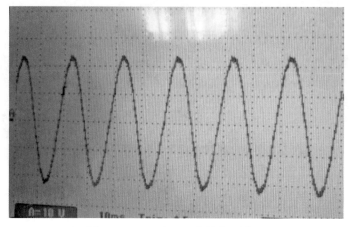

图 2-121　A 相 b1 套管电压波形

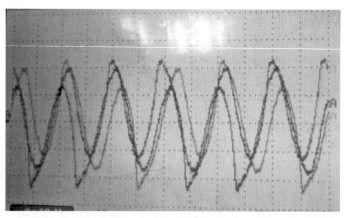

图 2-122　B 相 b1 套管电压波形

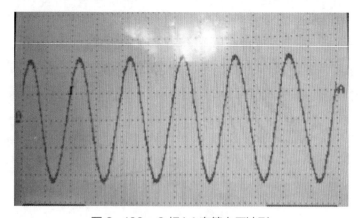

图 2-123　C 相 b1 套管电压波形

末屏电压抽取装置安装在 b1 套管升高座接线盒内，示意图及实际图见图 2-124。

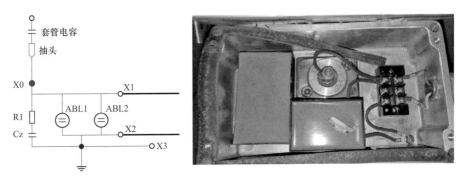

图 2-124　套管电压抽取装置示意图及实际图

（1）b1 套管进行电容量测试，10kV 试验电压下电容量为 1169pF，出厂值为 1167pF，合格。

（2）对电压抽取装置进行电容值测量，b1 套管为 1.115μF、b2 套管为 1.107μF、a1 套管为 1.125μF、a2 套管为 1.125μF，备用套管为 1.130μF，无明显差异。

（3）检查所有二次回路接线无松动、虚接现象，回路绝缘电阻大于 2000MΩ。

（4）为确定套管主绝缘电容屏是否有击穿，4 月 29 日，电科院对 b1 套管进行了高电压下电容量测试，在 50kV 电压下测试数据为 1148 pF，合格。在加压过程中监测电压抽取装置输出电压正常。

（5）鉴于以上检测均未发现异常，且根据试验数据可以确认 b1 套管主绝缘无问题，决定对单元Ⅲ送电。4 月 30 日，在对 031B 换流变压器充电后，直流系统解锁前，测量三相 b1 套管末屏电压值 A 相 61.3V、B 相 63.9V、C 相 60.9V，均正常；直流系统解锁后运行正常。

（6）经调查，该换流站单元Ⅲ在 2012 年投运调试时，换流变压器充电时多次发生套管末屏电压谐振现象，后来直流保护厂家某公司在保护输入电压采样处并联了消谐电阻，后续再未出现谐振跳闸情况。当时套管在线监测系统尚未投运。

031B 换流变压器 B 相 b1 套管在线监测系统运行中危急告警，停电后对一二次元件检测均正常，重新送电后异常现象未重现；考虑到单元Ⅲ在 2012 年投运调试时，换流变压器充电时曾经多次发生套管末屏电压谐振现象。另外此次异常发生前，该站进行了调整功率操作，分析造成此次异常的原因为功率调整操作造成系统电压扰动，引发套管末屏对地电容与直流保护入口电感元件发生谐振所导致。

2.6.3.4　提升措施

（1）建议在保护输入电压采样处并联消谐电阻以消除谐振。

（2）套管分压器自身在阻容分压电路处并联电阻。

第3章 油-SF$_6$套管故障

3.1 空心绝缘子故障

3.1.1 某站"2014年5月28日"极I高端Y/D-C相换流变压器阀侧套管空心绝缘子故障

3.1.1.1 概述

1. 故障前运行工况

正常运行。

2. 故障简述

2014年5月28日，某站发现极I高端换流变压器Y/D-C相阀侧a套管SF$_6$气压为0.37MPa（额定压力），5月29日对该套管补气至0.39MPa。2014年6月22日发现该套管SF$_6$压力呈现缓慢下降的趋势，每天下降约1kPa，见图3-1。

3. 设备概况

极I高端Y/D-C相换流变压器阀侧a套管为油浸纸电容式充SF$_6$气体复合外套结构，型号为GGF800，2014年投运。

3.1.1.2 设备检查情况

1. 现场检查情况

现场检漏发现套管漏气点全部位于中部变径处，见图3-2。

2. 返厂检查情况

2014年9月将极I高端Y/D-C相a套管运抵瑞典ABB公司进行解体检查，发现在套管中部大直径段最上部区域，玻璃钢筒内部存在放电通道，见图3-3。

3.1.1.3 故障原因分析

综合解体检查情况判断，套管的放电痕迹处于变径位置，此处场强最为集中，当存在杂质微粒时场强增大，外套内部发生局部放电，引起外套壁穿孔，导致SF$_6$气体渗漏。

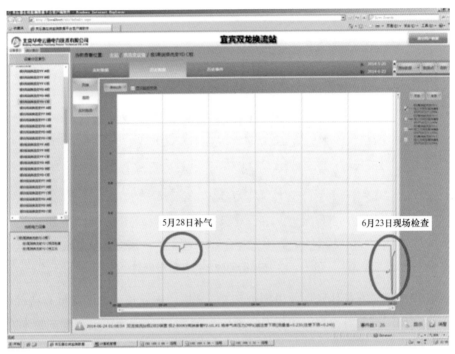

图 3-1　极Ⅰ高端换流变压器 Y/D-C 相阀侧 a 套管 SF₆压力呈下降趋势

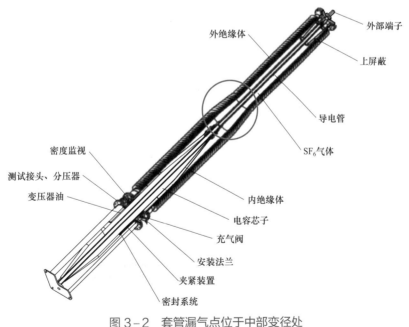

图 3-2　套管漏气点位于中部变径处

（1）套管在解体过程中发现内部导电杆上有划痕、玻璃钢筒内壁上有擦拭用材料的碎屑，表明套管厂内安装过程中清洁不到位。

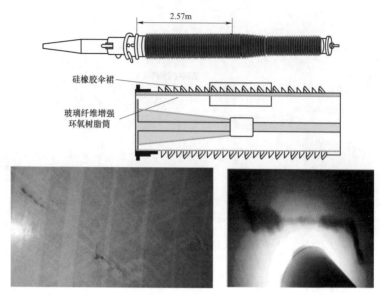

图 3-3　玻璃钢筒内部存在放电通道

（2）套管外绝缘变径处发现放电痕迹和 SF_6 渗漏，表明该处电场强度有待优化。

（3）套管出厂试验阶段直流耐压及局部放电测量、工频局部放电测量试验未能发现套管绝缘子外套内壁放电缺陷，有必要加强出厂试验中局部放电小脉冲的监测。

（4）套管厂家在高压试验前虽然对套管进行了密封性试验，但仅检查套管端部和法兰处的密封性，无法在出厂时发现套管绝缘子外套上的 SF_6 气体渗漏。

（5）早期直流输电工程，充 SF_6 套管现场交接试验未采用整体包扎法检漏，无法发现套管轻微渗漏。

3.1.1.4　提升措施

（1）对于采用变径空心复合绝缘子作为外绝缘的阀侧套管，设计时充分考虑了该处叠加电场的分布（见图 3-4），结合制作设备、工艺对套管整体绝缘结构进行了优化设计。适当加长套管芯体的同时优化均压球的尺寸，调整了换流变压器阀侧套管绝缘子外护套结构，对变径区域与芯体的绝缘配合进行优化。

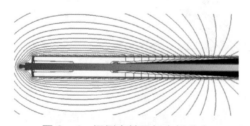

图 3-4　阀侧套管叠加电场分布

（2）加强现场安装工艺管控，在套管装配时，设定了独立的套管装备区确保套管装配环境洁净，同时加强了原材料的清洁工序。

（3）直流耐受及局部放电试验过程中，对小于 2000pC 放电脉冲应进行测量和分析。

（4）在套管出厂绝缘试验结束后应对套管进行密封试验，且应在整个绝缘子外套上进行氢气检漏。

（5）套管在现场安装完毕后，应采用包扎法对整个绝缘子外套进行渗漏率测试。

3.1.2　某站"2015 年 6 月 9 日"双极换流变压器阀侧套管漏气

3.1.2.1　概述

1. 故障前运行工况

正常运行。

2. 故障简述

2015 年 6 月 9 日，某站通过在线监测系统发现换流变压器阀侧套管压力值呈逐渐下降趋势，根据系统内同类套管处理经验，决定对故障换流变压器阀侧套管进行检漏。

3. 设备概况

双极高端换流变压器 Y/Y 和 Y/D 阀侧套管均为油浸纸电容式充 SF₆ 气体复合外套结构，型号分别为 GGF800、GGF600，2014 年投运。

3.1.2.2　设备检查情况

1. 现场检查情况

图 3–5　标准压力表测量套管的实际压力

（1）2015 年 6 月 9 日，用保鲜膜将该套管的两个密度继电器包扎检漏，确定了该处无渗漏。用保鲜膜将该套管伞裙全部包扎并维持 1h，同时用标准压力表测量套管的实际压力为 373kPa（绝对压力），见图 3–5。同年 3 月 24 日充气压力为 390kPa，77 天下降约 17kPa。

使用 TIFRIC–LD2000 定性检漏仪、USON QualIchek 200 定量检漏仪对套管进行逐层检漏。800kV GGF 套管共 136 片伞裙，其中第 60～83 伞裙为变径区域，见图 3–6。

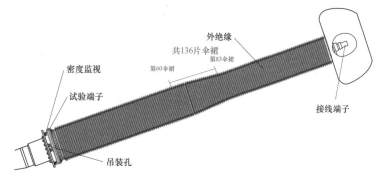

图 3–6　800kV GGF 套管示意图

第 72～75 伞裙区域漏气较为严重，定量检漏仪瞬间超出测量量程（15μL/L），见图 3-7。漏气区域与 3 月 ABB 套管厂家检漏情况一致。

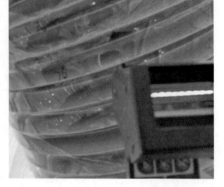

图 3-7　变径区域漏气情况

（2）2015 年 7 月 13 日和 8 月 03 日分别对该站极 I 高端换流变压器和极 II 高端换流变压器阀侧套管进行氦气检漏，使用的氦质谱检漏仪型号为 PHOENIXL 300，检测渗漏率范围为 $1\times10^{-9}\sim1\times10^{-1}\text{Pa}\cdot\text{m}^3/\text{s}$。检漏情况汇总如下：

1）检漏流程：

a. 向阀侧套管充入 5kPa 压力的氦气。

b. 用保鲜膜将阀侧套管伞裙包扎，见图 3-8。

c. 调试氦质谱检漏仪，将检测精度调至 $1\times10^{-9}\text{Pa}\cdot\text{m}^3/\text{s}$ 数量级，见图 3-9。

d. 将氦质谱检漏仪的吸枪插入套管上部的保鲜膜内，逐层检测套管伞裙内是否有氦气，见图 3-10。

e. 若发现氦质谱检漏仪数值异常，将套管异常点标出并记录数值，见图 3-11。

图 3-8　阀侧套管包扎

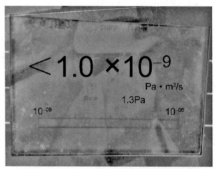

图 3-9　氦质谱检漏仪精度调整

图 3-10　逐层检测套管伞裙

图 3-11　套管异常点

2）检漏结果。该型套管大伞裙共 103 层，从套管根部向引出线方向数第 40～64 层伞裙间为套管变径区域；双极高端换流变压器 Y/Y 阀侧套管型号为 GGF 800kV，大伞裙共

136 层，从套管根部向引出线方向数第 60~87 层伞裙间为套管变径区域，见图 3 – 12。

3）极Ⅰ高端换流变压器阀侧套管检漏情况。经氦质谱检漏仪检测，目前极Ⅰ高端换流变压器阀侧套管共有 3 支套管存在不同程度漏气，其中 1 支套管（编号：1ZSCT10001586/01）已于 7 月 13 日更换，具体数据见表 3 – 1。

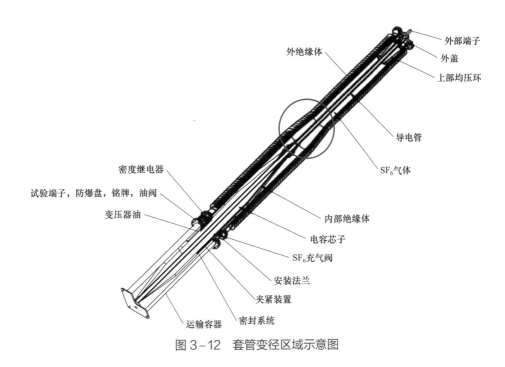

图 3 – 12 套管变径区域示意图

表 3 – 1　　　　　　　　　　极Ⅰ高端换流变压器阀侧套管检漏数据统计

换流变压器位置	套管位置	检漏数值（Pa·m³/s）	漏气区域
Y/D – A 相	a 套管（编号：1ZSCT10001592/02）	0	—
	b 套管（编号：1ZSCT10001592/01）	0	—
Y/D – B 相	a 套管（编号：1ZSCT10001593/01）	0	—
	b 套管（编号：1ZSCT10001593/02）	0	—
Y/D – C 相	旧 a 套管（编号：1ZSCT10001586/01）	7.0×10^{-5}	第 44、第 45 伞裙间
	新 a 套管（编号：1ZSCT10001590/01）	2.0×10^{-7}	第 41、第 42 伞裙间
	b 套管（编号：1ZSCT10001586/02）	0	—
Y/Y – A 相	a 套管（编号：1ZSCT10001583/01）	0	—
	b 套管（编号：1ZSCT10001583/02）	0	—
Y/Y – B 相	a 套管（编号：1ZSCT10001587/02）	0	—
	b 套管（编号：1ZSCT10001587/01）	1.2×10^{-6}	第 74、第 75 伞裙间
Y/Y – C 相	a 套管（编号：1ZSCT10001584/02）	0	—
	b 套管（编号：1ZSCT10001584/01）	0	—

4）极Ⅱ高端换流变压器阀侧套管检漏情况。经氢质谱检漏仪检测，目前极Ⅱ高端换流变压器阀侧套管共有9支套管存在不同程度漏气，其中1支套管（极Ⅱ高端换流变压器Y/D－B相阀侧a套管，套管编号：1ZSCT10001602/01）漏气较严重，具体数据见表3－2。

表3－2　　　　　　　　　　极Ⅱ高端换流变压器阀侧套管检漏数据统计

换流变压器位置	套管位置	检漏数值（Pa·m³/s）	漏气区域
Y/D－A 相	a 套管（编号：1ZSCT10001585/02）	3.96×10^{-7}	第63、第64伞裙间
	b 套管（编号：1ZSCT10001585/01）	7.20×10^{-9}	第55、第56伞裙间
Y/D－B 相	a 套管（编号：1ZSCT10001602/01）	4.0×10^{-6}；2.7×10^{-5}；1.9×10^{-5}；1.6×10^{-5}	第43、第44伞裙间；第44、第45伞裙间；第45、第46伞裙间；第46、第47伞裙间
	b 套管（编号：1ZSCT1000160/02）	3.05×10^{-8}	第33、第34伞裙间
Y/D－C 相	a 套管（编号：1ZSCT10001596/01）	1.68×10^{-8}	第49、第50伞裙间
	b 套管（编号：1ZSCT10001596/02）	0	—
Y/Y－A 相	a 套管（编号：1ZSCT10001591/01）	0	—
	b 套管（编号：1ZSCT10001591/02）	1.94×10^{-7}	第65、第66伞裙间
Y/Y－B 相	a 套管（编号：1ZSCT10001603/01）	2.88×10^{-9}	第71、第72伞裙间
	b 套管（编号：1ZSCT10001603/02）	1.20×10^{-8}	第74、第75伞裙间
Y/Y－C 相	a 套管（编号：1ZSCT10001588/01）	6.16×10^{-8}	第54、第55伞裙间
	b 套管（编号：1ZSCT10001588/02）	0	—

5）600kV 和 800kV 备用换流变压器阀侧套管检漏情况。经氢质谱检漏仪检测，目前600kV 和 800kV 备用换流变压器阀侧套管共有3支套管存在不同程度漏气，具体数据见表3－3。

表3－3　　　　　　600kV 和 800kV 备用换流变压器阀侧套管检漏数据统计

换流变压器位置	套管位置	检漏数值（Pa·m³/s）	漏气区域
600kV 备用变压器	a 套管（编号：1ZSCT10001594/02）	1.67×10^{-8}	第59、第60伞裙间
	b 套管（编号：1ZSCT10001594/01）	0	—
800kV 备用变压器	a 套管（编号：1ZSCT10001595/01）	1.20×10^{-6}	第68、第69伞裙间
	b 套管（编号：1ZSCT10001595/02）	1.09×10^{-8}	第61、第62伞裙间

2. 返厂检查情况

厂家将漏气套管运回国内进行解剖，发现套管玻璃钢筒内壁存在放电痕迹，导电杆上有划痕，玻璃钢筒内壁上残留有擦拭用材料的碎屑。

3.1.2.3　故障原因分析

综合现场及返厂解体检查情况判断，套管 SF_6 渗漏原因为：套管在厂内安装过程中，内部清洁不到位，残留杂质导致套管直流高压试验过程中电场发生畸变，从而发生放电，造成玻璃钢筒内壁破损，导致 SF$_6$ 气体渗漏。

（1）套管在解体过程中发现内部导电杆上有划痕、玻璃钢筒内壁上有擦拭用材料的碎屑，表明套管厂内安装过程中清洁不到位。

（2）套管绝缘变径处发现放电痕迹和 SF$_6$ 渗漏，表明该处电场强度有待优化。

（3）套管出厂试验阶段直流耐压及局部放电测量、工频局部放电测量试验未能发现套管绝缘子外套内壁放电缺陷，有必要加强出厂试验中局部放电小脉冲的监测。

（4）套管厂家在高压试验前虽然对套管进行了密封性试验，但仅检查套管端部和法兰处的密封性，无法在出厂时发现套管绝缘子外套上的 SF$_6$ 气体渗漏。

（5）早期直流输电工程，充 SF$_6$ 套管现场交接试验未采用整体包扎法检漏，无法发现套管轻微渗漏。

3.1.2.4　提升措施

（1）对有气体渗漏缺陷的套管，厂家全部进行了更换，对同类型套管也进行了排查。

（2）自该工程后，厂家调整了所有换流变压器阀侧套管绝缘子外护套结构，对变径位置和变径区域长度做了优化。

（3）要求厂家加强现场安装工艺管控，在套管装配时，设定了独立的套管装备区确保套管装配环境洁净，同时加强了原材料的清洁工序。

（4）直流耐受及局部放电试验过程中，对小于 2000pC 放电脉冲应进行测量和分析。

（5）在套管出厂绝缘试验结束后应对套管进行密封试验，且应在整个绝缘子外套上进行氦气检漏。

（6）套管在现场安装完毕后，应采用包扎法对整个绝缘子外套进行渗漏率测试。

3.1.3　某换流站"2017 年 4 月 26 日"021B 换流变压器 B 相套管渗油

3.1.3.1　概述

1. 故障前运行工况

正常运行。

2. 故障简述

2017 年 4 月 26 日，某直流线路根据国调安排极 Ⅱ 停电，配合某站进行安控及控保软件修改工作，胶东换流站利用停电机会对极 Ⅱ 阀组、换流变压器及阀厅设备进行检查，发现极 Ⅱ 021B 换流变压器 B 相阀侧 a 套管下方有明显油迹（见图 3–13 和图 3–14）。

3. 设备概况

故障套管型号为 GGF 1890–1680–3266，套管内部下半部分充油，与变压器本体油连通；外部主要包括玻璃纤维带环氧树脂管、硅外裙组成的绝缘体，并充有一定压力的 SF$_6$ 气体。

图 3-13　渗油套管　　　　　　　　图 3-14　发现滴油位置

3.1.3.2　设备检查情况

现场检查发现极Ⅱ 021B 换流变压器 B 相阀侧 a 套管端部有明显油珠，渗油速度约 25s1 滴，见图 3-15 和图 3-16。

图 3-15　视频油滴截图　　　　　　图 3-16　套管端部渗油部位

该套管内部下半部分充油，与变压器本体油连通；外部主要包括玻璃纤维带环氧树脂管、硅外裙组成的绝缘体，并充有一定压力的 SF_6 气体；中间导电管部分与换流变压器本体相通，具体结构示意图见图 3-17。

3.1.3.3　故障原因分析

（1）阀侧套管顶部密封情况：换流变压器阀侧出线通过拉杆与套管尾部导电管相连，顶部通过密封盖板进线密封。套管端部导电管密封后，再装配外部端子，并通过金具与管母相连。换流变压器阀侧套管顶部密封结构示意图见图 3-18。

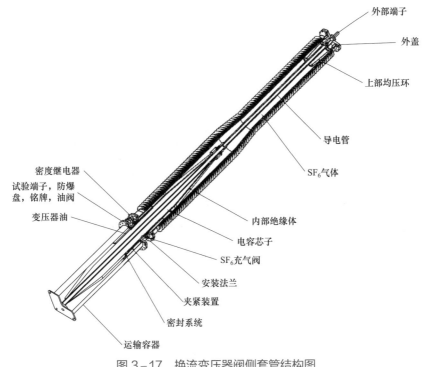

图 3–17　换流变压器阀侧套管结构图

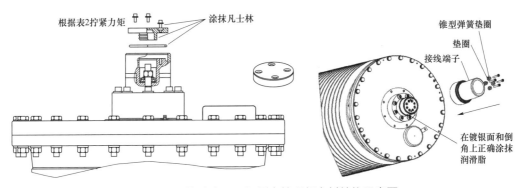

图 3–18　换流变压器阀侧套管顶部密封结构示意图

（2）渗油原因分析：根据阀侧套管顶部密封结构初步分析，渗油原因为阀侧套管顶部密封盖板固定螺栓松动或密封不严密所致。

3.1.3.4　提升措施

为确保直流系统运行正常，做好送电后该缺陷的跟踪，做好预想，采取以下防控措施：

（1）通过站内高清摄像头对准渗漏套管位置，实时持续监控观察套管渗油情况，发现异常及时汇报。

（2）每日对 021B 换流变压器 B 相换流变压器油位表计进行记录和统计，比对跟踪油位变化趋势，掌握渗漏速率和程度。021B 换流变压器 B 相阀侧 a 套管端部密封盖板渗油示意图见图 3–19。

（3）每周对该台换流变压器储油柜进行红外油位拍照，比对油位变化情况。

（4）发现油位下降明显，但渗油速率无明显变化时，及时汇报并进行少量补油（补油时需临时退出换流变压器瓦斯保护）。

（5）如发现渗油速率加快，油位变化明显，及时申请进行停电处理。

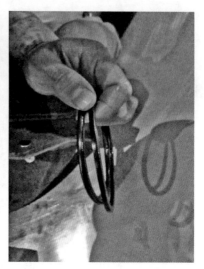

图 3-19　021B 换流变压器 B 相阀侧 a 套管端部密封盖板渗油示意图

3.2　SF₆ 气体分析异常

3.2.1　某站"2011 年 11 月 10 日"换流变压器阀侧套管内部绝缘材料干燥不彻底导致 SF₆ 水分超标

3.2.1.1　概述

1. 故障前运行工况

年度检修期间。

2. 故障简述

2011 年 11 月 10 日，某站在停电检修期间共发现 16 支阀侧套管微水含量异常，并对微水超过 900μL/L 的套管进行了 SF_6 气体干燥更换。

3. 设备概况

故障套管均为油浸纸电容式充 SF_6 气体复合外套结构，型号为 GGF1950，2004年投运。自 2011 年至 2017 年底，该站每年都对 SF_6 微水含量超标的套管进行干燥气体更换。

3.2.1.2 设备检查情况

2012 年度检修期间对该站换流变压器及平波电抗器阀侧套管 SF6 气体含水量超过 900μL/L 的 SF6 进行更换，现场经过测量后，确认极Ⅱ换流变压器及平波电抗器阀侧套管 的 SF6 含水量均未超过控制指标 900μL/L，此次仅更换了极Ⅰ Y/Y－A a 套管和极Ⅰ Y/D－C b 套管 SF6 气体，经处理后，气体各项指标合格，处理情况总结如下：

（1）极Ⅰ Y/D－C b 套管 SF6 气体处理的详细过程见表 3－4。

表 3－4　　　　　　　　　极Ⅰ Y/D－C b 套管 SF6 气体处理的详细过程

日期	时间	工作内容	气体压力或真空度	湿度（μL/L）	累计时间
2 月 7 日	14:15～14:45	SF6 气体回收			0.5h
	14:45～18:15 19:40～21:10	第 1 次抽真空	1.3mbar（130Pa）		5h
	21:27～21:40	第 1 次充入 N2	0.24MPa	44.5	11h
2 月 8 日	08:30	测量 N2 含水量		701	
	09:10～09:45	N2 回收			35min
	09:50～11:45 13:00～	第 2 次抽真空			20.5h
	～07:30		0.754mbar		
2 月 9 日	08:50	第 2 次充入 N2	0.24MPa	25	5h
	09:20	测量 N2 含水量		217	
	14:00	测量 N2 含水量		371	
	15:00～	第 3 次抽真空			13h
	～08:00		0.598mbar		
2 月 10 日	09:00	第 1 次充入 SF6	0.27MPa	41	24.5h
	17:20	测量 SF6 含水量		245	
2 月 11 日	09:30	测量 SF6 含水量		300	
	09:45	SF6 回收			
	11:00	第 3 次充入 N2	0.24MPa	25	9.5h
	20:30	测量 N2 含水量		220	
	21:00～	第 4 次抽真空	0.559mbar		10h
	～07:00				
2 月 12 日	09:00	第 2 次充入 SF6	0.275MPa	41	24h
	16:00	测量 SF6 含水量		189	
2 月 13 日	09:20	测量 SF6 含水量		206	
2 月 14 日	09:00	测量 SF6 含水量		210	

（2）极Ⅰ Y/Y－A a 套管 SF6 气体处理的详细过程见表 3－4。

表 3-5 极ⅠY/Y-Aa套管SF₆气体处理的详细过程

日期	时间	工作内容	气体压力或真空度	湿度（μL/L）	累计时间
2月12日	09:15～10:00	SF₆气体回收		798	45min
	10:00～16:30	第1次抽真空	1.18mbar（118Pa）		6.5h
	16:50～17:10	第1次充入N₂	0.25MPa	25	
2月13日	09:30	测量N₂含水量		500	16h
	09:40～10:25	N₂回收			45min
	10:25～17:55	第2次抽真空	1.17mbar		7.5h
	18:10～18:30	第2次充入N₂	0.25MPa	30	
2月14日	09:10	测量N₂含水量		368	14.5h
	09:15～09:55	N₂回收			40min
	10:00～17:30	第3次抽真空	1.08mbar		7.5h
	17:40～18:00	第3次充入N₂	0.25MPa	30	
2月15日	14:00	测量N₂含水量		324	19h
	14:05～14:45	N₂回收			40min
	15:00～ ～08:30	第4次抽真空	0.83mbar		17.5h
2月16日	09:00～09:20	第4次充入N₂	0.25MPa	30	
	15:30	测量N₂含水量		220	6.5h
	15:45～16:25	N₂回收			40min
	16:30～ ～10:00	第5次抽真空	0.62mbar		17.5h
2月17日	10:00～10:30	第1次充入SF₆	0.275MPa	40	
	17:00	测量SF₆含水量		170	24h
2月18日	10:00	测量SF₆含水量		200	

3.2.1.3 故障原因分析

通过判断套管内部绝缘材料干燥不彻底导致SF₆水分超标。

3.2.1.4 提升措施

（1）套管装配前对绝缘部件进行干燥处理，干燥时间根据厂家工艺要求控制。

（2）严格控制装配时间和装配环境温湿度，防止装配过程中吸潮。

（3）充SF₆阀侧干式直流套管充气前对SF₆气体的含水量进行检查，达到要求后方可开始充SF₆气体，要求SF₆气体纯度达99.99%。

（4）出厂前进行套管SF₆微水含量的检测，要求控制在150μL/L以下。

（5）运输过程中套管充微正压干燥气体，到现场后进行抽空，重新注入高纯度的SF₆气体，重复进行SF₆气体的检测。

（6）年度检修时需对充 SF$_6$阀侧套管 SF$_6$微水含量进行复测，与上一次试验结果进行对比，判断套管密封状态。

3.3　载流连接部件故障

3.3.1　某站"2019 年 10 月 6 日"极Ⅰ Y/Y－B 相换流变压器阀侧套管顶部将军帽连接底座开裂

3.3.1.1　概述

1. 故障简述

2019 年 10 月 6 日，某站发现极Ⅰ Y/Y－B 相换流变压器阀侧 a 套管顶部载流面出现裂纹（顶部将军帽下侧法兰）。针对该隐患，该站开展专项隐患排查，通过对将军帽连接底座采用渗透法和超声相控阵列方法进行排查，发现极Ⅰ Y/Y－A 阀侧 a、极Ⅰ Y/Y－A 阀侧 b、极Ⅰ Y/Y－B 阀侧 a、极Ⅰ Y/△－C 阀侧 a 共计 4 支套管顶部将军帽连接底座存在细小肉眼不可见裂纹，检测发现的裂纹最长为 55mm。

2. 设备概况

故障套管相关参数见表 3－6。

表 3－6　　　　　　　　故 障 套 管 相 关 参 数

类别	具体参数	类别	具体参数
套管型号	GGF1950	套管安装位置	换流变压器阀侧 a 套管
投运时间	2004 年 6 月	故障时间	2019 年 10 月 6 日

3.3.1.2　设备检查情况

1. 现场检查情况

4 支存在异常的套管裂纹检测情况见表 3－7。

表 3－7　　　　　　套管顶部连接底座裂纹检查情况统计表

套管编号	裂纹数量	最大裂纹长度（mm）	最大裂纹深度（mm）	检测图片
极Ⅰ Y/D－C 相 a	2	30	5～10	图 3－20
极Ⅰ Y/Y－B 相 a	6	55	5～10	图 3－21
极Ⅰ Y/Y－A 相 b	1	37	5～10	图 3－22
极Ⅰ Y/Y－A 相 a	2	39	5～10	图 3－23

 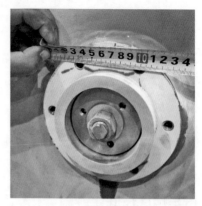

图3-20　极ⅠY/D-C相a相套管裂纹检查　图3-21　极ⅠY/Y-B相a套管裂纹检查

图3-22　极ⅠY/Y-A相b相套管裂纹检查　图3-23　极ⅠY/Y-A相a套管裂纹检查

2. 故障处理情况

（1）根据相关试验验证和模型仿真分析工作，存在裂纹缺陷的套管，若裂纹进一步发展，存在引发套管局部过热、SF$_6$气体泄漏等潜在运行风险，根据瑞典 ABB 出具的承诺函，出现裂纹的 GGF 套管仍有足够的机械强度保证套管头部端子的载流能力，对套管的正常运行没有影响且不会继续发展；且投运前须确保套管 SF$_6$ 气体监测系统工作正常，充气压力值需大于 370kPa。

（2）缺陷套管运行中的预防措施建议：

1）发热隐患的监测，通过阀厅内红外在线监测和手持式红外监测，对套管载流端子进行定期的红外测温对比。

2）渗漏油隐患监测，通过红外可见光和阀厅监控，及时发现渗漏油隐患。

3）SF$_6$漏气隐患监测，定期记录 SF$_6$ 气体压力监测值，并制定 SF$_6$ 压力告警应急处理措施。

3.3.1.3　故障原因分析

（1）通过对套管头部载流结构件应力仿真分析，选用的 AW-6082 T6 金属材质屈服强度标准值满足运行工况要求。

（2）载流结构件静力载荷仿真结果表明，瑞典 ABB 对该部位选取的 1.5kN 设计载荷限值大于仿真计算结果（1.1kN），满足运行工况要求。

（3）套管运行中振动测试表明，出现裂纹套管与未出现裂纹套管振动特性无明显差异。

（4）载流结构件断口及裂纹微观形貌分析以及现场开展的金属材质化学成分测试结果显示异常，金属载流结构件的表面硬度、径向屈服强度均显著低于标准要求值，存在铸造缺陷，因而套管在正常运行过程中，金属结构件所受的正常工作载荷及振动构成的复合应力可能超过材料屈服强度而发生开裂。

综上所述，故障原因为材料的抗拉强度、屈服强度及硬度均不满足标准要求导致金属开裂，对该站极 Ⅱ 的 12 支 GGF 套管载流结构件表面硬度测试表明，载流结构件的硬度不满足标准要求。

3.3.1.4　提升措施

（1）做好缺陷套管的运行监测，对于可能出现的局部过热、渗漏隐患及时发现和消除。

（2）对同型号、同批次套管集中排查，对发现裂纹的套管要重点跟踪并定期进行评估。

（3）后续应加强金属专业技术监督，对套管金属结构件的材质、性能进行抽测，验证金属材质、成分、强度是否满足相关标准和运行工况要求。

3.4　拉杆连接系统故障

3.4.1　某站"2015 年 9 月 15 日"极 Ⅱ 低端 Y/Y – C 相换流变压器阀侧套管拉杆连接系统故障

3.4.1.1　概述

1. 故障简述

2015 年 9 月 15 日，某站运维人员通过在线监测系统发现极 Ⅱ 低端 Y/Y – C 相换流变压器氢气含量超过 50μL/L 的报警值，现场立即组织检修人员对换流变压器本体底部、本体顶部、各气体继电器处取油样，发现阀侧 b 套管升高座处氢气含量高达 2704μL/L，确认故障点位于阀侧 b 套管及其升高座区域，故障类型为设备内部存在涉及绝缘层的低温过热。

2. 设备概况

极 Ⅱ 低端 Y/Y – C 相换流变压器阀侧套管为油浸纸充 SF₆气体电容式复合外套结构，型号为 BRLWZ – 400/3850 – 4，2012 年投运。

3.4.1.2 设备检查情况

1. 保护动作分析

9月16日，一体化在线监测系统报极Ⅱ低端Y/Y-C相换流变压器氢含量超标告警，告警限值为50μL/L。对比一体化在线监测系统9月1~16日油色谱数据可知，氢含量从9月8日开始迅速增长，见表3-8。

表3-8　　　　　　　极Ⅱ低端Y/Y-C相换流变压器在线监测数据

测试时间	溶解气体组分（μL/L）							
	甲烷（CH₄）	乙烯（C₂H₄）	乙烷（C₂H₆）	乙炔（C₂H₂）	氢（H₂）	一氧化碳（CO）	二氧化碳（CO₂）	总烃（ΣCH）
2015年9月1日	0.000	0.000	0.000	0.000	9.900	263.200	2198.800	0.000
2015年9月2日	0.000	0.000	0.000	0.000	9.500	263.600	2268.300	0.000
2015年9月3日	0.000	0.000	0.000	0.000	10.800	261.600	2345.600	0.000
2015年9月4日	0.000	0.000	0.000	0.000	11.300	266.500	2396.400	0.000
2015年9月5日	0.000	0.000	0.000	0.000	12.000	266.900	2425.400	0.000
2015年9月6日	0.000	0.000	0.000	0.000	12.900	269.000	2450.100	0.000
2015年9月7日	0.000	0.000	0.000	0.000	12.200	266.100	2479.100	0.000
2015年9月8日	0.000	0.000	0.000	0.000	13.600	273.700	2700.600	0.000
2015年9月9日	0.000	0.000	0.000	0.000	15.100	281.200	2905.600	7.700
2015年9月10日	0.000	0.000	0.000	0.000	18.000	290.600	3105.700	0.000
2015年9月11日	0.000	0.000	0.000	0.000	20.800	290.100	3200.000	0.000
2015年9月12日	0.000	0.000	0.000	0.000	25.800	303.900	3464.900	0.000
2015年9月13日	0.000	0.000	0.000	0.000	31.600	314.800	3727.100	0.000
2015年9月14日	0.000	0.000	0.000	0.000	39.200	329.600	4060.100	0.000
2015年9月15日	0.000	0.000	0.000	0.000	50.500	342.500	4414.100	0.000
2015年9月16日	0.000	0.000	0.000	0.000	63.300	358.400	4827.400	0.000

2. 离线数据分析

分析2015年1~9月离线油色谱数据，9月15日之前各气体含量未见明显增长，见表3-9。

表3-9　　　　　　　极Ⅱ低端Y/Y-C相换流变压器离线油色谱数据

测试时间	溶解气体组分（μL/L）							
	甲烷（CH₄）	乙烯（C₂H₄）	乙烷（C₂H₆）	乙炔（C₂H₂）	氢（H₂）	一氧化碳（CO）	二氧化碳（CO₂）	总烃（ΣCH）
2015年1月13日	6.32	0.56	0.69	0.13	7.84	190.81	1016.00	7.70
2015年2月10日	6.61	0.56	0.65	0.12	5.08	207.36	1043.60	7.94
2015年3月13日	6.39	0.64	0.74	0.17	9.37	205.11	968.44	7.94

测试时间	溶解气体组分（μL/L）							
	甲烷（CH₄）	乙烯（C₂H₄）	乙烷（C₂H₆）	乙炔（C₂H₂）	氢（H₂）	一氧化碳（CO）	二氧化碳（CO₂）	总烃（ΣCH）
2015 年 4 月 21 日	6.80	0.68	0.70	0.21	9.75	209.06	1023.33	8.39
2015 年 5 月 8 日	7.22	0.67	0.89	0.19	7.12	219.69	1169.00	8.97
2015 年 6 月 19 日	7.27	0.72	1.23	0.20	6.63	217.93	1396.70	9.43
2015 年 7 月 15 日	7.52	0.68	1.48	0.18	7.65	228.57	1462.28	9.86
2015 年 8 月 27 日	8.60	0.75	1.34	0.17	8.16	253.37	1899.49	10.86
2015 年 9 月 15 日 09:00	8.51	1.01	1.81	0.26	44.54	317.99	4020.24	11.58
2015 年 9 月 16 日 09:00	8.89	1.12	1.977	0.29	96.359	347.15	4523.82	12.28

为进一步判断换流变压器内部产气的位置，9 月 16 日对换流变压器本体顶部、本体底部、网侧 A 套管升高座、网侧 B 套管升高座、阀侧 a 套管升高座、阀侧 b 套管升高座、1 号分接开关、2 号分接开关和主瓦斯共 9 处取油样并离线分析，结果显示换流变压器阀侧 b 套管升高座油样中氢气含量较其他部位含量高，数据见表 3-10。

表 3-10　　　　　极Ⅱ低端 Y/Y-C 相换流变压器各部位离线油色谱数据

取样部位	溶解气体组分（μL/L）							
	甲烷（CH₄）	乙烯（C₂H₄）	乙烷（C₂H₆）	乙炔（C₂H₂）	氢（H₂）	一氧化碳（CO）	二氧化碳（CO₂）	总烃（ΣCH）
主瓦斯（1.1）	8.82	0.85	1.26	0.22	87.55	343.67	4303.33	11.15
网侧 A（1.2）	8.90	0.90	1.33	0.22	89.48	349.80	4354.58	11.35
网侧 B（1.3）	8.67	0.90	1.16	0.26	84.69	329.40	4585.28	10.99
阀侧 a（1.4）	9.08	0.88	1.24	0.24	80.13	341.20	4308.10	11.44
阀侧 b（1.5）	18.742	1.33	1.90	0.60	2704.44	4081.44	12370.81	22.572
1 号分接开关（1.6）	9.01	0.91	1.14	0.26	91.81	363.16	4624.55	11.32
2 号分接开关（1.7）	9.60	0.90	1.24	0.22	112.38	403.23	4729.16	11.96
本体顶部	9.40	0.94	1.43	0.24	104.64	376.23	4912.52	12.01
本体底部	8.97	1.09	1.85	0.28	99.45	351.75	4702.65	12.19

3. 现场检查情况

10 月 24 日，对两支阀侧套管进行拆卸及检查工作，现 b 套管根部导电管通油孔下方有黑色碳化物渗出，电容芯子的绝缘纸有部分破损，见图 3-24，b 套管导电管内拉杆自顶部 2.7m 以下明显变色。将电容芯子与导电管分离后，导电管表面位于电容芯子与导电管相连紧固件下方出现过热痕迹。电容芯子对应过热部位的绝缘纸外层也呈黑色。

图 3-24　b套管根部导电管通油孔下方有黑色碳化物渗出，电容芯子的绝缘纸有部分破损

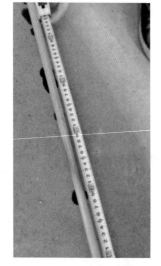

图 3-25　拉杆表面油漆有 3.2m
过热变色现象

4. 返厂检查情况

2015 年 11 月 1 日，在相关专家见证下，在厂内将型号为 BRLWZ-400/3850-4 的 ±400kV 直流套管进行解体。解体情况如下：

（1）套管解体前密封性能完好，解体后发现各部位密封垫圈弹性良好。

（2）套管各零部件内部，电容芯体无放电、闪络等电气损伤。

（3）解体检查发现如下异常点：

1）导电管外壁有一处发蓝变色（位置：套管储油盒下部），其附近电缆纸出现过热变脆现象。

2）中心拉杆接头处有发黑变色（位置：下部接头处），拉杆表面油漆有 3.2m 过热变色现象，见图 3-25。

3）导向锥有两处有发黑变色（位置：拉杆下部），具体位置见图 3-26。

图 3-26　导向锥有两处发黑变色

3.4.1.3　故障原因分析

经分析，过热类型为局部过热，非导体载流结构缺陷导致的整体过热；过热原因为套管内部拉杆过长致使在导电管内弯曲，拉杆与导电管内壁出现两处搭接，形成环流，环流导致导体异常发热致使导电管内变压器油过热分解，产生的气体汇集在套管导电顶部。气体将导管内变压器油压回到变压器内部，当油位压至储油盒下部时导电管外壁开始无法与变压器油接触，造成导电管此处散热不良，而发生局部过热变色。

正常情况下，套管导管内部充满变压器油，见图 3–27，但异常产生的气体会沿着导电管内壁向上进入导电管上部并将导管内变压器油压回到变压器内部，由于套管上部导体在 SF₆气腔中，散热较好，故无过热表现，但当气体将油位压至图 3–28 所示位置时，储油盒下部的导电管外壁开始无法与用于能够散热的变压器油接触，造成导电管此处散热不良发生局部过热变色。具体表现为与气体接触表面过热，与油接触表面散热略好。导电管具体发热变色部分见图 3–29，由图中可以看出，变色边缘线与套管气腔与油面的分界线相吻合。

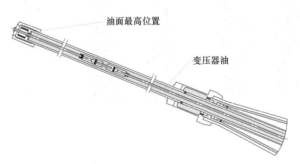

图 3–27　正常情况下套管导管内部充满变压器油

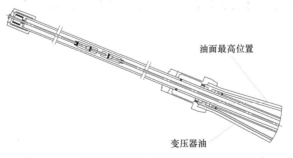

图 3–28　异常情况下气体将油压回到变压器内

3.4.1.4　提升措施

从设计结构上整改，将拉杆上导向锥材料由铝改为绝缘的聚四氟乙烯，将拉杆中部及中间活结部位用绝缘定位环撑紧，见图 3–30。对现场操作人员进行培训，规范其操作行为，严格按照图纸规定尺寸连接拉杆。

图 3-29 导电管具体发热变色部分

图 3-30 套管改进措施

3.5 末屏连接系统故障

3.5.1 某站"2007年4月29日"022B换流变压器C相套管末屏放电

3.5.1.1 概述

1. 故障前运行工况

功率方向：西北→华中。

输送功率：40MW。

2. 故障简述

2007 年 4 月 29 日 00:03:49，某直流系统升功率至 40MW，00:04:24，PCPA/B 接地电流保护Ⅲ、Ⅱ段动作，022B 换流变压器 C 相本体重瓦斯保护动作，直流系统闭锁。

3. 事件记录

某站"2007 年 4 月 29 日"故障时刻事件记录表见表 3 – 11。

表 3–11　　　　　　某站"2007 年 4 月 29 日"故障时刻事件记录表

序号	时间	事件
1	00:04:24:875	接地过流保护Ⅲ段动作
2	00:04:24:877	接地过流保护Ⅱ段动作
3	00:04:24:877	330kV 侧换流器 保护发出 Y 闭锁命令
4	00:04:24:878	220kV 侧换流器 保护发出 Y 闭锁命令
5	00:04:24:878	接地过流保护Ⅱ段动作
6	00:04:24:900	220kV 侧换流变压器 C 相非电量保护动作

3.5.1.2　设备检查情况

（1）结合故障录波波形和事件记录分析，故障时最大接地电流达 3060A，持续时间近 20ms，满足接地过流Ⅲ段、Ⅱ段保护动作逻辑，保护动作正确。

（2）现场检查 022B 换流变压器本体三个压力释放装置均动作，阀厅内 022B 换流变压器 C 相 Ya 套管穿墙处根部有熏黑痕迹，套管内外穿墙处有渗油现象。

（3）022B 换流变压器 C 相本体取油及气体继电器取气分析，本体油中乙炔含量达 473μL/L，C 相气体继电器中乙炔含量高达 2050μL/L。

（4）除阀侧 Ya 套管末屏介质损耗和电容量外，其他所有项目与上次相比均无异常。Ya 套管试验结果见表 3 – 12。

表 3–12　　　　　　　　　　Ya 套管试验结果

项目	上次介质损耗值（%）	上次电容值（pF）	此次介质损耗值（%）	此次电容值（pF）
套管本体	0.51	1110	0.325	1096
末屏	0.52	10010	59.61	8637

（5）5 月 4 日上午，拆下故障换流变压器阀侧 Ya 套管后，发现该套管上共有三处放电烧损部位，分别位于套管应力锥端部、末屏屏蔽铜线、套管与法兰交接部位；经对套管应力锥端部、末屏屏蔽线法兰侧横切解剖内部，未发现异常（详见图 3 – 31）。

（6）5 月 4 日下午，拆开套管屏蔽筒后，发现套管下部电容锥插入屏蔽筒处破裂，且屏蔽筒内有放电痕迹（详见图 3 – 32）。

图 3-31　故障换流变压器阀侧 Ya 套管

图 3-32　故障套管破裂屏蔽筒

3.5.1.3　故障原因分析

（1）接地过流保护分为三段，各段动作定值情况如下：

1 段：$|I_{DGND}|>I_{set}$（I_{DGND} 为直流接地电流，I_{set} 为整定电流），动作定值 $0.095 \times 3000\text{A}=285\text{A}$ 延时 120ms 动作。

2 段：$|I_{DGND}|>I_{set}\&|U_d|>U_{set}$（$|U_d|$ 为直流电压，U_{set} 为整定电压），电流动作定值 $0.095 \times 3000\text{A}=285\text{A}$，电压动作定值 $0.6 \times 120\text{kV}=72\text{kV}$，延时 5ms 动作。

3 段：$|I_{DGND}|>I_{set}$，电流动作定值 $0.5 \times 3000\text{A}=1500\text{A}$，延时 5ms 动作。

故障电流最大超过 3000A，过流时间超过 20ms，3 段保护满足定值，正确动作。同时可看出电压低于 72kV，2 段保护满足定值且正确动作。1 段保护由于时间定值未到，不动作。故障录波波形见图 3-33 和图 3-34。

（2）根据运行记录和故障录波图分析，故障时系统无扰动，现场无操作，通过对故障前后油样分析和现场检查情况分析，故障前该套管末屏外部接地良好，排除过电压引起故障的可能。

（3）此次套管故障放电路径为自套管应力锥端部开始，发展至末屏屏蔽线处，进而再发展到法兰处。

（4）放电原因为套管尾端油中部分表面存在较多的空间电荷积累。导致电荷积累的原因可能有：末屏接地回路长期运行后接触不良；油中杂质飘浮于套管端部，悬浮体引起电荷在此处积聚。

（5）从现场解体检查情况及对换流变压器运行以来状况分析，此次故障原因属偶发性事件，不存在共性问题。

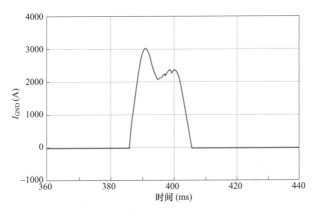

图 3–33　故障时直流接地电流 I_{DGND} 录波图

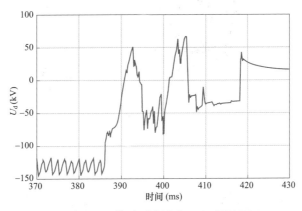

图 3–34　故障时直流电压 U_d 录波图

3.5.1.4　提升措施

（1）新建直流工程中不再使用该类型的套管。

（2）根据规程要求对套管进行试验检测，试验完毕应仔细检查套管末屏接地情况。

3.5.2　某换流站"2013 年 3 月 21 日"极Ⅰ平波电抗器阀侧套管末屏绝缘异常

3.5.2.1　概述

1. 故障前运行工况

正常运行。

2. 故障简述

2013 年年度检修期间，某站极Ⅰ平波电抗器试验发现阀侧套管末屏对地绝缘电阻为 9.32MΩ，介质损耗为 11.83%，不符合标准要求。

3. 设备概况

极 I 平波电抗器阀侧套管为油浸纸电容式充 SF_6 气体复合外套结构，型号为 GGF1950，2004 年投运。

3.5.2.2 设备检查情况

打开极 I 平波电抗器阀侧套管末屏处的带电检测端子盖板，内部有受潮迹象，接线端子上有明显锈蚀痕迹，见图 3-35。通过接线端子测量末屏对地绝缘电阻为 31MΩ。

图 3-35 带电检测端子内部

拆除带电检测端子后，发现末屏处积水严重，末屏接地端锈蚀严重，见图 3-36。

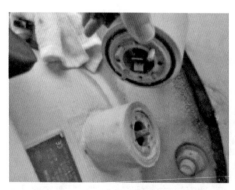

图 3-36 末屏情况

现场对套管末屏进行清污处理，测量末屏对地绝缘电阻为 20000MΩ，末屏绝缘恢复正常。

3.5.2.3 故障原因分析

综合现场检查情况判断，套管末屏故障原因为：带电检测端子引出线密封不严导致末屏绝缘受潮。平波电抗器退出运行后，转为室外露天环境，虽在末屏处加装了防雨罩，但不能保证末屏完整密封。现场末屏的安装位置有一定向上的倾斜角度，当带电检测端子引出线密封不严时,外部雨水沿引出线进入接线端子,继而流入末屏底部且无法排出,导致末屏绝缘受潮。

3.5.2.4　提升措施

(1)套管末屏不建议加装带电检测装置,过多的接地节点会导致运行过程中运行末屏失地风险增大。

(2)建议新套管末屏结构设计为次末屏结构,加装带电检测或在线监测装置时,保证接地可靠。

3.6　其 他 附 件 故 障

3.6.1　某换流站"2015 年 10 月 28 日"极Ⅰ换流变压器 Y/Y-B 相阀侧套管 SF₆渗漏

3.6.1.1　概述

1. 故障前运行工况

正常运行。

2. 故障简述

2015 年 10 月 28 日 13:39,某站极Ⅰ直流控保 B 系统发出极Ⅰ换流变压器 Y/Y-B 相阀侧 b 套管 SF₆压力低报警,现场加强了设备的巡检和分析。10 月 30 日 14:16,极Ⅰ直流控制保护 A 系统也发出了极Ⅰ换流变压器 Y/Y-B 相阀侧 b 套管 SF₆压力低报警。由于两个报警分别来自不同的 SF₆密度继电器,确认该套管确实存在 SF₆压力低情况。

3. 设备概况

极Ⅰ换流变压器 Y/Y-B 相阀侧 b 套管油浸纸电容式充 SF₆气体复合外套结构,型号分别为 GGF-1950,2003 年投运。

3.6.1.2　设备检查情况

该站极Ⅰ换流变压器 Y/Y-B 相阀侧 b 套管之前运行中未出现过 SF₆渗漏缺陷。阀侧套管的前半部分通过 SF₆气体绝缘,后半部分通过变压器油绝缘,阀侧套管及其 SF₆密度继电器也布置在阀厅内,无密度显示,仅有报警、跳闸节点输出,正常运行时无法观察压力及补气,见图 3-37。

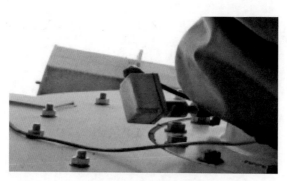

图 3-37　换流变压器阀侧套管密度继电器照片

极 Ⅰ 换流变压器 Y/Y－B 相阀侧套管的两个 SF_6 密度继电器均出现报警，确认该套管确实存在 SF_6 压力低情况，由于套管布置在阀厅内，无法确定该套管渗漏的发展情况，渗漏加快时有可能导致极 Ⅰ 直流系统强迫停运。采取下列措施：

（1）经过反复多次的检漏，均未发现明显渗漏点。

（2）对密封圈进行检查，未发现密封圈明显损坏。

（3）根据套管维护说明，对该套管充入 SF_6 气体，将压力补至 0.38MPa（阀厅温度 30℃）。

（4）更换 SF_6 密度继电器的密封圈并回装，用两种检漏仪对极 Ⅰ 换流变压器 Y/Y－B 相阀侧 b 套管各个部位再次进行反复检测，未发现渗漏点。采用包扎法对两台密度继电器接头部位进行了检漏，未见渗漏。

（5）对极 Ⅰ 换流变压器 12 支阀侧套管各个部位进行了反复检测，均未发现渗漏点。

3.6.1.3　故障原因分析

综合现场检查情况判断，最有可能出现渗漏的位置仍为 SF_6 密度继电器接头位置，判断 SF_6 密度继电器密封圈存在轻微变形缺陷，运行一段时间后出现了渗漏现象，导致 SF_6 压力下降，出现报警信号。

（1）SF_6 密度继电器存在质量问题，密封圈易变形导致 SF_6 气体渗漏。

（2）GGF－1950 型换流变压器阀侧套管 SF_6 密度继电器配置在阀厅内，运行时无法进行补气。

3.6.1.4　提升措施

（1）对 SF_6 密度继电器密封圈进行更换。

（2）将 GGF－1950 型换流变压器阀侧套管 SF_6 密度继电器移出阀厅外，加装三通阀，实现带电补气功能。

第三部分
直流穿墙套管

第4章 胶浸纸套管故障

4.1 芯 体 故 障

4.1.1 某工程送受端直流穿墙套管双芯体对接部位故障

4.1.1.1 概况

1. 故障简述

某±800kV直流输电工程2009年投运以来，先后有4支800kV直流穿墙套管发生内部放电故障或重大缺陷。分别为：2011年3月某换流站试验时发现极Ⅰ 800kV直流穿墙套管介质损耗异常，2013年12月极Ⅱ 800kV直流穿墙套管运行中发生内部放电对地闪络导致单极闭锁，2014年2月年度检修预试中发现极Ⅰ 800kV直流穿墙套管回路电阻异常，2014年12月通过SF_6气体带电检测发现极Ⅰ 800kV直流穿墙套管气体分解物超标。解体均发现套管中部对接处环氧芯体表面存在大量白色粉末，环氧芯体表面有爬电痕迹，对接表带触指存在过热痕迹，见图4-1。

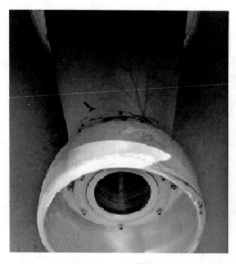

图4-1 800kV穿墙套管内部故障情况

2. 设备概况

上述直流穿墙套管型号均为：GSEW f/i 2105/800-3125 spez.，出厂日期 2008 年，投运日期 2009 年。套管型式为胶浸纸电容芯体双芯对接结构，空心复合绝缘子，内部填充 SF$_6$ 气体作为辅助绝缘。套管整体结构示意图见图 4-2。

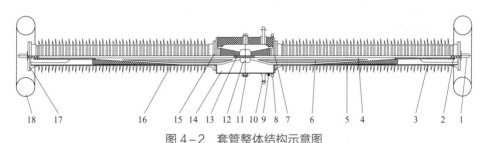

图 4-2　套管整体结构示意图

1—接线端子；2—连接件；3—内部均电电极；4—导流管；5—均压铝薄膜；6—主绝缘体；7—试验端子；8—悬吊环；9—SF$_6$压力释放阀；10—接地端子；11—法兰腔；12—内部均压环；13—插入式导杆连接头；14—SF$_6$充气腔；15—试验端子；16—复合绝缘子；17—绝缘子接线端密封金属盖板；18—均压环

4.1.1.2　设备检查情况

1. 2011 年 3 月某站预试发现极Ⅰ 800kV 直流穿墙套管介质损耗异常

（1）现场检查情况。2011 年 3 月 6 日，某站进行停电预试，发现极Ⅰ 800kV 直流穿墙套管（户外部分）介质损耗超标，见表 4-1。

表 4-1　　　　　　　　介质损耗和电容量试验结果

试验日期	2011.3.6	环境温度	21℃	空气湿度	40%
标准要求	（1）20℃时的 tanδ（%）值不应大于 1.0。 （2）电容型套管的电容值与出厂值或上一次试验值的差别超出±5%时，应查明原因				
安装位置	测试部位	C1　电容量（pF）			C1　介质损耗（%）	

安装位置	测试部位	交接值	实测值	差值（%）	交接值	实测值
高压-户外侧末屏	主绝缘	893.3	921.5	3.2	0.287	1.065
高压-户内侧末屏	主绝缘	766	765.6	-0.05	—	0.324

注　分别使用了三台仪器测试，并检查复核了试验接线，测试结果变化不大。

对该套管开展高压介质损耗试验，电压在 2.152～76.4kV 变化。试验结果表明：当电压加到 54kV 左右，套管介质损耗值没有明显地下降趋势，都稳定在 0.5～0.6 之间。三轮高压介质损耗实测值最小值为 0.544%，而交接值为 0.287%，与交接值偏差较大。

（2）返厂检查情况。穿墙套管解体后发现内部沉淀大量白色粉末，室内外导电杆对接的压紧环内凹处沉留最多数量粉末，压紧环与外套管金属导杆的连接处存在间隙，而且压紧环与外套管金属导杆的连接处螺纹有微小缺口。户内连接部分粉末见图 4-3，户外连接部分粉末见图 4-4。

图 4-3 户内连接部分粉末

图 4-4 户外连接部分粉末

2. 某站极Ⅱ 800kV 直流穿墙套管运行中闪络

（1）保护动作分析。2013 年 12 月，某直流极Ⅱ ESOF，极Ⅱ退至备用状态；极Ⅱ极差动保护 87DCM 二段、极Ⅱ后备差动保护 87DCB 一段、直流线路低电压保护 27du/dt 动作。

（2）现场检查情况。对现场设备进行排查，发现极Ⅱ高端阀厅 800kV 穿墙套管多项试验数据超过规程规定，试验数据见表 4-2 和表 4-3。经分析确认极Ⅱ高端阀厅 800kV 穿墙套管发生内部绝缘击穿故障。

表 4-2　　　　　　　　　套管绝缘电阻测试

测量日期	2014 年 1 月 18 日	环境温度	19℃	空气湿度	37%
试验仪器	MⅠ2077 绝缘电阻表				

技术要求：主绝缘的绝缘电阻值一般不应低于 10GΩ；末屏对地绝缘电阻不应低于 1GΩ

测试部位	主绝缘		末屏~地		一次~地
	2012 年预试	实测值	2012 年预试	实测值	实测值
阀厅内	136GΩ	470GΩ	79GΩ	33kΩ	330GΩ
阀厅外	52GΩ	270GΩ	15.2GΩ	96GΩ	

表 4-3　　　　　　　　　套管电容量及介质损耗测试

测量日期	2014 年 1 月 18 日	环境温度	19℃	空气湿度	37%
试验仪器	AⅠ-6000F				

技术要求：20℃时的 tanδ（%）值不应大于 0.8；当电容型套管末屏对地绝缘电阻小于 1000MΩ 时，应测量末屏对地 tanδ（%），其值不大于 2%。电容值与出厂值比较，不大于±5%

测试部位	电容量（pF）			介质损耗（%）	
	铭牌值	实测值	误差（%）	铭牌值	实测值
阀厅内	758.0	745.7	-1.62	0.38	0.506
阀厅外	922.0	907.4	-1.58	0.37	0.322

（3）返厂检查情况。对故障 800kV 直流穿墙套管用备品进行了替换，之后进行解体分析。解体发现套管户外部分短尾端有爬电痕迹；户内、户外部分短尾端绝缘部分（见图 4-5）、均压环内及筒壁存在大量粉末。套管户内端短尾端绝缘子均压环 1 点到 3 点位置击穿，由击穿位置向法兰放电，见图 4-6。

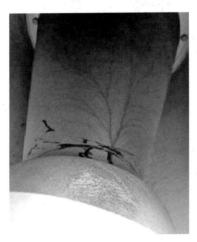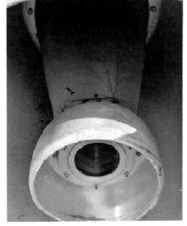

图 4-5　户外部分短尾端

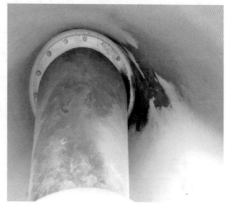

图 4-6 户内部分短尾端放电痕迹

3. 某站极 I 800kV 直流穿墙套管回阻增大

（1）现场检查情况。2014 年 2 月，对某换流站穿墙套管进行回路电阻测量时，发现极 I 800kV 穿墙套管回路电阻明显增大（出厂值 112μΩ，测试值 245μΩ），其余试验结果正常。

（2）返厂检查情况。对该套管进行解体发现：① 套管拆下前回路电阻测试为 245μΩ（出厂值 112μΩ），放至地面测试为 150μΩ；在工厂内解体前对套管进行的测试结果为 94μΩ，回路电阻存在较大波动性。② 打开套管中间对接部分，发现套管短尾部分环氧表面存在少许附着物，见图 4-7。③ 拆除均压罩后，在户内外导电杆的内径侧对应表带触指部分处有明显压痕，且压痕存在深浅不一现象，见图 4-8。④ 对套管户外部分进行了进一步解体检查，在延伸段内部铝电极内径侧表带触指对应处有明显的表带压痕，见图 4-9；在长尾端尼龙套外表面有明显发黑现象，见图 4-10。

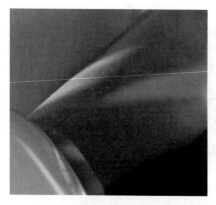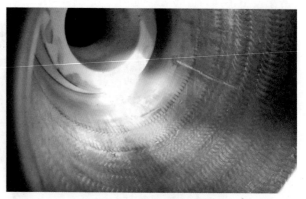

图 4-7　套管短尾部分　　　　　图 4-8　套管对接户内部分深浅不一的表带压痕
　　　　环氧表面少许附着物

图 4-9　套管户外部分延伸段内部
铝电极内径侧部分的表带压痕

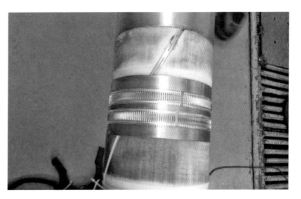

图 4-10　套管户外部分长尾端尼龙套外表发黑

4. 某换流站极Ⅰ 800kV 直流穿墙套管 SF_6 气体超标

（1）现场检查情况。2014 年 12 月 13 日，对 800kV 直流穿墙套管开展状态跟踪检查试验，发现极Ⅰ高端 800kV 直流穿墙套管 SO_2 超标，对套管取气送至试验室进行组分分析，确认 SF_6 特征放电气体 SO_2 超标达 6.9μL/L。15 日上午再次对套管进行取气分析，SO_2 仍然存在，并出现增长达 18.6μL/L。某换流站极Ⅰ 800kV 直流穿墙套管实验室分解产物测试结果见表 4-4。

表 4-4　某换流站极Ⅰ 800kV 直流穿墙套管实验室分解产物测试结果（μL/L）

样品名	氢 (H_2)	一氧化碳 (CO)	四氟甲烷 (CF_4)	二氧化碳 (CO_2)	六氟乙烷 (C_2F_6)	八氟丙烷 (C_3F_8)	甲烷 (CH_4)	二氧化硫 (SO_2)	硫化氢 (H_2S)	氟化亚硫酰 (SOF_2)
极Ⅰ穿墙套管（12月15日晚送样）	7.2	39.2	37.9	626.0	26.5	3.5	0.5	18.6	未检出	3.9
极Ⅰ穿墙套管（12月15日早送样）	6.1	34.7	32.4	562.7	25.4	3.0	0.3	6.9	未检出	7.5

（2）返厂检查情况。返厂对 SO_2 异常套管进行了解体分析，情况如下：

1）套管在中间对接位置拆开，发现对接位置户内、户外均压环内均有少量粉末，由于震动已经聚拢成小堆。连接杆户内端表带触指有高温烧灼痕迹，已变为红色，变色部分约为整根表带的 1/3，灼烧位置为套管运行时安装位置的正下方（与末屏安装位置相反），见图 4-11~图 4-13。

2）套管户外部分压紧环与导电杆之间的缝隙和周围布满放电分解物粉末，见图 4-14。

3）将压紧环进行拆卸，拆卸后发现户外端压紧环和导电杆螺纹中普遍存在分解物粉末（见图 4-15），经擦拭后发现压紧环螺纹有成片的明显放电烧黑的点（见图 4-16），可确定压紧环和导电杆螺纹之间为放电起始点，也是粉末产生的原因。

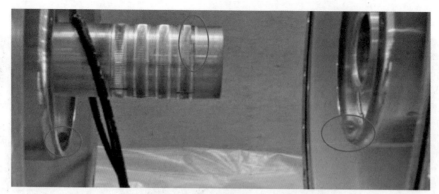

图 4-11　套管内部粉末分布及表带触指变色情况

图 4-12　套管对接部分均压罩粉末（左图为户外端，右图为户内端）

图 4-13　连接杆户内端表带触指高温变色情况　　图 4-14　户外端压紧环和导电杆之间的缝隙和周围粉末分布

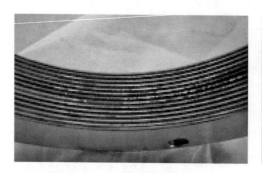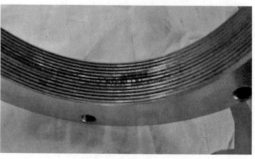

图 4-15　压紧环螺纹表面粉末　　　　　图 4-16　压紧环螺纹擦拭后的放电痕迹

4.1.1.3　故障原因分析

1. 仿真计算

穿墙套管在直流电压下的电场计算结果表明，中部对接处场强较为集中。均压罩导体表面最大场强为 9.8kV/mm，电容芯体表面最大场强为 4.6 kV/mm。分析套管压紧环的安装工艺，需同时将压紧环的螺孔与铜端环的螺孔对齐，由于导电杆难于转动，当压进环螺纹旋紧时，有可能螺孔无法对准，如果螺孔对准了压紧环就无法旋到最紧，该情况将导致压紧环与导电杆接触不良，在高场强下发生悬浮放电。

2. 成分检测

直流穿墙套管白色粉末成分分析见图 4－17。白色粉末成分主要为铝、氟等元素化合物，应为放电生成物，其附着在套管电容芯子，使芯子表面电导率增大，导致对地闪络。

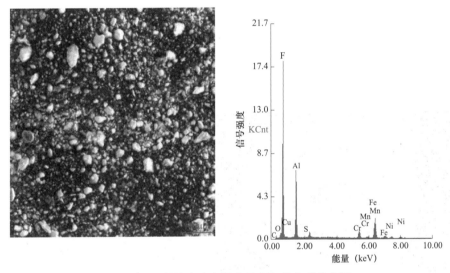

图 4－17　某站直流穿墙套管白色粉末成分分析

根据上述分析可以看出，套管缺陷发生机理基本一致：由于厂家设计原因造成装配过程中户外部分压紧环与导电杆螺纹没有良好接触，从而产生局部悬浮放电，铝导电杆的螺纹在 SF_6 气体中产生局部放电，伴随产生白色粉末等物质，通过日积月累，粉末随气体流动慢慢附着在套管电容屏短尾端绝缘表面和套管钢筒内壁。套管的粉末化验结果显示其主要成分为 AL 与 F 的化合物（AlF_3），AlF_3 绝缘性能比套管内的绝缘材料差很多，粉末在直流电场累计效应下产生爬电并逐步发展成贯穿性放电，放电使环氧树脂产生烧蚀从而产生大量的碳使分解产物为黑色。2011 年某站套管由于发现缺陷较早，粉末堆积在短尾端表面还未形成放电故障。2013 年某站套管由于粉末堆积时间长，在套管运行电压电场作用下，形成爬电，最后导致户内部分形成均压罩对末屏沿短尾端电容屏表面的贯穿性击穿放电。2014 年两起缺陷发现较早，尚未在短尾端产生白色粉末，但等电位处已有放电痕迹。

　　分析认为该型直流穿墙套管存在家族性缺陷，包括设计缺陷和工艺缺陷。

　　（1）设计缺陷。组装套管时由于套管导电杆上有绝缘垫，当将导电杆装入环氧浇筑电容芯时，电容芯内壁与绝缘垫结合紧密使导电杆较难转动（见图4-18），本套管的设计在安装要求上有两个要点。

图4-18　导电杆绝缘垫

　　1）工人安装时需要将压紧环旋紧在导电杆的螺纹上。

　　2）同时要将压紧环的6个螺孔与铜端环的6个螺孔对齐，以便用螺纹进行固定，见图4-19～图4-21。

图4-19　导电杆的短尾端螺纹和铜端环

图4-20　未改进的压紧环

图4-21　压紧环装配过程

由于导电杆难于转动当压进环螺纹旋紧时，有可能螺孔无法对准，如果螺孔对准了压紧环就无法旋到最紧。工人要想完成安装只能选择后者。即使刚好在压进环旋紧的同时 6 个螺孔对准了，由于导电杆只有压进环一端螺纹固定，并且螺纹没有任何防松动装置和设计，在吊装、运输和运行中导电杆和压紧环之间的螺纹也有松动的可能。四起缺陷均是由于厂家设计缺陷造成安装时压紧环不易旋紧，并且未有防止其松动的技术考虑，为故障发展的不同阶段，故障机理一致。

（2）工艺缺陷。

1）经过咨询表带触指厂家，其表带触指本身镀银，要求在与表带接触的导电接触面上要进行镀银处理以保证接触良好。经过现场解体检查，本型号套管内部与表带触指接触的导电位置均未做防氧化处理，也未镀银。由于套管的对接结构使套管在承受不同应力，接触力度会变化；同时由于震动、热胀冷缩等因素，表带触指的接触点会发生位移。

2）套管的转配过程中由于机构设计会对金属导体造成刮擦，产生金属粉末，在 SF_6 气体绝缘的高压电气设备中金属粉末可能会危害设备安全产生放电。

3）4 起套管的故障和缺陷的根源是套管设计和安装工艺，设计和工艺问题是家族性缺陷，在运行的套管具有同样的缺陷。

4.1.1.4　提升措施

鉴于上述原因，对该类型的套管采取了加装压紧环定位销，均压罩、对接管等电位线及触指表面镀银等整改措施。

（1）对将要电镀的导电连接位置部位进行打磨，主要是消除压痕和刮痕，采用三道工序：锉刀打磨、粗打磨纸打磨、细打磨纸打磨。

（2）对穿墙套管导电接触位置（导电杆两端导电接触面、端部均压导电杆两端和套管端板的导电接触面）进行镀银，解决穿墙套管回阻变大和不稳定的问题。镀银后表面呈浅黄色，无金属光泽，见图 4-22。

图 4-22　导电杆两端导电接触面镀银

（3）套管连接导杆增加密封圈改造。在套管中间连接杆两端表带触指的前后各加 1

道密封圈，解决套管装配过程产生的金属粉末进入高电场区产生放电隐患的问题。

（4）对压紧环加工安装等位线和防松动螺栓（见图 4-23）。等位线和防松动螺栓加装在直流穿墙套管内外对接导电杆与压紧环、压紧环与电容屏铜端环之间，防止压紧环松动，同时钳制各部件电位，使导电杆、压紧环、电容屏铜端环始终处于等电位，解决悬浮放电的问题。在铜端环、压紧环和铝导电杆之间安装等电位线，等位线在均压罩内部。

防松动螺栓

图 4-23　增加防松动螺栓

4.1.2　某站"2017 年 8 月 28 日"极Ⅱ高端 400kV 直流穿墙套管芯体放电

4.1.2.1　概况

1. 故障前运行工况

输送功率：8000MW。

接线方式：双极四阀组大地回线全压方式运行。

2. 故障简述

2017 年 8 月 28 日 18:52:44，某站极Ⅱ高低端阀组间母线差动 1 段保护动作，直流极Ⅱ闭锁。故障前某直流双极四阀组大地回线全压方式运行，输送功率 8000MW。闭锁后损失功率 4000MW。

3. 事件记录

某站"2017 年 8 月 28 日"故障时刻事件记录表见表 4-5。

表 4-5　　　　　某站"2017 年 8 月 28 日"故障时刻事件记录表

序号	时间	主机	事件
1	18:52:44:052	极Ⅱ极保护 A	高低端阀组间母线差动Ⅰ段 Z 闭锁
2	18:52:44:052	极Ⅱ极保护 A	高低端阀组间母线差动Ⅰ段 Z 闭锁跳交流断路器
3	18:52:44:052	极Ⅱ极保护 B	高低端阀组间母线差动Ⅰ段 Z 闭锁
4	18:52:44:052	极Ⅱ极保护 B	高低端阀组间母线差动Ⅰ段 Z 闭锁跳交流断路器

续表

序号	时间	主机	事件
5	18:52:44:052	极Ⅱ极保护 C	高低端阀组间母线差动Ⅰ段 Z 闭锁
6	18:52:44:052	极Ⅱ极保护 C	高低端阀组间母线差动Ⅰ段 Z 闭锁跳交流断路器
7	18:52:44:071	极Ⅱ极保护 A	直流极差Ⅰ段 S 闭锁
8	18:52:44:072	极Ⅱ极保护 B	直流极差Ⅰ段 S 闭锁
9	18:52:44:072	极Ⅱ极保护 C	直流极差Ⅰ段 S 闭锁
10	18:52:44:076	极Ⅱ极控 A/B	极保护启动 Z 闭锁
11	18:52:44:076	极Ⅱ极控 A/B	极保护启动 S 闭锁
12	18:52:44:076	极Ⅱ极控 A/B	极保护启动极隔离
13	18:52:44:076	极Ⅱ极控 A/B	极保护跳交流断路器
14	18:52:56:071	极Ⅱ高端阀控 A	P2.U1.X2/极Ⅱ高端阀厅穿墙套管 2 SF$_6$压力低跳闸 1
15	18:52:56:320	极Ⅱ高端阀控 B	P2.U1.X2/极Ⅱ高端阀厅穿墙套管 2 SF$_6$压力低跳闸 1

4. 设备概况

故障极Ⅱ高端 400kV 直流穿墙套管型号为 GSEW f/11050/400-5000，编号 N3232126，胶浸纸绝缘，2014 年 7 月投入运行。

4.1.2.2　设备检查情况

1. 保护动作分析

（1）故障前后电流变化情况见表 4-6。

表 4-6　　　　　　　　　　故障前后电流变化情况

TA 编号	信号名称	故障前电流（A）	故障后电流（A）	备注
P2.WP.T1	线路电流 1DL	5043	3865	故障后，极Ⅱ高端电流与线路电流基本一致
P2.U1.T1	高端阀组极出线电流	5103	3852	
P2.U1.T2	高端阀组中性出线电流	5030	3759	
P2.U2.T1	低端阀组极出线电流	4930	10219	故障后，极Ⅱ低端电流升至 10200A
P2.U2.T2	低端阀组中性出线电流	4954	10244	

根据表 4-6 中电流特征判断，故障点位于 P2.U1.T2（1DC1N）与 P2.U2.T1（1DC2P）之间，见图 4-24。故障期间，极Ⅱ高、低端阀组仍通过逆变侧形成回路，一方面极Ⅱ线路电流经极Ⅱ高端阀组注入极Ⅱ低端；另一方面极Ⅱ低端通过接地极、高端 400kV 直流穿墙套管接地点形成短路回路，致使极Ⅱ低端总电流达到 10000A 以上。

（2）保护动作分析。阀组间母线差动保护动作分析：| IDC2P－IDC1N |＞0.35pu＋0.2×0.5×（| IDC2P |＋| IDC1N |）；延时 10ms。

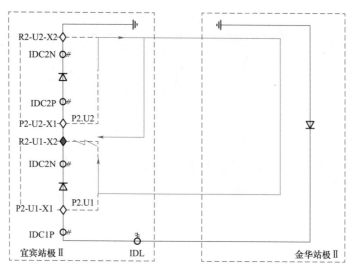

图 4-24　故障电流回路图

阀组间母线差动保护计算低端阀组极出线电流 IDC2P 与高端阀组中性出线电流 IDC1N 差值，超过定值则保护动作，该次跳闸 1 段保护动作。

IDC2P（P2.U2.T1）达到 12500A，IDC1N（P2.U1.T2）约 3700A，两者差值达到约 8500A，大于此时 1 段定值 3300A（计算值），满足保护动作条件，延时 10ms 闭锁，保护动作正确。

极差动保护动作分析：$|IDL-IDNE-ICN-IAN-IAZ1-IAZ2|>0.35pu+0.2\times|IDL|$；延时 30ms 动作。

IDNE 达到 12500A 以上，IDL 约 3000A，两者差值达到约 8500A，大于此时 1 段定值 2500A（计算值），满足保护动作条件，延时 30ms 闭锁，保护动作正确。

（3）极 II 高端阀厅 400kV 直流穿墙套管 SF_6 压力低跳闸分析。事件记录显示，极 II 高端阀厅 400kV 直流穿墙套管 SF_6 压力低跳闸信号，出现在差动保护动作后 12s，查看故障前该套管 SF_6 气体压力的历史数据正常，说明套管压力降低是由于套管爆裂后气体泄漏引起，与故障现象吻合。

2. 现场检查情况

根据保护动作情况，值班人员对动作保护区域内一次设备进行检查，发现极 II 高端阀组 400kV 直流穿墙套管户外部分爆裂，套管金具及头部断裂坠落，故障套管下方地面有碎片散落，见图 4-25。极 II 高端阀厅、阀厅内设备、直流场相邻设备均正常。

故障直流穿墙套管本体户外部分有明显碳化痕迹，环氧树脂筒与法兰分离，见图 4-26 和图 4-27。

环氧树脂筒膨胀、裂开，表面硅橡胶伞裙破损严重，见图 4-28。

故障套管本体 SF_6 接口布满黑色粉末，为防止新套管被污染，SF_6 气管与故障套管一同更换，见图 4-29。

故障套管户内部分伞裙、接线柱、法兰等外观未见异常，见图 4-30。

3. 返厂检查情况

（1）故障套管户外部分解体检查。运抵解体现场的故障套管户外部分的绝缘子外套头部接线端连同端部盖板整体脱落，绝缘子外套的玻璃钢筒从底部至头部呈"螺旋状"整体爆裂，玻璃钢筒端部壁厚 8mm，户外侧绝缘子外套破损程度见图 4-31。

图 4-25　极Ⅱ高端 400kV 故障直流穿墙套管

图 4-26　故障直流穿墙套管碳化痕迹

图 4-27　故障直流穿墙套管放电痕迹

图 4-28　故障直流穿墙套管环氧树脂筒及硅橡胶伞裙破损痕迹

图 4-29　故障直流穿墙套管 SF$_6$接口布满黑色粉末

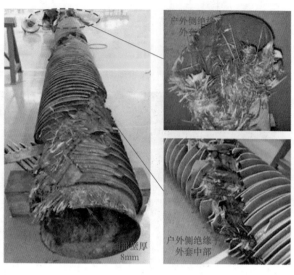

图 4-30 故障直流穿墙套管
户内部分外观未见异常

图 4-31 故障套管呈"螺旋状"
爆裂的户外绝缘子外套

故障套管户外部分带接线端子的端部盖板从与套管导电杆弹簧表带触指连接部位断开，4 条弹簧表带触指完好，无过热痕迹，过渡连接头端部存在两点明显电弧烧蚀痕迹；户外部分套管头部内部的屏蔽件被放电产物熏黑、严重扭曲，见图 4-32。

图 4-32 断裂的户外侧接线端子及盖板

拆去户外侧绝缘子外套，发现户外电容芯体上自穿墙法兰筒体处往上，有一半的户外芯体上轴向裂纹。越靠近中部穿墙法兰，轴向裂纹开裂宽度和深度越严重。在户外穿墙法兰筒体端面与电容芯体接触部位（断面位于末屏引线试验抽头安装孔处），发现近一整圈的环形断面裂纹。同时户外侧电容芯体表面轴向裂纹附近还有轴向放电痕迹。故障套管户外部分电容芯体上的轴向裂纹、环状断面裂纹、轴向放电痕迹见图 4-33。

图 4-33　故障套管户外侧电容芯体表面裂纹和放电痕迹

（2）故障套管阀厅户内部分解体检查。故障套管阀厅户内侧的硅橡胶复合绝缘子外套完好，外部和内壁无放电和受损痕迹。户内端头部的内屏蔽结构、盖板、接线端子、弹簧表带触指保存完好，未发现导电杆连接头和弹簧表带触指过热和放电痕迹，解体检查情况见图 4-34。

图 4-34　无受损和异常的阀厅户内侧绝缘子外套和端部结构

拆去户内侧绝缘子外套，发现从户内侧法兰筒体端面沿往上，电容芯体上有约 1.2m 长的轴向裂纹。切断户外裂痕处的电容芯体，发现套管电容芯体内部从中间导电沿径向开裂至电容芯体外表面，见图 4-35 和图 4-36。套管电容芯体户外部分的轴向和径向开裂程度均比户内电容芯体更为严重。

 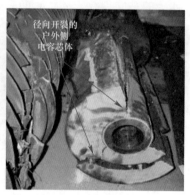

图 4-35 户内和户外电容芯体内部径向裂纹

 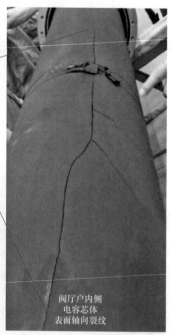

图 4-36 故障套管阀厅户内侧电容芯体表面轴向裂纹

（3）故障套管主放电通道解体检查。在故障套管电容芯体开裂最为严重的一段（套管中部距离末屏试验抽头的轴向距离为 0~50cm）进行解体，发现由套管末屏试验抽头安装位置指向套管户外端方向上的 35cm 处，高压导电杆上有两处电弧烧蚀成的孔洞。两处电弧烧蚀孔对应于套管电容芯体的两道裂纹，两道裂纹约成 120° 分布，裂纹径向从导电杆表面直接开裂至电容芯体表面，轴向长度超过 0.6m。户外部分高压导电杆表面电弧烧蚀孔和对应的电容芯体裂纹见图 4-37 和图 4-38。

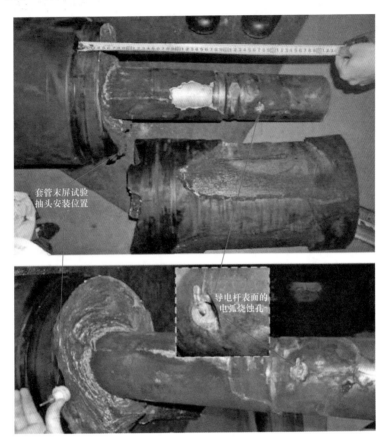

图 4-37 户外部分导电杆表面两处电弧烧蚀孔的位置

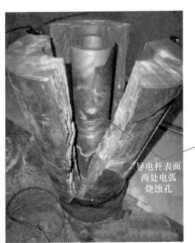

图 4-38 户外部分导电杆表面两处电弧烧蚀孔与径向裂缝

套管接地侧的电弧电流入地点位于套管穿墙法兰筒的内壁的末屏试验抽头安装孔附近,见图 4-39。

图4-39 接地穿墙安装法兰内壁放电电流烧蚀痕迹

故障套管电容芯体击穿时的主放电通道由距离套管末屏试验抽头35cm位置的高压导电杆表面起始，沿户外侧电容芯体裂缝至末屏试验抽头安装孔附近的接地法兰筒体内壁，见图4-40。

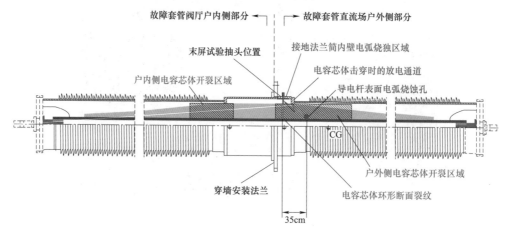

图4-40 故障套管电容芯体击穿放电通道示意图

4.1.2.3 故障原因分析

综合上述检查情况，套管故障原因为：户外部分电容芯体击穿时，电容芯体内部电容屏击穿短接，套管电容屏作为桥接通道，使户外电容芯体轴向方向上发生沿轴向裂纹的放电。电容芯体击穿后，户外硅橡胶绝缘子外套内 SF_6 气体被放电产物污染，再次发生由高压导电杆至接地法兰筒的放电，并在硅橡胶复合绝缘子外套上留下明显的放电痕迹，套管轴向放电通道见图4-41。

4.1.2.4 提升措施

（1）该型号直流穿墙套管设计上存在缺陷，套管轴向长度与径向宽度的比值过大，玻璃金属钢筒厚度不足，在套管整体收到外部机械应力时，玻璃钢筒保护内部电容芯体能力偏弱。长时运行后，电容芯体会受到机械应力影响，建议增加套管玻璃金属钢筒内壁厚度。

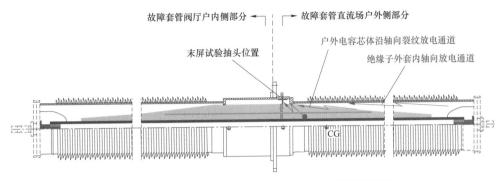

图 4-41　故障套管电容芯体表面轴向放电通道示意图

（2）套管内部芯体电气性能设计无异常，但套管整体温升偏高，热性能裕度不足，应采取降温整改措施，建议在套管空芯导电铜棒户内、户外端部打孔，增加气体对流，增加导电杆截面积，改善套管内部温度。

4.2　空心绝缘子故障

4.2.1　某工程送受端直流穿墙套管外绝缘老化

4.2.1.1　概况

1. 故障简述

某工程送受端 500kV 穿墙套管采用液态硅橡胶伞裙。2018 年检修期间对套管硅橡胶伞裙进行了外观检查和憎水性测试，发现户外侧硅橡胶伞裙存在不同程度的龟裂、粉化现象，其上表面憎水性 HC5～HC6 级、下表面憎水性 HC4～HC5 级，户内侧硅橡胶伞套憎水性良好（HC1～HC2 级）。直流穿墙套管外绝缘老化情况见图 4-42。

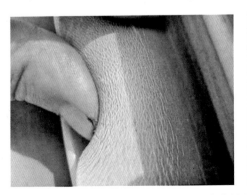

图 4-42　直流穿墙套管外绝缘老化情况

2. 设备概况

该±500kV 直流穿墙套管型号为 GSEW f/f 1425/515 – 1800 spec，采用复合硅橡胶外套，出厂时间 1998 年，投运时间 1999 年。

4.2.1.2 设备检查情况

1. 保护动作分析

无。

2. 现场检查情况

（1）外观检查。套管户外部分伞裙表面出现部分硬化、粉化现象，且表面有裂纹。表面出现的裂纹集中在上侧的伞裙表面。若用手掰伞裙，将有不可逆的裂纹的产生，见图 4 – 43。

图 4 – 43　套管户外部分伞裙表面出现的裂纹情况

（2）憎水性测试。套管户外部分伞裙的憎水性情况沿轴向分布有明显变化，见图 4 – 44。总体而言，套管户外部分伞裙的憎水性情况较差，大部分测试伞裙其憎水性都为 HC5～HC6 级，见图 4 – 45。而在高压端附近的伞裙，憎水性的情况较好，其憎水性为 HC3～HC4 级，见图 4 – 46。在喷水分级的过程中，伞裙表面有连续的水膜形成，且观察不到独立的水珠，因此照片的成像情况较差。

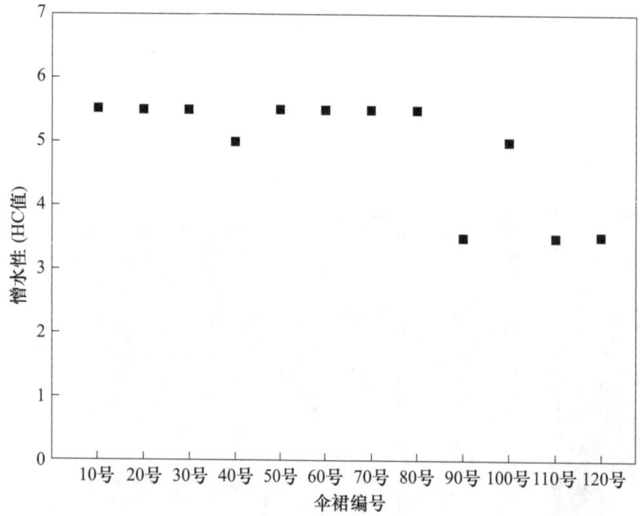

图 4 – 44　套管户外部分憎水性沿轴向分布情况

图 4 – 45　套管户外部分伞裙憎水性
HC5～HC6 级典型照片

（3）硬度测试。该直流套管户外部分的伞裙结构为大小伞，由于大、小伞之间的距离比较小，测量时无法将硬度计垂直接触到护套表面，因此在实际测量中，直流套管的户外部分硬度主要测量了大伞裙上表面的硬度情况。极 I 套管户外部分伞裙硬度沿轴向分布情况见图 4-47。

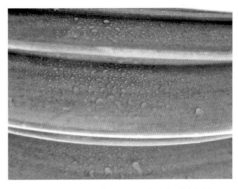

图 4-46 套管户外部分伞裙憎水性
HC3～HC4 级典型照片

4.2.1.3 故障原因分析

由于套管液体硅橡胶复合外套常年暴露在大气环境中，除长期承受电场作用外，还受到日晒、雨淋、风沙、高温等恶劣气候条件的影响，长期运行会出现材料老化的问题。液体硅橡胶材料老化会不断发展，一般液体硅橡胶材料运行 10 年会出现一个拐点老化加速过程，在部分地区运行 7 年的液体硅橡胶外套表面就出现龟裂和粉化层。

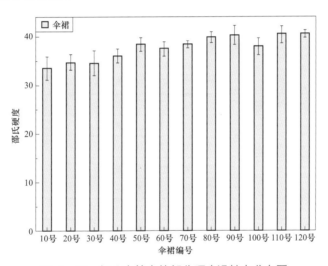

图 4-47 极 I 套管室外部分硬度沿轴向分布图

换流站液体硅橡胶复合绝缘外套的老化主要表现：① 材料表面憎水性下降；② 漏电起痕及电蚀损变差；③ 表面龟裂、开裂、粉化、褪色、变硬、变脆等。憎水性及憎水迁移性是判断复合外套老化的首要指标。综上分析套管外绝缘憎水性下降等问题原因为液体硅橡胶老化。

4.2.1.4 提升措施

该直流穿墙套管已运行 19 年，户外侧空心绝缘子硅橡胶伞裙出现了不同程度的老化，为了避免外闪事故发生，现场采取了喷涂 RTV 的方式对套管户外侧硅橡胶伞裙进行了修复。

4.2.2 某站"2023 年 2 月 8 日"极Ⅱ高端阀组 800kV 直流穿墙套管外绝缘闪络

4.2.2.1 概述

1. 故障前运行工况

输送功率：4480MW。

接线方式：双极四阀组大地回线全压方式运行。

2. 故障简述

2023 年 2 月 8 日 06:01，某站极Ⅱ高端阀组 800kV 直流穿墙套管外部闪络导致高端阀组差动保护、极Ⅱ极差保护动作，极Ⅱ闭锁，并开始极Ⅱ低端阀组自动启动逻辑，但由于极Ⅱ高端阀组低压侧隔离开关（80212）辅助触点传动机构卡涩，导致极Ⅱ低端阀组自动启动不成功，直流转为极Ⅰ单极大地回线运行。随后 06:14、06:18，对站极Ⅰ高端和低端均由于换流变压器饱和保护动作导致两个阀组相继闭锁，最终造成直流双极四阀组全部停运。故障导致直流功率损失 4480MW。

3. 事件记录

某站"2023 年 2 月 8 日"故障时刻事件记录表见表 4-7。

表 4-7　　　　　某站"2023 年 2 月 8 日"故障时刻事件记录表

时间	事件来源	系统告警	事件描述	备注
06:01:37:774	S2P2CPR1	A/B/C	阀组差动保护 S 闭锁、隔离阀组、闭锁极	某站三套阀组差动保护、极差动保护动作闭锁极Ⅱ
06:01:37:799	S2P2PPR	A/B/C	直流极差保护Ⅱ段 S 闭锁	
06:01:37:800	S2P2PCP	B	极保护启动 S 闭锁、极隔离	某站三套直流极差保护动作
06:01:38:266	S2P2PCP	B	启动健全阀组再启动逻辑	
06:03:24:988	S2P2CCP1	A	低压侧隔离开关（80212）控制故障	某站极Ⅱ低端阀组重启失败
06:03:38:320	S2P2PCP	B	自动再启动单换流器顺控故障	
06:11:47:025	S1P1CPR1	C	星接换流变压器饱和保护Ⅰ段告警	对站极Ⅰ高端换流变压器饱和保护报警
06:11:47:029	S1P1CPR1	A	星接换流变压器饱和保护Ⅰ段告警	
06:11:47:030	S1P1CPR1	B	星接换流变压器饱和保护Ⅰ段告警	
06:14:14:942	S1P1CPR1	C	星接换流变压器饱和保护 Y 闭锁	对站极Ⅰ高端换流变压器饱和保护闭锁阀组
06:14:26:066	S1P1CPR1	A	星接换流变压器饱和保护 Y 闭锁	
06:14:26:088	S1P1CCP1	B	阀组保护 Y 闭锁	
06:17:49:397	S1P1CPR2	C	星接换流变压器饱和保护Ⅰ段告警	对站极Ⅰ低端换流变压器饱和保护报警
06:17:49:398	S1P1CPR2	A	星接换流变压器饱和保护Ⅰ段告警	
06:17:49:418	S1P1CPR2	B	星接换流变压器饱和保护Ⅰ段告警	
06:18:20:940	S1P1CPR2	A	星接换流变压器饱和保护 Y 闭锁	对站极Ⅰ低端换流变压器饱和保护启动阀组闭锁
06:18:25:616	S1P1CPR2	C	星接换流变压器饱和保护 Y 闭锁	
06:18:25:636	S1P1CCP2	B	阀组保护 Y 闭锁	

4. 设备概况

故障极 Ⅱ 高端阀组 800kV 直流穿墙套管型号为 GSEW f/i 1870/816 – 6328spez，额定电压 800kV、额定电流 6328A，胶浸纸绝缘，硅橡胶复合外套，2017 年 12 月投运。

4.2.2.2　设备检查情况

1. 保护动作分析

极 Ⅱ 直流场 TA 配置图见图 4 – 48。

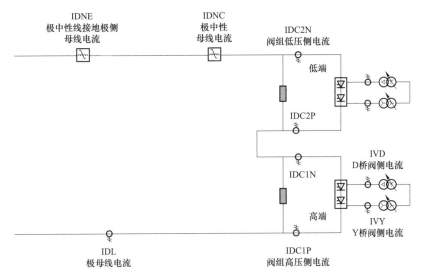

图 4 – 48　极 Ⅱ 直流场 TA 配置图

极 Ⅱ 故障录波见图 4 – 49，故障前直流场 TA 测量电流均为 2875A［0.46（标幺值）］左右。故障发生时刻，测点 UDL 直流电压由 – 780kV 下跌至 0kV 左右，IDC1N、IDC2P、

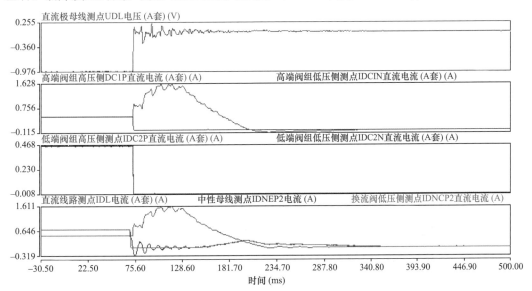

图 4 – 49　极 Ⅱ 故障录波（阀差、极差保护模拟量）

IDC2N、IDNC 等测点电流跌落至 0A 左右，测点 IDL 和 IDC1P 增加至 10125A［（1.62 标幺值）］左右，换流变压器阀侧测点 IVY、IVD 电流故障前无明显变化。根据故障录波计算，故障时刻差流满足阀组差动保护 2 段动作值，延时 5ms 后，极Ⅱ双阀组闭锁。从电压、电流特征可以判断，极Ⅱ高端阀组 IDC1P、IDC1N 测点之间发生接地故障，同时由于直流电压直接跌为 0kV，判断极Ⅱ高端阀组高压侧穿墙套管故障的可能性较大。

故障时刻极Ⅱ故障电流回路图见图 4-50。

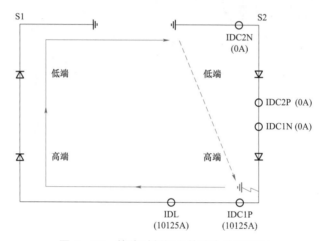

图 4-50　故障时刻极Ⅱ故障电流回路图

2. 现场检查情况

（1）检修前检查情况。现场天气大雾，能见度小于 50m（见图 4-51），环境温度 0℃，相对湿度 100%，通过工业视频重点对保护范围内设备进行检查，发现故障时刻极Ⅱ高端阀组穿墙套管有明显放电火花，见图 4-52。

转检修前通过无人机、望远镜对停电范围内其他设备检查，除穿墙套管外表面发现疑似放电点外，其他设备未见异常。

图 4-51　故障时现场为大雾天气

图4-52 故障时刻极Ⅱ高800kV套管有明显放电火花

（2）停电后检查情况。现场检查发现极Ⅱ高端800kV直流穿墙套管伞裙边缘有明显闪络放电痕迹（见图4-53），套管均压环及根部法兰各有一处放电点（见图4-54）。

图4-53 极Ⅱ高端直流穿墙套管伞裙放电痕迹

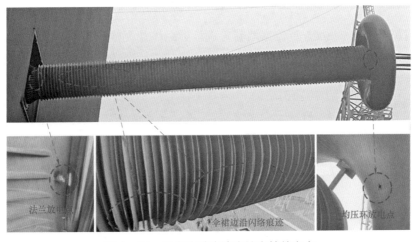

图4-54 极Ⅱ高端直流穿墙套管放电点

套管高压端、低压端伞裙憎水性较好（HC2～HC3），套管中部伞裙憎水性较差（HC5）（见图4-55）。套管盐密平均值0.027mg/cm²，灰密平均值0.191mg/cm²，盐密、灰密位于正常水平。现场每年年度检修期间对该套管进行了清扫，上次检修时间为2022年5月。

对其他800kV和400kV套管憎水性和污秽度检测，未出现憎水性分布差异较大情况，套管整体污秽水平较轻，检测数据见表4-8。

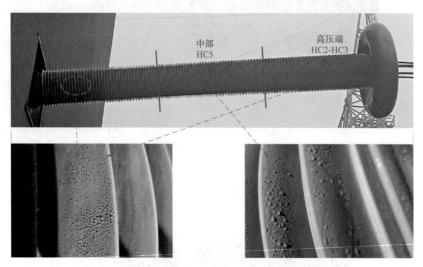

图4-55 套管高压端、中部、低压端憎水性检测

表4-8 套管憎水性横向对比

运行位置	极Ⅱ高端800kV套管憎水性（HC）	极Ⅱ低端400kV套管憎水性（HC）	极Ⅱ高端400kV套管憎水性（HC）	极Ⅰ高端800kV套管憎水性（HC）	极Ⅰ低端400kV套管憎水性（HC）
高压端	2	3	5	2	3
中部	5	3	4	2	2
低压端	2	2	5	2	2

现场对极Ⅱ高端800kV直流穿墙套管进行近距离外观检查，伞裙弹性良好，未发现表面粉化、龟裂现象；SF_6分解物、微水检测结果正常；套管介质损耗数值满足规程试验要求，套管主绝缘（2500V）大于100GΩ，套管末屏对地绝缘（2500V）大于100GΩ，检测数据见表4-9。

表4-9 故障套管试验数据

被试设备	极Ⅱ高端阀厅800kV穿墙套管						
1. 主绝缘及电容型套管对地末屏的tanδ及电容量试验							
绝缘	电容量（pF）				介质损耗（%）		
	出厂值	交接值	2023年实测	误差（%）	出厂值	交接值	2023年实测
一次对末屏及地	1970	1947	1947	0	0.37	0.379	0.456

出厂试验及交接试验电压为 10kV，2023 年 2 月 8 日试验电压为 3kV，试验方法为正接法。在 10kV 下测量，20℃时测得的主绝缘 tanδ（%）值不大于 0.5%；电容式套管的实测电容值与产品铭牌数值或出厂数值相比其差值应小于±5%

2. 绝缘电阻试验

绝缘电阻（GΩ）	试验时间	一次对末屏及地	末屏对地
	交接值	187	59
	2023 年实测	大于 100	大于 100

套管主绝缘的绝缘电阻应使用 5000V 绝缘电阻表测量，主绝缘的绝缘电阻值不应低于 5000MΩ；套管测量端子的绝缘电阻应使用 2500V 绝缘电阻表测量，测量端子的绝缘电阻不应低于 1000MΩ

3. 微水含量及纯度试验

SF$_6$气体试验	微水（μL/L）	纯度（%）	SO$_2$（μL/L）	CO（μL/L）	H$_2$S（μL/L）
交接值	140	99.99	0	0	0
2022 年检	231.5	99.87	0	0	0
2023 实测	235.7	99.85	0	21.3	0
20℃微水不大于 300μL/L					

（3）历年检修试验情况。历次年检期间开展直流穿墙套管本体外观检查、伞裙清洗、SF$_6$ 气体压力检查、SF$_6$ 气体泄漏检查、末屏检查、法兰检查等工作，对直流场设备硅橡胶复合外套进行清扫，并结合年检开展直流场设备污秽度和憎水性测试。定期开展套管 SF$_6$ 气体微水及组分分析，试验结果均正常。2022 年直流场复合支柱绝缘子污秽度与憎水性测量结果见表 4-10。

表 4-10　　2022 年直流场复合支柱绝缘子污秽度与憎水性测量结果

运行位置			憎水性	污秽度			
			HC 值	盐密（mg/cm²）	盐密平均值（mg/cm²）	灰密（mg/cm²）	灰密平均值（mg/cm²）
极Ⅰ	高端阀组阳极隔离开关	上	2	0.0499	0.047	0.1968	0.200
		中	3	0.0451		0.2328	
		下	1	0.0455		0.1707	
	高端换流变压器 Y 阀接地开关	上	2	0.0111	0.012	0.0072	0.022
		中	2	0.0103		0.0077	
		下	2	0.0149		0.0512	
	高端换流变压器 YD-C	上	3	0.0146	0.015	0.0077	0.007
		中	2	0.0133		0.0077	
		下	3	0.0164		0.0067	
极Ⅱ	高端阀组阴极隔离开关	上	3	0.0289	0.033	0.1518	0.175
		中	2	0.0274		0.0805	
		下	2	0.0437		0.2912	

续表

运行位置			憎水性	污秽度			
			HC值	盐密（mg/cm²）	盐密平均值（mg/cm²）	灰密（mg/cm²）	灰密平均值（mg/cm²）
极Ⅱ	极母线隔离开关	上	3	0.0203	0.030	0.1184	0.170
		中	2	0.0185		0.1308	
		下	1	0.0501		0.2608	
	高端换流变压器Y阀接地开关	上	2	0.013	0.015	0.0068	0.027
		中	2	0.012		0.0067	
		下	2	0.0206		0.0664	
	高端换流变压器YD–A	上	2	0.0154	0.016	0.0071	0.028
		中	3	0.014		0.0082	
		下	3	0.0187		0.0674	

4.2.2.3 故障原因分析

1. 套管裕度分析

根据直流成套设计要求，该站盐密不高于 0.11mg/cm²，对应直流污秽等级为 C 级。现场实测故障套管盐密平均值 0.027mg/cm²，满足设计要求。户外侧水平套管爬电比距为 46mm/kV，爬电距离为 37536mm，故障套管爬电距离为 41800mm，满足设计要求。套管雷电冲击试验电压水平为 1870kV，直流耐受电压水平为 1224kV，满足设计要求。此次故障处置期间检测结果见表 4–11。

表 4–11　　　　　　　　　此次故障处置期间检测结果

运行位置		憎水性（HC）	清洁修复后恢复时间（h）	修复后憎水性	盐密（mg/cm²）		灰度（mg/cm²）		面积（cm²）
极Ⅱ高端800kV套管	高压端	2～3	1	2	0.0315	0.027	0.2462	0.191	6229
	中部	5	1	2	0.0179		0.1389		
	低压端	2～3	1	1	0.0317		0.1878		
极Ⅱ低端400kV套管	高压端	3	1	2	0.0197	0.021	0.104	0.126	3753
	中部	3	1	2	0.0196		0.128		
	低压端	2～3	1	2	0.024		0.145		
极Ⅱ高端400kV套管	高压端	5	1	2					3753
	中部	4	1	1					
	低压端	5	1	2					
极Ⅰ高端800kV套管	高压端	2～3	2	2	0.0309	0.034	0.2362	0.367	6229
	中部	2～3	2	2	0.0347		0.4083		
	低压端	2～3	2	1	0.0355		0.4574		

续表

运行位置		憎水性（HC）	清洁修复后恢复时间（h）	修复后憎水性	盐密（mg/cm²）		灰度（mg/cm²）		面积（cm²）
极 I 低端 400kV 套管	高压端	3	2	2	0.0263	0.020	0.2889	0.287	3753
	中部	2～3	2	2	0.0179		0.3654		
	低压端	2～3	2	1	0.0149		0.2069		

2. 闪络试验验证

线路复合绝缘子交流闪络电压随不均程度的变化见图 4－56。开展交流复合绝缘子憎水性不均匀分布对闪络电压的影响试验表明：憎水性分布直接影响闪络电压，憎水性不均匀分布时的闪络电压甚至可以低于全亲水性分布时的闪络电压。当亲水性占全长 2/3 时，闪络电压最低。

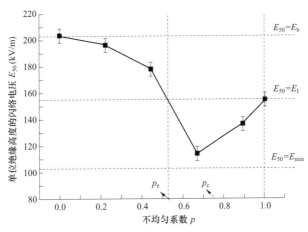

图 4－56　线路复合绝缘子交流闪络电压随不均程度的变化

综上分析故障原因：套管中部伞裙憎水性明显下降，高、低压两侧伞裙憎水性良好，在低温、高湿、污秽环境下，套管外绝缘憎水性分布不均匀造成套管电压分布不均匀，最终导致不均匀外绝缘闪络（类似不均匀雨闪）。套管不均匀闪络形成过程见图 4－57。

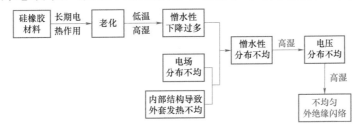

图 4－57　套管不均匀闪络形成过程

4.2.2.4　提升措施

（1）开展套管憎水性不均匀严重下降原因分析。协调厂家提供该套管类型伞裙、护套绝缘材料，由科研单位完成憎水性等材料性能分析，并开展高压直流运行工况下的材料特性研究和复合绝缘子清洗剂成分分析，同步进行小尺寸复合支柱外绝缘憎水性不均匀情况下的直流闪络电压试验，进一步验证此次故障机理。

（2）参照《关于广固换流站 800kV 直流穿墙套管外部闪络处理措施的技术监督意见》（国网直流技术监督〔2023〕24 号）恢复套管憎水性。制定针对性检修策略，结合年度检修加强直流穿墙套管憎水性检测，对憎水性明显下降的套管喷涂高可靠性、寿命在 15 年以上的 RTV 涂料，均匀套管表面电场，恢复憎水性。

（3）完善重污染高湿环境下套管选型方法。结合换流站环境情况，适当提高后续工程直流穿墙套管外绝缘设计裕度。加强换流站气象监测，遇到大雾等恶劣天气采取主动降压避险措施。

4.3 载流连接部件故障

4.3.1 某站"2015 年 10 月 20 日"极 II 高端 800kV 直流穿墙套管内部放电

4.3.1.1 概述

1. 故障简述

2015 年 10 月 20 日 03:05，某站极 II 三套极母线差动保护动作，极 II 闭锁；直流输送功率从 7560kW 跌至 3700kW。现场检查判断为极 II 高端 800kV 直流穿墙套管发生内部放电故障。

2. 设备概况

故障极 II 高端 800kV 直流穿墙套管型号为 PWHS 800.1800.5000，复合硅橡胶外套，纯 SF_6 气体绝缘结构，2014 年投运。

4.3.1.2 设备检查情况

2015 年 10 月 27 日该故障套管在实验室进行解体，移除套管法兰螺栓，从法兰处将套管室外侧与室内侧、导电杆中间接头室外侧与室内侧进行解体，将屏蔽筒、高压导电杆进行分离。

将套管室外侧与室内侧进行分离，发现套管内部存在大量粉尘，见图 4-58 和图 4-59。

将套管室外侧与室内侧进行分离，未发现支柱绝缘子表面有放电痕迹，发现室外侧法兰线已烧断，相邻螺栓位置存在电弧灼烧的凹坑。法兰室外、室内连接位置有过热碳化痕迹。室外侧法兰线烧断和法兰面碳化分别见图 4-60 和图 4-61。

将室外侧套管屏蔽罩、高压导电杆取出，可见高压导电杆上表面屏蔽罩处存在有大量电弧烧灼的孔洞，见图 4-62 和图 4-63。

图 4-58　公头室外侧粉尘

图 4-59　母头室内侧粉尘

图 4-60　室外侧法兰线烧断

图 4-61　法兰面碳化

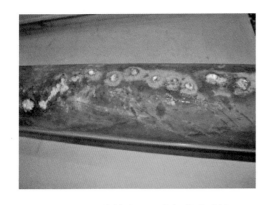

图 4-62　室外高压导电杆放电痕迹

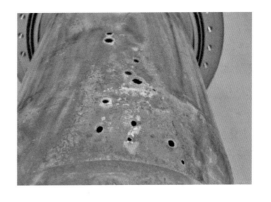

图 4-63　室外侧屏蔽罩烧灼的孔洞

套管室外侧公头支柱绝缘子表面涂层存在隆起现象，见图 4-64。

高压导电杆粉尘清扫干净后，发现存在导电杆涂层存在四处不同程度的隆起甚至损坏，见图 4-65。

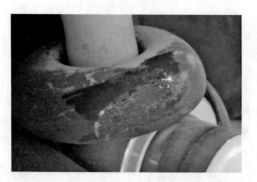

图 4-64　高压导电杆表面涂层隆起与损坏

图 4-65　高压导电杆表面涂层隆起与损坏

4.3.1.3　故障原因分析

导电杆涂层工艺不良，在负荷电流作用下导电杆温度上升，导致表面涂层起泡、凸起损坏，并产生一定导电颗粒，导电颗粒会在 SF_6 气体中悬浮，导致电场强度下降，进而引起绝缘击穿。在满负荷额定 5000A 电流运行下，因负荷电流热效应，导电杆温度发生 50K 左右的变化，铝制导电杆的热膨胀系数大于以玻璃钢为主要材质的套管外壳膨胀系数，相应发生 0.5mm 相对位移，进而摩擦中间接头弹簧触指，产生金属颗粒。

中间接头发热集中，温度高于接头外部，引发气流交换，带动金属颗粒运动。而支柱绝缘子端部、导杆表面等电场强度较大，在电场力与气流的双重作用下，金属粒子易向导杆表面等部位移动，进而导致绝缘弱化，引发击穿。

4.3.1.4　提升措施

对该换流站同类套管进行两点改进：

（1）套管中部由三个 120° 分布的支撑绝缘子改为两个。

（2）导电杆采用整杆不涂绝缘涂层的形式，将导电杆的触指连接部位移至套管户外侧顶部的屏蔽筒内。

4.3.2　某站"2015 年 11 月 10 日"极Ⅱ直流穿墙套管载流连接片断裂

4.3.2.1　概况

1. 故障简述

2015 年 11 月 10 日，某站停电预试发现极Ⅱ 500kV 直流穿墙套管 SF_6 分解物中 SO_2 严重超标，回路电阻偏大。其中 SO_2 含量 78.8μL/L，CO 含量 97.9μL/L，H_2S 含量 1.78μL/L，SO_2 含量远远超过注意值（≤3μL/L）。对套管回路电阻进行了测试，试验结果为 195μΩ，与极Ⅰ直流穿墙套管回阻值（90μΩ）对比偏大。

2. 设备概况

直流穿墙套管型号为 GSEW F/J 1425/515 – 1800 spez，复合硅橡胶外套 SF_6 气体绝缘套管，出厂日期 1998 年，投运日期 1999 年。该套管端部"L"形连接结构见图 4 – 66。

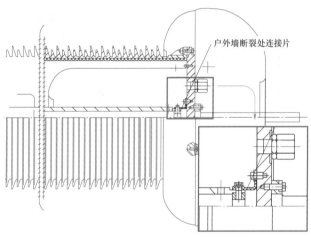

(a) 装配结构

(b) 导电杆

(c) "L"形连接片

图 4–66　某站极Ⅱ穿墙套管端部"L"形连接结构

4.3.2.2 设备检查情况

1. 现场检查情况

该极Ⅱ直流穿墙套管故障发生后，2016年1~3月，分别对同一工程6支高压直流穿墙套管端部进行内窥镜检查，发现有4支端部连接结构存在缺陷，4支缺陷套管均采用公路运输至换流站。选取备品套管运输前后的内窥镜检查照片进行分析，见图4-67，运输前套管端部连接片完好，无裂纹。运输后连接片断裂明显，且有扭曲的形状。

(a) 运输前（在广州）

(b) 运输后（在兴义）

图4-67 备用穿墙套管运输前后"L"形连接片

初步分析长途公路运输过程中的冲击是造成500kV穿墙套管端部连接片断裂的主要原因。

2. 返厂检查情况

解体检查发现户外侧导电管与端盖之间6根"L"形连接片全部断裂，见图4-68。

图4-68 穿墙套管端部连接片断裂（左），套管端部连接片结构（右）

4.3.2.3　故障原因分析

对连接片断口进行扫描电镜（SEM）分析，发现断裂面存在大量呈弯曲并相互平行的沟槽状花样的疲劳辉纹，断口具备疲劳断裂特征，见图 4-69。

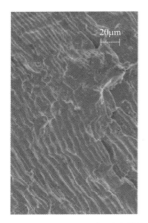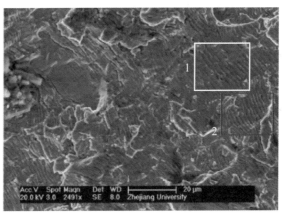

图 4-69　典型疲劳辉纹形貌（左）和套管连接片断口 SEM 分析（右）

对套管运输过程中的受力情况进行核算，应用 GB/T 4857.23—2021《包装　运输包装件基本试验　第 23 部分：垂直随机振动试验方法》中的标准公路功率谱密度（PSD）作为输入激励，计算得到套管端部"L"形连接片处的应力分布情况，见图 4-70（左）。

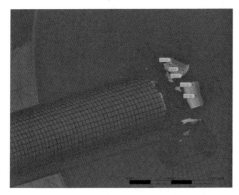

图 4-70　套管连接片运输受力分析（左）和连接片随机振动疲劳情况（右）

根据在给定 PSD 谱下连接片处的应力分布和材料的应力-寿命曲线（S-N 曲线），计算得到"L"形连接结构的随机振动疲劳情况。可以看出户外侧下方"L"形连接片疲劳寿命明显较低。在短时间运输过程中套管端部连接片弯曲处就可能出现疲劳裂纹，并导致弯曲区域发生疲劳断裂。

4.3.2.4　提升措施

针对已投运套管的运维措施：

（1）修复后套管在运输中加装三维冲击记录仪，经过长途运输的同种结构直流穿墙套管到位后应开展端部连接部位内窥镜检查。

（2）端部使用"L"形连接片的套管在运输前需解体对"L"形连接片进行加固，运输过程中应对套管采取加装弹簧或阻尼材料的减震措施。

（3）由于"L"形连接结构弯曲处应力较为集中，在运行过程中存在一定风险，建议对在运的采用"L"形连接结构的套管进行轮修。

针对新建工程直流穿墙套管质量管控措施：

（1）套管运输过程中应加装三维冲击记录仪，运输过程中应对套管采取加装弹簧或阻尼材料的减震措施。

（2）制造厂家在套管设计过程中应计算运行和运输过程中法兰、电容芯子、玻璃钢筒、导电杆上各处的应力分布，并提交计算报告，确保套管在运输和运行中机械性能满足要求。

4.3.3 某站"2016 年 9 月 10 日"极 Ⅱ 高端 400kV 直流穿墙套管端部过热

4.3.3.1 概况

1. 故障简述

2016 年 9 月 10 日，某站巡视发现极 Ⅱ 高端 400kV 直流穿墙套管户外侧接头异常发热，温度达 74.8℃，正常设备温度为 40℃左右，测温图片见图 4-71。

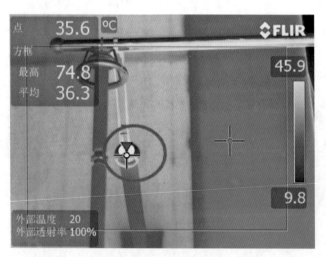

图 4-71　某站直流穿墙套管端部过热情况

2. 设备概况

该故障 400kV 直流穿墙套管型号为 GSEW F/J 1175/400-3800 spez，胶浸纸（RIP）电容芯子复合硅橡胶外套 SF_6 气体绝缘套管，出厂日期 2012 年，投运日期 2013 年。套管为单支电容芯子结构，端部导电杆与表带触指对接，套管端部载流连接由引线抱箍、端部铜铝过渡接线柱、端部法兰盘、法兰盘内侧触指、导电杆组成。

4.3.3.2 设备检查情况

1. 现场检查情况

9 月 21 日，检修人员利用停电机会对套管端部连接处进行处理，对引线抱箍和套管端部铜铝过渡面进行打磨和重新安装，测量回路电阻为 80μΩ（出厂试验值为 36μΩ）。9 月 23 日该套管投入运行，运行人员在负荷较大时，每 1.5h 对套管进行一次红外测温，户外接头温度在 70～85℃之间。

2. 返厂检查情况

12 月对原极Ⅱ高端阀厅 400kV 直流穿墙套管开展了解体修复工作。拆除户外部分端盖，见图 4−72。拆除套管户外部分端部触指，发现部分表带与导电杆接触部分有烧蚀痕迹并留下大量粉末，套管端部密封圈已经变硬并破损。

(a) 端部第一环表带触指烧损

(b) 导电杆内壁大量粉末

(c) 触指密封圈破损变硬

(d) 导电杆内壁的烧蚀痕迹

图 4−72 户外部分端盖情况

4.3.3.3 故障原因分析

对套管户外侧导电杆插接处进行受力分析，结果表明表带触指连接处上下面受力不均，应力最大处位于上插接面根部。根据触指载流的原理，触指的接触力越大，接触面积越大，接触电阻越小。水平安装的穿墙在套管实际运行过程中，触指长期一侧受力较大，另一侧受力较小，导致整体接触电阻变大，见图 4-73。

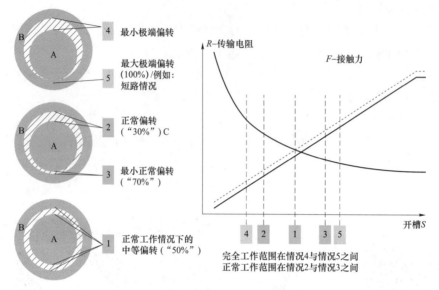

图 4-73 表带触指接触力与接触电阻的关系

其次，载流导体与表带触指安装不当、触指连接导体摩擦产生粉末也会造成接触电阻增大，运行中发生过热。

4.3.3.4 提升措施

（1）对故障套管触指进行更换，对各个接触面进行镀银处理，消除发热缺陷。

（2）日常运维加强套管端部红外测温，并将套管回路电阻测试列入检修重点检查项目，避免同类故障再次发生。

4.3.4 某站"2018 年 7 月 4 日"极Ⅰ高端 800kV 直流穿墙套管故障导致直流极Ⅰ闭锁

4.3.4.1 概述

1. 故障前运行工况

输送功率：6400MW。

运行方式：双极四阀组全压运行。

2. 故障简述

2018 年 7 月 4 日 16:44:03，某站极Ⅰ高端阀组差动保护 2 段、直流极差保护 2 段动作，极Ⅰ闭锁，故障导致功率损失 2200MW，11s 后极Ⅰ高端阀厅 800kV 直流穿墙套管 SF_6 压力低跳闸信号出现，01:54 后极Ⅰ低端阀组自动重启成功，现场检查发现极Ⅰ高端

800kV 直流穿墙套管防爆膜破裂，SF_6 气体压力降至 0.1MPa。

3. 事件记录

某站"2018 年 7 月 4 日"故障时刻事件记录见表 4-12。

表 4-12　　　　　某站"2018 年 7 月 4 日"故障时刻事件记录表

序号	时间	主机	事件描述
1	16:44:03.097'	CPR11A/B/C	换流器差动保护 Ⅱ 段动作
2	16:44:03.098'	P1C2FA/B	保护发出跳交流断路器启动失灵
3	16:44:03.098'	PCP1A/B	保护发出极隔离命令
4	16:44:03.098'	PCP1A/B	保护 X 闭锁
5	16:44:03.129'	PPR1A/B/C	极差动保护 Ⅱ 段动作
6	16:44:03.131'	PCP1A/B	保护 Z 闭锁
7	16:44:03.153'	PCP1A/B	高阀穿墙套管故障出现
8	16:44:14.245'	P1C2FA/B	A/B/C 柜高端阀厅 800kV 套管 SF_6 压力低跳闸动作
9	16:44:38.171'	PCP1A/B	极 Ⅰ 阀组自动解锁功能启动
10	16:44:38.244'	CCP11A/B	P1.WP.Q1（8011）合
11	16:44:47.962'	PCP1A/B PCP2A/B	WN.Q13（01002）合
12	16:44:49.701'	PCP1A/B PCP2A/B	WN.Q11（01001）合
13	16:44:49.857'	PCP1A/B	P1.WN.Q1（0100）合
14	16:45:03.835'	CCP11A	P1.WP.Q12（80116）合
15	16:45:03.886'	CCP11A/B	P1.WP.Q1（8011）合
16	16:45:13.251'	PCP1A	P1.WP.Q17（80105）合
17	16:45:13.283'	PCP1A	极 Ⅰ 极连接完成
18	16:45:25.850'	CCP11B	P1.WP.Q13（80111）分
19	16:45:47.230'	CCP11A/B	P1.WP.Q12（80112）分（高端阀组隔离完成）

4. 设备概况

故障极 Ⅰ 高端 800kV 直流穿墙套管，型号为 PWHS800.1800.5000，充 SF_6 复合外套（纯 SF_6 气体绝缘）结构，2016 年 8 月投运。

4.3.4.2　设备检查情况

1. 现场检查情况

（1）一次设备外观检查。现场检查发现极 Ⅰ 高端 800kV 直流穿墙套管防爆膜已完全炸裂脱落，套管内部有熏黑痕迹，伞裙有缺口，检查该套管 SF_6 压力已降为 0.1MPa（一个大气压，正常套管压力约 0.63MPa），套管外观未发现闪络痕迹。故障穿墙套管现场图见图 4-74。

故障后压力情况 　　　　防爆口外部检查情况

防爆口内部检查情况 　　　　套管伞裙破损情况

图 4-74　故障穿墙套管现场图

（2）后台数据查情况。检查一体化在线监测系统，极Ⅰ高端阀组 800kV 套管故障前 SF_6 压力一直正常，维持在 0.68MPa 左右，压力变化趋势未发现明显异常。在故障发生后，压力在短时间内迅速下降至 0.1MPa，见图 4-75。其余套管压力未见明显异常。

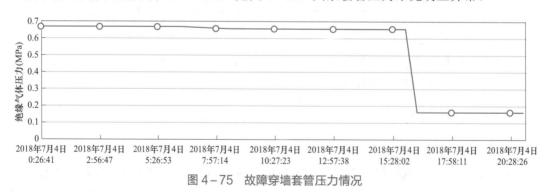

图 4-75　故障穿墙套管压力情况

2. 故障录波分析

故障时刻故障录波见图 4-76 和图 4-77。

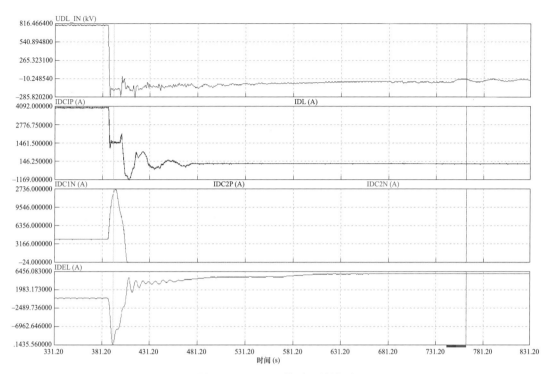

图 4-76　PCP 故障录波波形

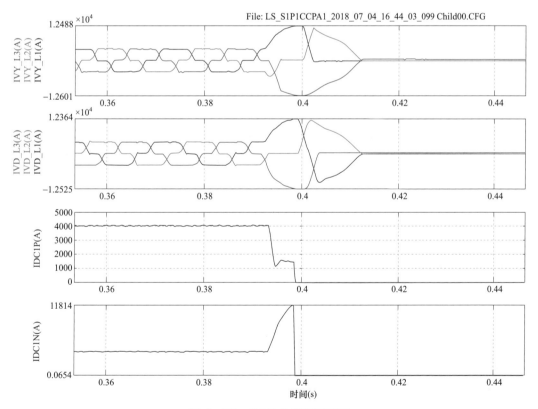

图 4-77　CCP 故障录波波形

根据故障录波得出极Ⅰ故障前后电流，见表4-13。

表4-13 故 障 电 流 表

TA 编号	信号名称	故障前电流（A）	故障后电流（A）	备注
IDL	线路电流	4029.39	1523.88	故障后，高端极出线电流IDC1P 与线路电流 IDL 基本一致；换流变压器阀侧电流 IVY_H 与中性线出线电流 IDC1N 基本一致
IDC1P	高端阀组极出线电流	4026.67	1575.83	
IVY_H	高端阀组换流变压器阀侧电流	4004	12488	
IDC1N	高端阀组中性出线电流	4003.56	12706.6	
IDC2P	低端阀组极出线电流	4009.62	12711.2	故障后，极Ⅰ低端电流 IDC2P 和极Ⅰ高端中性出线电流 IDC2N 升至 12700A 左右
IDC2N	低端阀组中性出线电流	3999.29	12720.7	
IDEL	接地极电流	32	−9000	—

根据上述电流特征判断，故障点位于IDC1P 与 IVY 之间，见图4-78。故障期间，极Ⅰ高端通过故障点、接地极、极Ⅰ低端形成短路回路，致使极Ⅰ高端 IVY、IVD、IDC1N 及极Ⅰ低端电流达到12000A 以上，同时极Ⅰ高、低端阀组仍通过逆变侧形成电流通路（持续时间 3.5ms），符合高端阀厅 800kV 穿墙套管故障接地的电流特征。

3. 保护动作分析

（1）阀组差动保护动作分析。阀组差动保护计算高端阀组极出线电流 IDC1P 与高端阀组中性出线电流 IDC1N 差值，超过定值则保护动作，此次阀组差动保护2段动作。

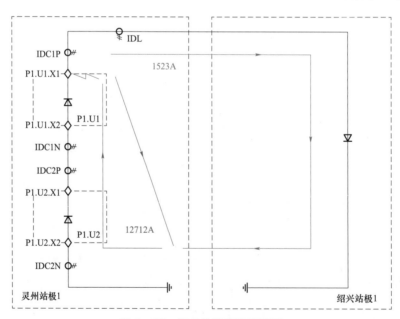

图4-78 极Ⅰ故障电流回路图

该站高端阀组差动保护逻辑及定值如下所示：

差动电流 VDP_DIFF=|IDC1P−IDC1N|，制动电流 IRES=|IDC1P+IDC1N|/2，VDP_DIFF 为差动电流，IRES 为制动电流；

当 0.2×IRES＞6（标幺值），VDP_IRES1＝6（标幺值），

当 0.3（标幺值）＜0.2×IRES＜6（标幺值），VDP_IRES1＝0.2IRES，

当 0.2×IRES＜0.3（标幺值），VDP_IRES1＝0.3（标幺值），

VDP_DIFF＞0.2×VDP_RES1，延时 5ms 出口跳闸。

如故障录波可知，IDC1P（P1.U1.T1）达到 1575A，IDC1N（P1.U1.T2）约 12706A，两者差值达到约 11131A，大于此时 2 段定值 1500A（计算值），满足保护动作条件，延时 5ms 闭锁，保护动作正确。

（2）极差动保护动作分析。极差动保护计算高端阀组极母线电流 IDL 与中性母线各入地电流的差值，超过定值则保护动作，此次跳闸 2 段保护动作。

高端阀组差动保护逻辑及定值如下所示：

差动电流 IPDP_DIFF＝|IDNE－IDL－ICN－IAN|，制动电流 IRES_PDP＝|(IDNE＋IDL)/2|。

保护 Ⅱ 段逻辑：IPDP_DIFF＞0.2×IRES_PDP，延时 30ms，展宽 100ms，且无 IDNE、IDL、IAN、ICN 测量故障，出口跳闸。

其中 IDL 为直流线路电流，IDNE 为极中性线电流，ICN 为极中性线电容器电流，IAN 为极中性线避雷器电流。

查看故障录波发现 IDNE 达到 12700A 以上，IDL 约 1573A，两者差值达到约 11130A，大于此时 2 段定值 1427A（计算值），满足保护动作条件，延时 30ms 闭锁，保护动作正确。

（3）穿墙套管故障极闭锁后自动启动健全阀组逻辑分析。该站阀组光电流互感器均位于阀厅外部，并且配置了穿墙套管故障极闭锁后自动启动健全阀组的功能，逻辑时序见图 4－79，此次极 Ⅰ 故障闭锁后，01:54 内完成极隔离、两站高端阀组隔离、本站极连接的顺控操作，极 Ⅰ 低端阀组重启成功，逻辑动作正确。

图 4－79　穿墙套管故障极闭锁后启动健全换流器逻辑时序图

4.3.4.3　故障原因分析

1. 故障直流穿墙套管基本情况

故障极 Ⅰ 高端 800kV 直流穿墙套管型号为 PWHS800.1800.5000，充 SF₆ 复合外套（纯 SF₆ 气体绝缘）结构。该套管与另一换流站（以下简称"A 站"）两次发生故障的直流穿墙套管为同一型号。

2015 年 7 月 13 日，A 站因 800kV 直流穿墙套管内部故障导致极 Ⅱ 闭锁，套管型号：PWHS 800.1800.5000，2014 年出厂，该套管为该套管厂家首支生产的 800kV 直流穿墙套管。

A 站套管故障后，厂家对本站套管进行了技术改进（见图 4－80），主要为：

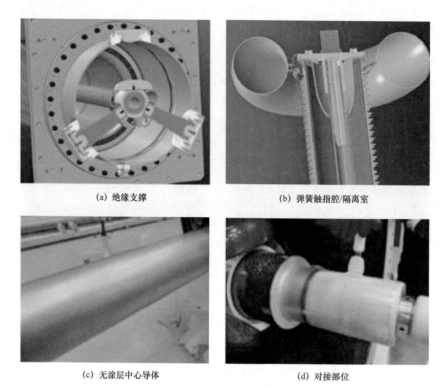

(a) 绝缘支撑   (b) 弹簧触指腔/隔离室

(c) 无涂层中心导体   (d) 对接部位

图 4-80 套管技术改进措施

（1）将分段导电杆更换为整根中心导电杆。原三个绝缘支撑中取消顶部支撑，即取消温度相对较高区域的顶部绝缘支撑。

（2）导流对接处从原来套管的中间位置改到户外侧端部，对接部位进行了重新设计，现采用两个大尺寸弹簧触指、优化的导向锥及更好的润滑方案。

（3）取消中心导电杆表面涂层，通过机加工获得光滑的铝导体表面，杜绝涂层脱落而引起的套管电气问题。

2. 套管运行期间检查情况

上述改进为首次采用，为验证其可靠性，厂家在该站年度检修期间用备件对极 Ⅰ 800kV 穿墙套管进行了更换，原运行套管退运后于 9 月 29 日至 10 月 1 日解体检查。解体前，套管外观检查、气体组分、回路电阻、交流局部放电等试验数据均正常。解体后，导杆、支撑件未见发热及放电痕迹，但弹簧触指与导电杆在热胀冷缩作用下产生位移，导致触指与导电杆间有较深划痕，并伴有金属粉末，见图 4-81 和图 4-82。

针对上述问题，厂家提出改进意见如下：

（1）改进弹簧触指，减少划痕及金属粉末的产生。

（2）优化导电杆，防止导电杆由于自重引起的导杆弯曲变形趋势而引起的弹簧触指工作状态的非对称性，减少划痕。

（3）改进润滑方案，起到减少摩擦并吸附金属粉末。

（4）改善密封并增加金属粉末吸附装置，防止金属粉末在墙体扩散。

图 4-81 金属粉末情况

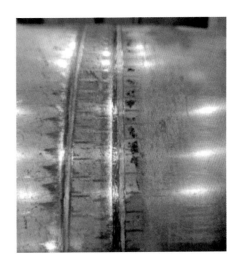

图 4-82 导电杆划痕情况

2017 年 11 月 29 日，运维单位组织召开了套管改进方案审查会议，原则上同意厂家的改进方案。厂家 2018 年 4 月开展了针对改进措施中的新型弹簧、润滑方案、导向环和限位密封圈等进行 1:1 仿真试验，试验结果正常。

4.3.4.4 提升措施

（1）组织开展设备详细检查和试验工作，会同基建部门进一步分析故障原因。

（2）对于该站在运同型号套管，在新改进的套管更换前，限制直流电流最大为 4000A（80% 额定电流）。

4.4 密封系统故障

4.4.1 某工程送受端 500kV 直流穿墙套管外护套漏气

4.4.1.1 概况

1. 故障简述

某直流工程投运 3 年内先后发生 2 起 500kV 直流穿墙套管户外侧空心复合绝缘子玻璃钢筒与法兰连接处漏气缺陷。

2. 设备信息

两支故障直流穿墙套管均为同一厂家产品，应用于同一工程的受端换流站和送端换流站，套管型号为 GSEW f/i 1550/530-3750。出厂日期均为：2012 年 3 月，投产日期：2014 年 5 月。套管为 SF_6 气体绝缘电容式套管，额定压力 0.32MPa，报警压力 0.24MPa，闭锁压力 0.10MPa。套管静态负荷 2500N，动态负荷 5000N。

4.4.1.2 设备检查情况

1. 2016 年 5 月，某站甲极 I 穿墙套管外护套漏气

（1）保护动作分析。2016 年 5 月，某站甲极 I 穿墙套管 SF_6 压力低报警，4min 后该穿墙套管 SF_6 压力低跳闸。

（2）现场检查情况。现场检查确认套管 SF_6 表计压力值降为零，套管 SF_6 表计管路及接口无异常；套管阀厅外侧法兰侧第二片与第三片复合绝缘子之间存在明显裂纹，套管绝缘子裂纹情况见图 4-83，套管其他部位未见异常。现场对套管充 SF_6 进行检漏，在充气至 0.05MPa 时，通过红外成像检漏确认套管绝缘子裂纹处漏气明显，且套管压力快速下降，确认套管其他部位无泄漏情况。

2. 2017 年 1 月，某站乙极 II 穿墙套管外护套漏气

（1）保护动作分析。2017 年 1 月，某换流站乙极 II 直流穿墙套管 SF_6 压力低报警，8min 后出现极 II 直流穿墙套管 SF_6 压力低跳闸。

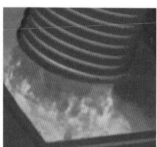

图 4-83　直流穿墙套管绝缘子根部裂纹

（2）现场检查情况。现场检查极 II 高压穿墙套管 SF_6 压力从 0.12MPa 持续下降。现场检查发现，套管阀厅外侧法兰侧第二片与第三片复合绝缘子之间存在明显裂纹，套管其他部位未见异常。

（3）返厂检查情况。经解体，甲换流站穿墙套管户外段空心复合绝缘子靠近中间法兰侧玻璃钢筒和法兰端部连接界面处约 4mm 宽缝隙，靠近高压引线侧无明显缝隙，外护套裂缝处对应的玻璃筒内壁未发现明显裂纹，内壁无放电痕迹，见图 4-84。

乙换流站穿墙套管户外段空心复合绝缘子靠近中间法兰侧有长 970mm、深 9~12mm 裂缝，裂纹位置位于金属法兰、玻璃钢筒和硅橡胶伞裙三者交界处；玻璃钢筒和法兰连接界面处有约 4.5mm 宽缝隙，靠近高压引线侧无明显缝隙；外护套裂缝处对应的玻璃筒内壁未发现明显裂纹，内壁无放电痕迹，见图 4-85。

综上，穿墙套管漏气的直接原因是户外侧空心复合绝缘子玻璃钢筒与法兰连接部位存在缝隙，玻璃钢筒和法兰发生相对位移，最终导致套管漏气。

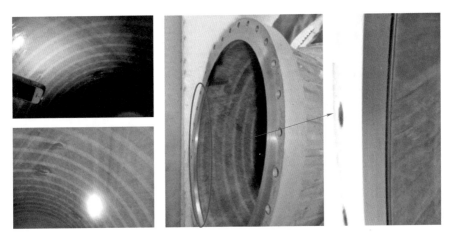

图 4-84　甲换流站空心复合绝缘子内壁、法兰处缝隙

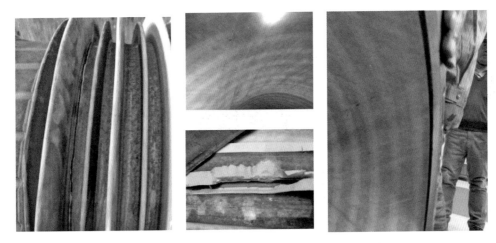

图 4-85　乙换流站空心复合绝缘子内壁、法兰处缝隙

4.4.1.3　故障原因分析

结合故障现象以及绝缘子法兰装配形式,可以确定该套管空心复合绝缘子法兰和璃钢筒界面工艺存在问题。从故障空心绝缘子的表现形式以及残样内压力试验的故障表现看,可以看出故障套管存在过盈量偏小,过盈配合不足的问题。因此,故障套管过盈量不足而导致的安全裕度偏低是导致玻璃钢筒和法兰发生相对位移的主要原因。综合故障产品的装配工艺、失效形式和工艺处理,可以判断穿墙套管漏气的根本原因是:故障空心复合绝缘子采用过盈配合工艺,由于过盈配合安全裕度偏小、配合表面设计不合理、胶黏剂选用不当和工艺控制不良等原因,运行中法兰和玻璃钢筒在弯曲负荷和内压力共同作用过下发生相对位移,致使出现界面间隙,最终导致套管漏气。

4.4.1.4　提升措施

对同批次套管空心绝缘子进行更换,并制定穿墙套管用空心绝缘子出厂抽检的试验项目和验收标准。

4.5 末屏连接系统故障

4.5.1 某站"2019年5月8日"极Ⅱ低端400kV穿墙套管末屏放电

4.5.1.1 概述

1. 故障简述

2019年5月8日,某站检修过程中发现极Ⅱ低端400kV穿墙套管末屏抽头接地盖(材质:不锈钢)内部夹紧弹簧箍缺失,末屏抽头接地盖内有明显放电痕迹,见图4-86。

(a) 本支套管末屏抽头　　　　　(b) 本支套管末屏接地盖　　　　　(c) 正常末屏接地盖

图4-86 末屏接地盖与正常接地盖对比

2. 设备概况

故障极Ⅱ低端400kV穿墙套管,电压等级±400kV,型号 GSEW f/i 960/400-5050 spez.,序列号 N6254930,2017年6月30日投运。

4.5.1.2 设备检查情况

1. 现场检查情况

打开末屏抽头发现末屏螺纹处已烧有一处孔洞,末屏抽头接触弹簧也已烧蚀(见图4-87)。

将末屏抽头拿出,清理套管末屏,发现末屏已烧穿,仅剩环氧树脂(见图4-88)。

2. 返厂检查情况

2019年5月12日,对该故障套管进行解体检查,结果如下:

(1)套管外观无明显异常,末屏盖检查无弹片(见图4-89)。

(a) 末屏抽头

(b) 末屏抽头孔

(c) 末屏抽头弹簧

图 4-87　末屏抽头烧蚀情况

(a) 完好的套管末屏盖

(b) 缺失弹片的末屏盖

图 4-88　末屏清理后　　　　　　　　　　　图 4-89　末屏盖对比

（2）对套管进行解体检查，拆除两端端盖及外部绝缘筒，套管内部绝缘芯子外表未见异常（见图 4-90）。

(a) 两侧端盖拆除

(b) 裸露的套管芯子外表

图 4-90　套管拆解检查情况

221

（3）对套管末屏进行解体检查，发现末屏处芯子烧蚀（约 10cm×8cm），末屏引出线已烧没（见图 4−91～图 4−93）。

图 4−91　套管末屏处烧蚀痕迹（一）

图 4−92　套管末屏处烧蚀痕迹（二）

图 4−93　套管末屏处烧蚀痕迹（三）

4.5.1.3　故障原因分析

由于套管末屏弹簧片缺失，套管末屏存在悬浮放电，导致末屏烧蚀。

4.5.1.4　提升措施

日常运行加强套管的巡视测温，结合停电计划对全部穿墙套管末屏进行重点检查。

4.6　其　他　附　件　故　障

4.6.1　某站"2022 年 2 月 17 日"极Ⅰ低端穿墙套管内部闪络

4.6.1.1　概述

1．故障前运行工况

输送功率：1166MW。

接线方式：双极四阀组大地全压运行。

2．故障简述

2022 年 2 月 14 日 12:38，某站极Ⅰ低端阀组差动保护动作，极Ⅰ极差动保护动作，极Ⅰ闭锁。12:41，极Ⅰ高端阀组重启成功，无功率损失。故障原因为极Ⅰ低端 400kV 穿墙套管发生内部闪络，引起接地故障。

3．事件记录

某站"2022 年 2 月 17 日"故障时刻事件记录表见表 4－14。

表 4－14　　　　某站"2022 年 2 月 17 日"故障时刻事件记录表

时间	事件来源	事件描述	备注
12:38:57:575	极Ⅰ低端换流器保护 A	阀组差动保护 S 闭锁	三套阀组差动保护动作
12:38:57:575	极Ⅰ低端换流器保护 B	阀组差动保护 S 闭锁	
12:38:57:575	极Ⅰ低端换流器保护 C	阀组差动保护 S 闭锁	
12:38:57:583	极Ⅰ高端阀控系统	S 闭锁动作	极控、阀控主机发出闭锁指令
12:38:57:593	极Ⅰ极控系统	阀组差动保护闭锁极	
12:38:57:600	极Ⅰ极保护系统 A	直流极差保护Ⅰ段 S 闭锁	三套直流极差保护动作
12:38:57:600	极Ⅰ极保护系统 B	直流极差保护Ⅰ段 S 闭锁	
12:38:57:600	极Ⅰ极保护系统 C	直流极差保护Ⅰ段 S 闭锁	
12:38:57:609	极Ⅰ极控系统	极保护启动极隔离	启动极隔离
12:38:57:638	直流站控	极Ⅰ故障停运信号	
12:38:58:089	极Ⅰ极控系统	启动非故障阀组重启顺控	非故障阀组重启逻辑启动健全阀组
12:41:40:283	极Ⅰ极控系统	极解锁命令	
12:41:40:541	极Ⅰ高端阀控系统	阀组解锁状态产生	

由事件记录可以看出，12:38:57.575 极 I 低端三套阀组差动保护动作，12:38:57.593 发出极 I 闭锁命令，12:38:57.600 极 I 直流极差三套保护 I 段动作，极 I 极控系统启动极隔离。12:38:58.089 极 I 非故障阀组重启顺控功能动作，12:41:40.541 极 I 高端阀组解锁成功。

4. 设备概况

故障极 I 低端 400kV 穿墙套管，型号为 GSEW f/i 1050/400 – 5000 spez，胶浸纸绝缘，复合绝缘外套，2019 年 6 月投运。

4.6.1.2　设备检查情况

故障发生时为晴天，环境温度 – 9℃（夜间最低 – 30.5℃），套管无积雪覆盖，见图 4 – 94。

图 4 – 94　现场套管外观

故障发生后，现场检查套管压力为 0.35MPa（相对压力），无异常变化；检查套管末屏外观光洁完整，无放电痕迹。套管 SF_6 纯度为 92.86%，分解物中 SO_2 含量为 499.98μL/L，HF 含量为 0μL/L，说明套管内部发生闪络。检查套管主绝缘电阻正常，末屏对地绝缘电阻为 0Ω，末屏内部对地击穿。

查阅 2021 年 5 月年度检修记录，其中该套管的 SF_6 微水、纯度、分解物、绝缘、电容量、介质损耗测量值均无异常。

4.6.1.3　故障原因分析

1. 故障录波分析

极 I 直流场电流测点图见图 4 – 95，其中低端阀组差动保护计算低端阀组高压侧电流（IDC2P）与低端阀组低压侧电流（IDC2N）差值，极 I 差动保护计算高端阀组极母线电流 IDL 与中性母线 IDNE 等电流的差值。

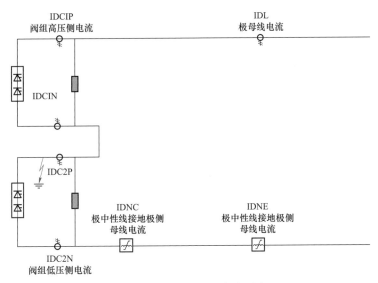

图 4-95　极 I 直流场电流测点图

　　故障录波见图 4-96。故障前,直流场主回路各电流互感器测量电流均为 750A 左右。故障发生时刻(12:38:57.562),IDL、IDC1P、IDC1N、IDC2P 电流突然下降为 0 左右,IDC2N、IDNC、IDNE 等电流突然增加到 10kA 左右,且直流电压下跌至 500kV 左右。从电流特征可以判断,极 I 低端通过故障接地点、大地、极 I 中性母线形成了如图 4-97 所示的故障电流回路。判断极 I 低端阀组高压侧穿墙套管发生了接地故障,导致阀组差动保护、极差动保护先后动作。

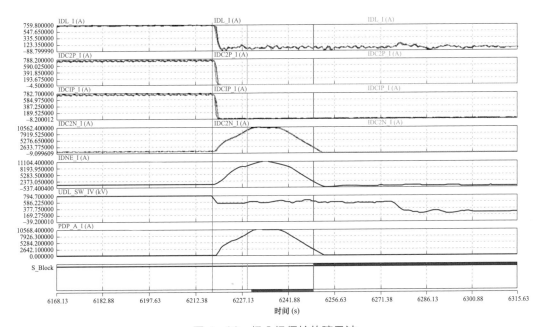

图 4-96　极 I 极保护故障录波

225

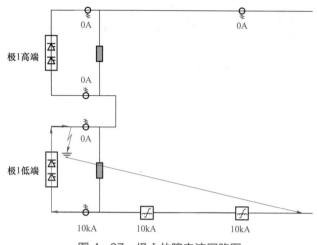

图 4-97　极Ⅰ故障电流回路图

该站配置了换流器故障极闭锁后自动启动健全阀组的功能，极Ⅰ故障闭锁后，02:43时间内完成极隔离、两站低端阀组隔离、极连接的顺控操作，极Ⅰ高端阀组重启成功，逻辑动作正确。

2. 仿真分析

故障发生后，使用 PSCAD 电磁暂态仿真程序进行了故障模拟，即低端阀组高压侧出线位置发生金属性接地故障。

仿真电压和电流波形图见图 4-98，故障时刻 IDL 及 IDC2P 跃变至 0A，IDNC 及 IDC2N 跃变至几千安，待阀组差动保护动作闭锁阀组后故障电流消失，故障期间直流极母线电压跃变至 500kV 并缓慢下降。上述特征与此次故障一致。

结合故障套管解体检查结果，解体工作组和专家分析认为造成此次套管故障原因为：

一是故障当日现场出现极端温差，套管表面积雪融化结冰，外套绝缘电阻发生非线性下降，引起环氧筒轴向电位分布存在较大差异，内壁沿轴向单位距离承压增大。二是现场安装时户外部分绝缘子伞裙进入墙体，引起墙体处场强发生畸变，电位梯度累积，根据计算，此种工况芯体与外套之间的 SF_6 气体最大电场强度比正常工况高 27%，也即绝缘裕度降低 27%。两者综合影响加之极端温差，引起套管内部放电，导致套管户外侧从高压导电管沿电容芯体表面闪络至汇流环，故障电流经汇流环流入末屏，从试验抽头处入地。

4.6.1.4　提升措施

（1）对存在相同隐患的在运直流穿墙套管应结合年度检修进行更换。运维单位组织设计单位、施工单位和厂家等在年检开工前完成施工方案的编制及评审。年检期间开展套管绝缘电阻、介质损耗及电容量，SF_6 分解物、纯度、湿度等测试，评估套管状态是否良好。

（2）对于新建换流站，应严格审核阀厅设计图纸及直流穿墙套管安装图纸，确保阀厅直流穿墙套管安装后两侧外绝缘伞裙均全部位于墙面外侧。

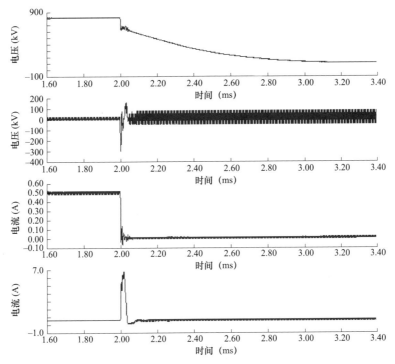

图 4-98　仿真电压和电流波形图

第5章 充SF₆气体套管故障

$$\text{第5章 充SF}_6\text{气体套管故障}$$

5.1 外 绝 缘 故 障

5.1.1 某站"2015年1月25日"极Ⅰ高端800kV直流穿墙套管外绝缘闪络

5.1.1.1 概述

1. 故障前运行工况

输送功率：2480MW。

运行方式：极Ⅰ双阀组、极Ⅱ低端阀组大地回线运行，极Ⅱ高端阀组在冷备用状态。

现场天气：雨夹雪天气。

2. 故障简述

2015年1月25日01:14，某站极Ⅰ三套直流保护均发极母线差动Ⅱ段保护动作信号，极Ⅰ直流系统闭锁，极Ⅰ功率转移至极Ⅱ低端阀组，极Ⅱ低端阀组2100MW运行，损失直流功率380MW。故障发生后，运维人员根据事件记录、故障录波和设备检查情况综合分析，判断故障原因为极Ⅰ高端800kV直流穿墙套管闪络导致极母线差动保护动作。

3. 事件记录

某站"2015年1月25日"故障时刻事件记录表见表5-1。

表5-1　　　　　　　某站"2015年1月25日"故障时刻事件记录表

时间	主机名称	事件等级	事件描述
2015年1月25日 01:14:41.642	S2P1PPR1C	报警	极母线差动保护Ⅱ段 动作
2015年1月25日 01:14:41.643	S2P1PPR1A	报警	极母线差动保护Ⅱ段 动作
2015年1月25日 01:14:41.643	S2P1PPR1B	报警	极母线差动保护Ⅱ段 动作
2015年1月25日 01:14:41.644	PCS-PR	报警	S2SSSCA 启动 出现
2015年1月25日 01:14:41.644	PCS-PR	报警	S2SSSCB 启动 出现
2015年1月25日 01:14:41.644	PCS-PR	正常	S2SSSCA 极Ⅰ高端阀启动 出现
2015年1月25日 01:14:41.644	PCS-PR	正常	S2SSSCA 极Ⅰ低端阀启动 出现

时间	主机名称	事件等级	事件描述
2015 年 1 月 25 日 01:14:41.644	PCS－PR	正常	S2SSSCB 极Ⅰ高端阀启动　出现
2015 年 1 月 25 日 01:14:41.644	PCS－PR	正常	S2SSSCB 极Ⅰ低端阀启动　出现
2015 年 1 月 25 日 01:14:41.645	S2P1PCP1A	紧急	极母线差动保护Ⅱ段　动作
2015 年 1 月 25 日 01:14:41.645	S2P1PCP1A	紧急	保护 Z 闭锁　ON
2015 年 1 月 25 日 01:14:41.646	S2P1PCP1B	紧急	极母线差动保护Ⅱ段　动作
2015 年 1 月 25 日 01:14:41.646	S2P1PCP1A	紧急	保护发出跳交流断路器命令
2015 年 1 月 25 日 01:14:41.646	S2P1PCP1A	紧急	保护动作启动失灵　ON
2015 年 1 月 25 日 01:14:41.646	S2P1PCP1A	紧急	保护发出锁定交流断路器命令　ON
2015 年 1 月 25 日 01:14:41.646	S2P1PCP1A	紧急	保护发出极隔离命令
2015 年 1 月 25 日 01:14:41.647	S2P1P2F1A	紧急	极母线差动保护Ⅱ段　动作
2015 年 1 月 25 日 01:14:41.647	S2P1P2F1A	紧急	保护发出跳交流断路器命令
2015 年 1 月 25 日 01:14:41.647	S2P1P2F1A	紧急	保护动作启动失灵　ON
2015 年 1 月 25 日 01:14:41.647	S2P1P2F1B	紧急	极母线差动保护Ⅱ段　动作
2015 年 1 月 25 日 01:14:41.647	S2P1P2F1B	紧急	保护发出跳交流断路器命令
2015 年 1 月 25 日 01:14:41.647	S2P1P2F1B	紧急	保护动作启动失灵　ON

4. 设备概况

故障极Ⅰ高端 800kV 直流穿墙套管型号为 GGFL800，纯 SF₆ 气体绝缘，复合绝缘外套，2014 年 1 月份投入运行。

5.1.1.2　设备检查情况

1. 保护动作分析

极母线差动保护的基本原理：

差动电流：$I\_PBDP\_DIFF = IDCP - IDL + IZ1$（极Ⅰ运行时）；

报警段：$|I\_PBDP\_DIFF| > 0.0375 \times ID\_NOM$，延时 2s；

跳闸Ⅰ段：$|I\_PBDP\_DIFF| > 0.15 \times MAX(|IDL|, |IDC1P|, |IZ1|)$，延时 150ms；

跳闸Ⅱ段：$|I\_PBDP\_DIFF| > 0.2 \times MAX(|IDL|, |IDC1P|, |IZ1|)$，且 $UDL < 0.54 \times UD\_NOM$，延时 6ms。

保护动作时刻的相关电流、电压和差动电流波形见图 5-1 和图 5-2。

从图 5-1 和图 5-2 分析,故障发生时,极Ⅰ直流线路电流 IDL 由 2000A 突增至 4400A；极Ⅰ高端阀组出口电流 IDC1P 由 2000A 突降至 0A；极Ⅰ直流电压 Udl 由 784kV 突降 0kV，保护范围内短路故障特征明显。极母线差动电流 I_PBDP_DIFF（4400A）大于制动电流 PBDP_RES2（1750A）约 6ms 后跳闸，与极母线差动保护Ⅱ段逻辑相符，三套保护动作正确。初步判断极母线差动保护范围内出现短路故障。

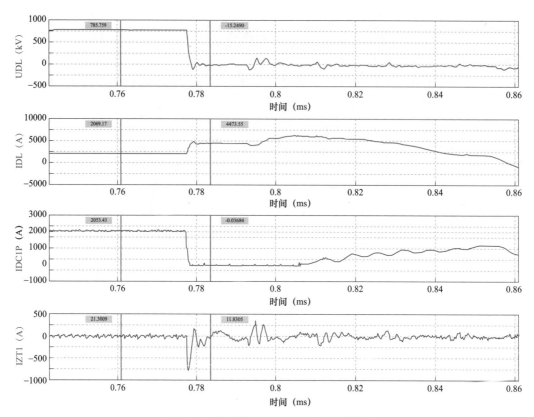

图 5-1 故障发生时刻保护电流波形图

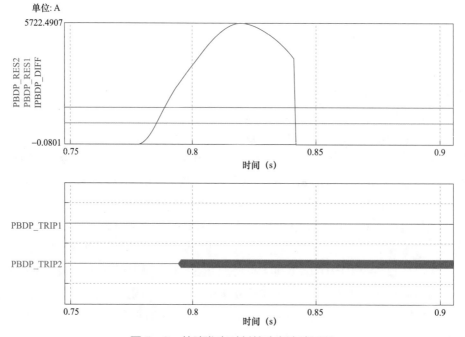

图 5-2 故障发生时刻差动电流波形图

2. 现场检查情况

（1）现场对极Ⅰ极母线保护区域内设备（极Ⅰ极母线区域及极Ⅰ高端阀厅设备）进行外观检查，发现极Ⅰ高端 800kV 直流穿墙套管上表面存在明显放电痕迹，具体放电点见图 5-3～图 5-7。

图 5-3　极Ⅰ高端阀厅穿墙套管放电通道

图 5-4　套管放电起点——顶端螺栓

（2）为尽快恢复双极运行，现场组织人员对极Ⅰ低端相关设备进行检查无异常后，于13:26 完成极Ⅰ低端换流器不带线路 OLT 试验，13:48 极Ⅰ低端换流器 200MW 解锁，双极低端换流器大地回线运行正常，15:15 双极功率升为 3100MW。

（3）对发生闪络的极Ⅰ高端 800kV 直流穿墙套管进行近距离外观检查，伞裙弹性良好，未发现表面粉化、龟裂现象。

（4）对极Ⅰ母线直流分压器、极Ⅰ高端 800kV 直流穿墙套管 SF₆ 进行分解物、微水等项目检测，未发现异常。

图 5-5　灼伤伞裙

图 5-6　套管根部放电点

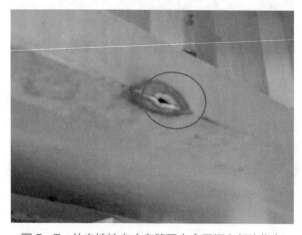

图 5-7　放电接地点（套管固定金属框上部边缘）

3. 返厂检查情况

无。

5.1.1.3　故障原因分析

现场组织厂家和技术监督单位对极Ⅰ高端直流穿墙套管闪络故障原因进行分析,认为套管闪络主要原因为在小雨加雪恶劣环境下,由于风向因素,在套管顶部形成0.8m左右干区,造成局部电压畸变,且极Ⅰ高端直流穿墙套管伞裙间积存大量湿雪,当时外部环境温度约为0℃,在套管温升(约5℃)作用下,湿雪逐步融化,在伞裙间形成融雪桥接,导致套管外绝缘闪络。

会议讨论并提出喷涂RTV、加装增爬裙、套管根部增加均压球均匀端部场强等措施,对于上述措施,厂家认为直流穿墙套管加装增爬裙影响轴向电场分布,套管根部增加均压球及套管表面喷涂RTV对于防止套管伞裙间融雪桥接闪络无效,均不同意实施。

多年来,国外厂家一直拒绝提供套管复合外套的材料性能测试报告,以及长期在低温高湿、高压直流运行环境下的特性变化情况,国内对进口穿墙套管复合材料的特性仍不掌握。

5.1.1.4　提升措施

(1)运维单位强化设备异动管理,加强雨雪等恶劣天气下直流穿墙套管红外测温和紫外放电带电检测工作,如检测结果呈异常发展趋势,申请降压运行。

(2)严格遵守"逢停必扫"原则,每年开展一次直流穿墙套管擦拭清洁和憎水性测试,切实掌握套管表面绝缘性能。

5.2　其 他 附 件 故 障

5.2.1　某站"2020年10月6日"极Ⅰ低端阀厅穿墙套管SF$_6$密度继电器误动

5.2.1.1　概述

1. 故障前运行工况

输送功率:2000MW。

运行方式:双极四阀组大地全压运行。

2. 故障简述

2020年10月6日11:12,某站极Ⅰ低阀控主机A和B均发400kV穿墙套管SF$_6$压力低跳闸信号,极Ⅰ低端阀组闭锁,500kV交流断路器5031、5032跳开,极Ⅰ高端、极Ⅱ

高低端阀组转带功率成功，无负荷损失。故障前站内小雨，气温骤降，现场无检修工作和操作任务。23:00，检查处理工作完成向调度报完工，随后极 I 低端阀组正常解锁。

3. 事件记录

11:09:39，CCP12B 报"极 I 低端阀厅 400kV 穿墙套管 SF$_6$ 压力低报警"，并自动复归后频发；

11:12:27，CCP12A/B 报"B 柜极 I 低端阀厅 400kV 穿墙套管 SF$_6$ 压力低跳闸"；

11:12:28，CCP12A/B、P1C2F2A/B 报"A 柜极 I 低端阀厅 400kV 穿墙套管 SF$_6$ 压力低跳闸"。

OWS 详细事件记录见图 5-8。

序号	时间	站	类型	设备	描述
19271	2020-10-06 11:05:22.702	S2ASC	B	正常	污水处理装置控制柜WSB	调解池中液位指示 复归
19272	2020-10-06 11:06:47.784	S2ASC	B	正常	污水处理装置控制柜WSB	调解池中液位指示 出现
19273	2020-10-06 11:06:47.798	S2ASC	A	正常	污水处理装置控制柜WSB	调解池中液位指示 出现
19274	2020-10-06 11:09:39.879	S2P1CCP2	B	报警	换流变	极1 低端阀厅400kV穿墙套管SF6压力低报警 出现
19275	2020-10-06 11:09:42.585	S2P1CCP2	B	正常	换流变	极1 低端阀厅400kV穿墙套管SF6压力低报警 消失
19276	2020-10-06 11:09:43.475	S2P1CCP2	B	报警	换流变	极1 低端阀厅400kV穿墙套管SF6压力低报警 出现
19277	2020-10-06 11:09:43.593	S2P1CCP2	B	正常	换流变	极1 低端阀厅400kV穿墙套管SF6压力低报警 消失
19278	2020-10-06 11:09:43.601	S2P1CCP2	B	报警	换流变	极1 低端阀厅400kV穿墙套管SF6压力低报警 出现
19279	2020-10-06 11:09:43.611	S2P1CCP2	B	正常	换流变	极1 低端阀厅400kV穿墙套管SF6压力低报警 消失
18898	2020-10-06 11:09:49.000	S2YTHDY	A	报警	一体化电源	极1及低端阀组B段直流监控-系统监控 出现
18899	2020-10-06 11:09:49.000	S2YTHDY	A	报警	一体化电源	极1及低端阀组B段直流监控-绝缘监察仪故障 出现
18900	2020-10-06 11:12:26.826	S2P1CCP2	B	报警	换流变	极1 低端阀厅400kV穿墙套管SF6压力低报警 出现
18901	2020-10-06 11:12:26.926	S2P1CCP2	B	正常	换流变	极1 低端阀厅400kV穿墙套管SF6压力低报警 消失
18902	2020-10-06 11:12:26.930	S2P1CCP2	B	报警	换流变	极1 低端阀厅400kV穿墙套管SF6压力低报警 出现
18903	2020-10-06 11:12:26.954	S2P1CCP2	B	正常	换流变	极1 低端阀厅400kV穿墙套管SF6压力低报警 消失
18904	2020-10-06 11:12:27.100	S2P1CCP2	B	报警	非电量保护	B柜极1低端阀厅400kV穿墙套管SF6压力低跳闸 动作
18905	2020-10-06 11:12:27.094	S2P1C2F2	B	报警	非电量保护	B柜极1低端阀厅400kV穿墙套管SF6压力低跳闸 动作
18906	2020-10-06 11:12:27.070	S2P1CCP2	B	正常	换流变	极1 低端阀厅400kV穿墙套管SF6压力低报警 消失
18907	2020-10-06 11:12:27.112	S2P1CCP2	B	报警	非电量保护	B柜极1低端阀厅400kV穿墙套管SF6压力低跳闸 动作
18908	2020-10-06 11:12:27.142	S2P1CCP2	B	报警	换流器	第2套非电量保护动作 on
18909	2020-10-06 11:12:27.194	S2P1CCP2	B	正常	换流变	极1 低端阀厅400kV穿墙套管SF6压力低报警 出现
18910	2020-10-06 11:12:27.242	S2P1CCP2	B	报警	换流变	极1 低端阀厅400kV穿墙套管SF6压力低报警 出现
18911	2020-10-06 11:12:27.227	S2P1C2F2	B	报警	非电量保护	B柜极1低端阀厅400kV穿墙套管SF6压力低跳闸 动作
18945	2020-10-06 11:12:27.144	S2P1CCP2	B	报警	换流变	第2套非电量保护动作 on
18946	2020-10-06 11:12:27.246	S2ASC	B	报警	交流故障录波屏二ACTFR512	录波启动 出现
18947	2020-10-06 11:12:27.284	S2P1CCP2	B	正常	换流变	极1 低端阀厅400kV穿墙套管SF6压力低报警 消失
18948	2020-10-06 11:12:27.346	S2P1CCP2	B	报警	换流变	极1 低端阀厅400kV穿墙套管SF6压力低报警 出现
18949	2020-10-06 11:12:27.424	S2P1CCP2	B	正常	换流变	极1 低端阀厅400kV穿墙套管SF6压力低报警 消失
18950	2020-10-06 11:12:27.448	S2P1CCP2	B	报警	换流变	极1 低端阀厅400kV穿墙套管SF6压力低报警 出现
18951	2020-10-06 11:12:28.188	S2P1CCP2	A	紧急	换流器	非电量保护动作 on
18952	2020-10-06 11:12:28.190	S2P1CCP2	A	紧急	换流器	非电量保护 请求换流器Y闭锁
18953	2020-10-06 11:12:28.192	S2P1CCP2	A	轻微	切换逻辑	退出备用
18954	2020-10-06 11:12:28.204	S2P1CCP2	A	报警	非电量保护	A柜极1低端阀厅400kV穿墙套管SF6压力低跳闸 动作
18955	2020-10-06 11:12:28.203	S2P1CCP2	A	紧急	换流器	非电量保护动作 on
18956	2020-10-06 11:12:28.203	DCSSCB	B	报警	直流稳定主机B套	装置启动 出现
18957	2020-10-06 11:12:28.187	DCSSCB	B	正常	直流稳定主机	保护出闭锁交流断路器命令 On
18959	2020-10-06 11:12:28.214	S2P1C2F2	A	报警	非电量保护	A柜极1低端阀厅400kV穿墙套管SF6压力低跳闸 动作
18960	2020-10-06 11:12:28.210	S2P1CCP2	A	正常	闭锁顺序	阀组正常停运 出现
18961	2020-10-06 11:12:28.203	DCSSCB	B	报警	直流稳定主机B套	极1低端阀非正常停运 出现
18962	2020-10-06 11:12:28.208	DCSSCB	B	正常	直流稳定主机B套	极1低端阀正常停运 出现
18963	2020-10-06 11:12:28.212	DCSSCB	B	正常	直流稳定主机B套	极1低端阀闭锁信号 消失
18964	2020-10-06 11:12:28.188	S2P1CCP2	A	紧急	换流器	非电量保护动作 on
18965	2020-10-06 11:12:28.190	S2P1CCP2	A	紧急	换流器	非电量保护 请求换流器Y闭锁
18966	2020-10-06 11:12:28.190	S2P1CCP2	A	紧急	三取二逻辑	保护换流器 Y闭锁 On
18967	2020-10-06 11:12:28.190	S2P1CCP2	A	紧急	三取二逻辑	保护出闭锁交流断路器命令 On
18968	2020-10-06 11:12:28.190	S2P1CCP2	A	紧急	三取二逻辑	保护出锁定交流断路器命令 On
18969	2020-10-06 11:12:28.212	S2ACC3	A	正常	交流场开关	WA.W3.Q2(5032) A相预分位置 出现
18970	2020-10-06 11:12:28.191	S2P1CCP2	A	紧急	闭锁控制	换流器 Y闭锁命令 出现
18971	2020-10-06 11:12:28.191	S2P1CCP2	A	紧急	闭锁控制	CCP PAM锁定交流断路器命令 出现
18972	2020-10-06 11:12:28.191	S2P1CCP2	A	紧急	阀组控制	CCP PAM锁定交流断路器命令 出现
18973	2020-10-06 11:12:28.191	S2P1CCP2	A	报警	闭锁顺序	阀组非正常停运 出现
18974	2020-10-06 11:12:28.214	S2ACC3	A	正常	交流场开关	WA.W3.Q1(5031) A相预分位置 出现
18975	2020-10-06 11:12:28.263	S2P1CCP2	A	正常	直流场开关	P1.WP.Q2(8012) 合
18976	2020-10-06 11:12:28.214	S2ACC3	A	正常	交流场开关	WA.W3.Q1(5031) B相预分位置 出现
18977	2020-10-06 11:12:28.264	S2P1CCP2	A	正常	直流场开关	P1.WP.Q2(8012) 合
18978	2020-10-06 11:12:28.214	S2ACC3	A	正常	交流场开关	WA.W3.Q1(5031) C相预分位置 出现
18979	2020-10-06 11:12:28.214	S2ACC3	A	正常	交流场开关	WA.W3.Q2(5032) B相预分位置 出现
18980	2020-10-06 11:12:28.214	S2ACC3	A	正常	交流场开关	WA.W3.Q2(5032) C相预分位置 出现
18981	2020-10-06 11:12:28.217	S2ACC3	B	报警	500kV第三串断路器保护屏CBP31	第一组控制回路断线 出现
18982	2020-10-06 11:12:28.217	S2ACC3	B	报警	500kV第三串断路器保护屏CBP32	第二组控制回路断线 出现
18983	2020-10-06 11:12:28.218	S2ACC3	B	报警	500kV第三串断路器保护屏CBP32	第二组控制回路断线 出现
18984	2020-10-06 11:12:28.218	S2ACC3	B	报警	500kV第三串断路器保护屏CBP32	第一组控制回路断线 出现
18985	2020-10-06 11:12:28.226	S2ACC3	B	紧急	500kV第三串断路器保护屏CBP31	操作箱出口跳闸2 出现
18986	2020-10-06 11:12:28.227	S2ACC3	B	紧急	500kV第三串断路器保护屏CBP31	操作箱出口跳闸1 出现

图 5-8 故障时刻事件记录（一）

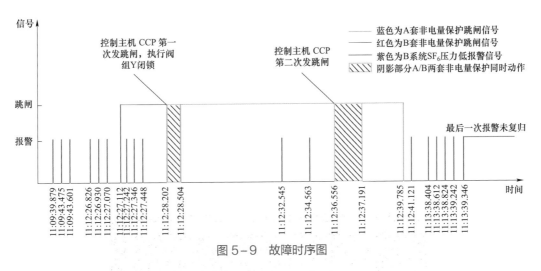

19048	2020-10-06 11:12:28.233	S2ACC3	A	正常	交流场		WA.W3.Q2(5032)	储能电机正储能信号 出现
19049	2020-10-06 11:12:28.236	S2ACC3	A	正常	交流场		WA.W3.Q1(5031)	储能电机正储能信号 出现
19050	2020-10-06 11:12:28.244	S2ACC3	A	正常	500kV第三串断路器保护屏CBP32	第一组控制回路断线 消失		
19051	2020-10-06 11:12:28.246	S2ACC3	A	正常	500kV第三串断路器保护屏CBP31	第二组控制回路断线 消失		
19052	2020-10-06 11:12:28.246	S2ACC3	A	正常	500kV第三串断路器保护屏CBP31	第一组控制回路断线 消失		
19053	2020-10-06 11:12:28.378	DCSSCA	A	报警	直流安稳主机A套	极I高端阀转检修成功 出现		
19054	2020-10-06 11:12:28.246	S2ACC3	A	正常	500kV第三串断路器保护屏CBP32	第二组控制回路断线 消失		
19055	2020-10-06 11:12:28.462	DCSSCA	A	报警	直流安稳主机A套	极1高端阀转检修成功 出现		

图 5-8　故障时刻事件记录（二）

从事件记录看，跳闸出口前 3min CCP12B 发 SF_6 压力低报警 9 次，跳闸后 1min 内发 SF_6 压力低报警 8 次、压力低跳闸 1 次，具体情况见图 5-9。

图 5-9　故障时序图

再次核查事件记录，10 月 5 日及以前极 I 低端阀厅 400kV 穿墙套管 SF_6 无任何异常告警。

4．设备概况

故障 400kV 直流穿墙套管，型号为 GGFL400，2017 年 6 月 23 日正式投运。该型号直流穿墙套管配置 3 个 SF_6 密度继电器，分别对应 A、B、C 套非电量保护。

5.2.1.2　设备检查情况

1．保护动作分析

极 I 低端阀组电气量故障录波图见图 5-10。

从故障录波看，极 I 低端阀组闭锁前，交直流电压、电流等电气测量值均无异常。

2．现场检查情况

（1）SF_6 密度继电器检查。现场核对 SF_6 压力 1 段告警定值为 0.53MPa，2 段告警定值为 0.52MPa，跳闸定值为 0.5MPa。极 I 低端阀组转检修后，现场进行穿墙套管本体、密度继电器检查和试验，SF_6 气体压力、湿度、微水及成分均正常，其中 SF_6 气体压力 0.57MPa，湿度 97.5μL/L；CO 为 4.4μL/L，SO_2、H_2S、HF 均为 0μL/L，具体见图 5-11。

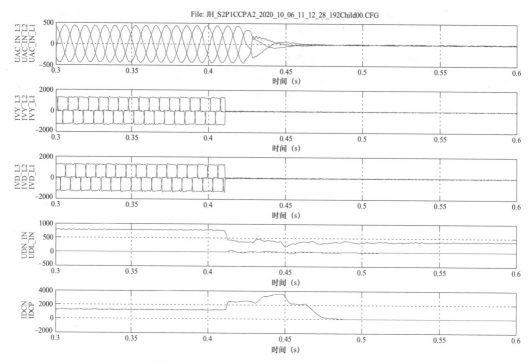

图 5-10 极 I 低端阀组电气量故障录波图

图 5-11 SF₆ 成分测试

在极 I 低端 400kV 穿墙套管 SF$_6$ 密度继电器端子箱处量取电位，X1.1、X1.3 密度继电器正常，而 X1.2 密度继电器电位异常，继续检查发现 X1.2 密度继电器至非电量保护屏间电缆绝缘正常，综合判断为 X1.2 继电器故障。

后将 X1.1、X1.2 密度继电器拆除后进行离线校验，X1.1 密度继电器动作值为 0.499MPa 左右，动作值与整定值一致，具体见图 5-12。

X1.2 密度继电器动作值存在漂移，其中报警动作值在 0.504~0.581MPa 之间（整定值为 0.53MPa），跳闸动作值在 0.460~0.572MPa 之间（整定值为 0.50MPa），存在一定的分散性，具体见图 5-13 和图 5-14。

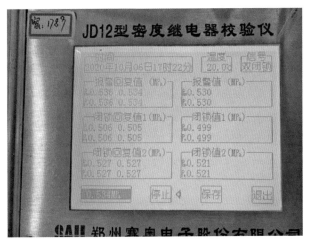

图 5-12　X1.1 SF_6 密度继电器动作值

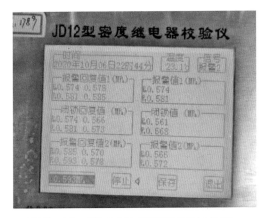

图 5-13　X1.2 SF_6 密度继电器动作值

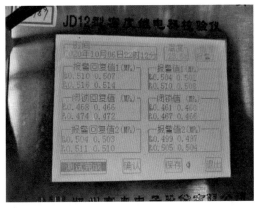

图 5-14　X1.2 SF_6 密度继电器动作值

现场核实该套管 SF_6 密度继电器于 2019 年 9 月年度检修期间开展校验，校验合格，校验周期符合规程要求。

（2）二次回路检查。极 I 低端阀组转检修后，对二次回路进行绝缘测试，结果见表 5-2，其中 X1.1 SF_6 密度继电器（对应非电量保护 A 套）本体端子箱至非电量接口屏间跳闸回路电缆（P1.U2-X1-461A）对地绝缘异常，接点之间绝缘下降到接近为零。

表 5-2　　　　　　　　　　　　二次回路绝缘检查结果

回路编号	对地绝缘	接点之间绝缘	用途
P1.U2-X1-461A（1）	1MΩ	0.4kΩ	X1.1 跳闸（NEP12A）
P1.U2-X1-461A（2）	0MΩ		
P1.U2-X1-461B（1）	≥50MΩ	≥50MΩ	X1.2 跳闸（NEP12B）
P1.U2-X1-461B（2）	≥50MΩ		
P1.U2-X1-461C（1）	≥50MΩ	≥50MΩ	X1.3 跳闸（NEP12C）
P1.U2-X1-461C（2）	≥50MΩ		

回路编号	对地绝缘	接点之间绝缘	用途
P1.U2－X1－460A（1）	≥50MΩ	≥50MΩ	X1.1 报警（CSⅠ12A）
P1.U2－X1－460A（2）	≥50MΩ		
P1.U2－X1－460B（1）	≥50MΩ	≥50MΩ	X1.2 报警（CSⅠ12B）
P1.U2－X1－460B（2）	≥50MΩ		

现场核实该电缆于 2020 年 5 月年度检修期间开展绝缘检测，检测结果合格，检测周期符合规程要求。

5.2.1.3　故障原因分析

极Ⅰ低端阀组闭锁前后，X1.2 SF$_6$ 密度继电器（对应非电量保护 B 套）反复发告警和跳闸信号，判断 SF$_6$ 密度继电器故障是极Ⅰ低端阀组闭锁的原因之一。10 月 14 日，对故障 SF$_6$ 密度继电器解体检查，其接点绝缘检测、交流耐压试验结果合格。该继电器采用相对腔室密度继电器结构，内部结构见图 5-15～图 5-17。当套管气室压力下降时，调节螺杆带动调节块向右移动，直至调节块引起微动开关动作，发出报警或闭锁信号。

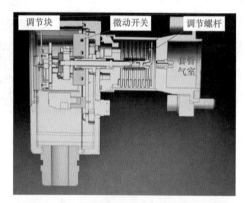

图 5-15　密度继电器内部剖面结构图

图 5-16　密度继电器接线盒内部图

图 5-17　微动开关布置及结构

结合该继电器结构及动作原理,分析密度继电器动作值漂移的原因可能有三个:黑色调节块中间固定螺栓松动、弹簧管变形、调节螺杆与弹簧管内波纹管之间连接松动,上述三个因素均可导致调节螺杆发生微量偏移(偏移 0.1mm 可引起定值整体偏移 0.03MPa)。经现场检查黑色调节块中间固定螺栓紧固情况良好,且涂抹防松胶;弹簧管若发生变形,会在运行 1~2 年内显现,为此可排除前两个因素导致调节螺杆产生微量偏移,分析认为调节螺杆与弹簧管内波纹管之间防松胶缺失是造成此次密度继电器故障的原因。

X1.1 密度继电器从本体端子箱至非电量接口 A 屏之间电缆绝缘能力降低,是此次极 I 低端阀组闭锁的另一原因。为彻底查清电缆绝缘能力降低原因,将该段电缆(长度约 260m)从众多电缆中逐段抽取、逐段测量绝缘,摸排发现极 I 低端换流变压器广场电缆沟内该电缆有一处破损并有压挤痕迹,并对电缆解剖后发现 1、2 号芯线外绝缘有明显破损(见图 5-18,属基建遗留问题),连续阴雨天气使电缆沟内潮气加重,电缆内部受潮,跳闸回路的两根线芯之间绝缘能力降低导致短路。10 月 14~16 日,组织开展电缆绝缘性能测试,通过模拟不同电缆故障、不同遥测电压、不同环境湿度,分别测量电缆绝缘性能,表明潮湿环境对电缆的绝缘影响明显,在潮湿条件下可通过绝缘测量及时发现绝缘隐患。后期在实验室开展温湿度与电缆故障定量分析试验,再次验证该结论。

图 5-18　电缆破损处及剖开图

综上两个原因,极 I 低端阀厅 400kV 穿墙套管 SF₆ 压力低跳闸满足"三取二"跳闸动作逻辑,极 I 低端阀组闭锁。

5.2.1.4　提升措施

(1)加强对直流穿墙套管 SF₆ 密度继电器的运行监视,发现异常告警及时申请停电处理。

（2）对全站电缆进行排查，特别对涉及跳闸的重要二次回路电缆开展外观检查，发现破损或有异常的电缆立即申请停电处理。日常运维工作中，保持电缆沟运行环境干燥洁净。从源头加强二次电缆施工质量管控，加强基建阶段验收。

（3）建议新工程设备选型时，对于直流穿墙套管、换流变压器阀侧套管增加便于观测的 SF_6 密度就地显示表计。

第四部分
1000kV 交流套管

第6章 油浸纸套管故障

6.1 芯 体 故 障

6.1.1 某套管厂家"2018年11月20日"1000kV套管工频长时试验局部放电不合格

6.1.1.1 概述

1. 故障前运行工况

非运行阶段故障，变压器厂家进行套管工频长时试验时发现局部放电不合格。

2. 故障简述

1000kV特高压套管进行套管工频长时试验时发现局部放电不合格，套管绝缘、介质损耗、电容量等试验结果正常。

3. 事件记录

套管返厂后开展油色谱、介质损耗及电容量测试，结果均合格；局部放电试验电压施加至667kV局部放电为6pC，电压升至850kV时局部放电为8~10pC，953kV时，局部放电增加至10~15pC，波形特点为单根大条，随加压时间增加，幅值不变，根数不变。如避开该单根局部放电开窗，局部放电数值为6pC。降压后重复升压，局部放电数值无明显变化。

4. 设备概况

该套管型号为BRDLW-1100-3150-4，出厂日期2018年11月。

6.1.1.2 设备检查情况

对套管进行解体检查：套管顶部密封盖板、储油柜盖板等部件密封状态良好，未发现渗漏、过热痕迹；头部储油柜内外侧无渗漏油、发热、电弧等异常痕迹，储油柜内部洁净、无异物；两个弹簧压紧螺母外表面无异物，无过热痕迹，内侧螺纹位置均有一处放电点，与之位置对应的套管导电管外螺纹上也存在放电痕迹；弹簧压紧系统各部件外表面无异物，无过热痕迹；空气侧瓷套内表面洁净、无异物，未发现过热、放电痕迹；安装法兰内表面洁净、无异物，未发现过热、放电痕迹；油中瓷套内外表面洁净、无异物，未发现过热、放电痕迹；底座密封状态良好，部件表面无异物，未发现过热、放电痕迹。

对套管电容芯体检查，末屏及引出线形态完好无损坏，未发现过热、放电痕迹；外部件拆解后发现芯子发生下沉；电容芯体绝缘纸表面无污染，卷制紧实、平整，各层绝缘纸均未见任何异常；电容屏铺设平整，无明显褶皱，外侧垂直度较好，无歪斜现象发生，表面无污染，无过热和放电痕迹。

经解体检查发现，套管除绝缘整体下移外无其他明显故障表现，分析是由于电容芯子卷制过程中卷制设备的张力不稳定，导致芯子绝缘纸与铝箔间摩擦力不足而造成芯子绝缘下沉。套管电容芯子实际电场分布与设计情况出现偏差，局部场强略有集中而导致出现轻微局部放电，但在解体过程中未发现明显放电痕迹。在其他产品的卷制过程中，发现卷制设备的纸捆与纸芯之间旋转不同步的情况，这是卷制设备张力不稳定的根本原因。对套管进行解体检查：套管顶部密封盖板、储油柜盖板等部件密封状态良好，未发现渗漏、过热痕迹；头部储油柜内外侧无渗漏油、发热、电弧等异常痕迹，储油柜内部洁净、无异物；两个弹簧压紧螺母外表面无异物，无过热痕迹，内侧螺纹位置均有一处放电点，与之位置对应的套管导电管外螺纹上也存在放电痕迹；弹簧压紧系统各部件外表面无异物，无过热痕迹；空气侧瓷套内表面洁净、无异物，未发现过热、放电痕迹；安装法兰内表面洁净、无异物，未发现过热、放电痕迹；油中瓷套内外表面洁净、无异物，未发现过热、放电痕迹；底座密封状态良好，部件表面无异物，未发现过热、放电痕迹。

对套管电容芯体检查，末屏及引出线形态完好无损坏，未发现过热、放电痕迹；外部件拆解后发现芯子发生下沉；电容芯体绝缘纸表面无污染，卷制紧实、平整，各层绝缘纸均未见任何异常；电容屏铺设平整，无明显褶皱，外侧垂直度较好，无歪斜现象发生，表面无污染，无过热和放电痕迹。

6.1.1.3 故障原因分析

经解体检查发现，套管除绝缘整体下移外无其他明显故障表现，分析是由于电容芯子卷制过程中卷制设备的张力不稳定，导致芯子绝缘纸与铝箔间摩擦力不足而造成芯子绝缘下沉。套管电容芯子实际电场分布与设计情况出现偏差，局部场强略有集中而导致出现轻微局部放电，但在解体过程中未发现明显放电痕迹。在其他产品的卷制过程中，发现卷制设备的纸捆与纸芯之间旋转不同步的情况，这是卷制设备张力不稳定的根本原因。

6.1.1.4 提升措施

（1）通过在卷制设备纸捆支撑位置设计特殊的工装，限制纸捆与纸芯的相对位移，解决了纸捆与纸芯之间旋转不同步和左右窜动的情况，保证卷制设备张力的稳定性；同时加大卷制设备实际卷制张力，有效的加大了绝缘纸与铝箔之间的摩擦力。

（2）套管装配环节，在套管中部安装法兰的位置增加径向的限位装置，防止套管绝缘的下移。

6.2 绝缘油分析异常

6.2.1 某站"2019年4月15日"GOE型套管乙炔超标缺陷

6.2.1.1 概述

1. 故障简述

2019年4月以来，运维单位组织对500kV及以上GOE型套管开展一轮次离线色谱（DGA）排查，截至2019年8月，共检测1000kV套管75支，累计发现4支1000kV套管乙炔含量超标。超标套管基本信息、现场油色谱检测结果见表6-1。通过三比值判断，上述超标套管油色谱（DGA）属于低能放电特征类型。

表6-1　　　　　4支1000kV套管基本信息及现场油色谱测试结果

变压器/电抗器	生产序号	生产日期	投运日期	发现异常日期
A站主变压器A相	1ZSCT10000028/01	2013年	2013年9月	2019年4月
B站高压电抗器A相	1ZSCT10000490/01	2012年	2018年2月	2019年4月
C站高压电抗器C相	1ZSCT10000025/01	2012年	2013年9月	2019年4月
D站主变压器A相	1ZSCT10002478/01	2016年	2017年8月	2019年5月

套管油色谱测试结果							
特征气体含量（μL/L）	甲烷（CH_4）	乙烯（C_2H_4）	乙烷（C_2H_6）	乙炔（C_2H_2）	氢（H_2）	一氧化碳（CO）	二氧化碳（CO_2）
A站主变压器A相	14.8	2.3	18.7	89.5	88.5	277.1	848.2
B站高压电抗器A相	4.0	2.8	0.6	5.9	13.8	278.7	804.2
C站高压电抗器C相	21.4	23.1	2.8	47.8	47.6	272.5	902.1
D站主变压器A相	5.5	5.2	0.4	30.0	25	318	385

2. 设备概况

A站4号主变压器A相高压套管等4支乙炔异常套管型号为GOE 2600-1950-2500-0.5-B。为某进口套管厂家生产的1000kV油纸电容式套管，其内绝缘为电缆纸和铝箔电极卷制的油纸电容芯体，空气侧外绝缘和油中侧外绝缘采用瓷绝缘子外套。套管整体结构见图6-1，套管整个电容芯体封闭在头部油室（储油柜）、空气侧瓷绝缘子套、中间接地安装法兰、接地互感器安装筒、油中侧瓷绝缘子套组成的密闭腔体中，瓷绝缘套与电容芯体间的空腔充绝缘油。

GOE型套管结构见图6-1，其载流部件包括紫铜接线座、黄铜载流底板、导流管、导流排（软连接形式）、顶部载流接线端。黄铜载流底板与紫铜底座为面接触载流，利用40kN拉杆系统拉力拉紧。

GOE型套管通过拉杆系统拉力将连接绕组引线的紫铜底座与黄铜载流底板紧密连接，并确保底部载流面可靠载流。拉杆系统包括：低合金钢拉杆、补偿铝管和补偿钢管、拉杆顶部紧固螺母和垫圈、导向锥。拉杆系统的拉力来源于补偿铝管被压缩后产生形变力。拉杆系统结构示意图见图6-2。

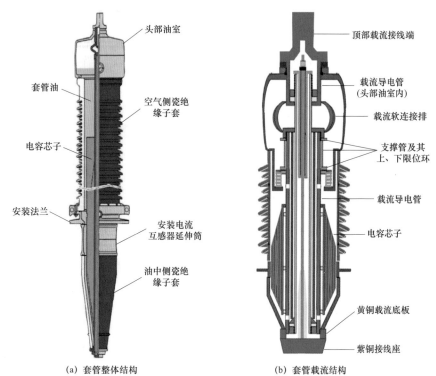

（a）套管整体结构　　　　　　　　（b）套管载流结构

图6-1　套管整体和载流结构示意图

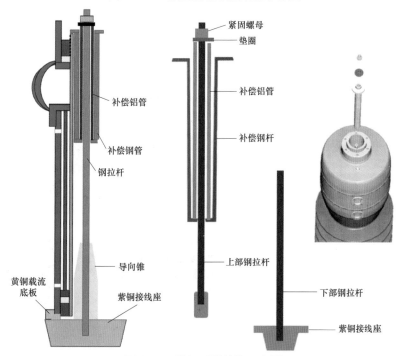

图6-2　拉杆系统结构示意图

6.2.1.2 设备检查情况

1. 现场检查情况

现场开展了套管绝缘电阻、介质损耗和电容量项目检测，测试结果均在标准范围内，仅 D 站 1 号主变压器 A 相电容量较其他三相变化稍大（增量小于 2%），结果详见表 6-2。

表 6-2　　　　　　　　　　　现场试验测试数据

相别	套管绝缘电阻（MΩ）		介质损耗 tanδ（%）	电容（pF）	电容初值（pF）
	主绝缘	末屏			
A 站 4 号主变压器 A 相	40000	2800	0.338	770.2	770.9
B 站 I 线高压电抗器 A 相	21800	7600	0.35	782.4	778.7
C 站 I 线高压电抗器 C 相	25700	7700	0.352	777.9	775.5
D 站 1 号主变压器 A 相	14500	7500	0.279	755.3	741

7 月 13～18 日，4 支乙炔超标套管开展解体前系统性诊断试验，分别测试了雷电冲击前、雷电冲击、雷电冲击后和工频耐压后不同阶段的高电压下介质损耗因数、电容量、局部放电量，查看测试结果和有无异常趋势。经检测，高电压下电容量、介质损耗因数、局部放电结果无异常趋势，雷电冲击试验电压波形正常，试验后的油色谱分析结果与试验前基本一致。

2. 返厂检查情况

7 月 25 日～8 月 7 日，4 支套管进行了解体检查，检查涉及套管顶部、黄铜载流座、弹簧压紧系统、油密封管系统等方面，解体情况如下：

（1）套管顶部、黄铜载流座及电容芯体检查。套管顶部、黄铜载流座及电容芯体检查情况见表 6-3。

表 6-3　　　　　　　套管顶部、黄铜载流座及电容芯体检查情况

1. 储油柜：各支套管储油柜头部内外侧无渗漏油、无发热、电弧痕迹，储油柜内部存在部分散落绝缘纸

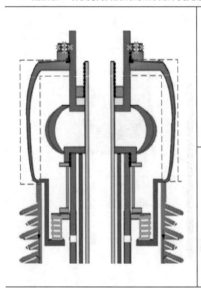

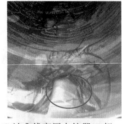
C 站 I 线高压电抗器 C 相

A 站 4 号主变压器 A 相

B 站 I 线高压电抗器 A 相

D 站 1 号主变压器 A 相

续表

2. 导流排（软连接形式）：各套管导流排部件无过热、无放电痕迹，仅有 A 站导流排内表面有疑似焊接痕迹（该部位高于套管本体油位）

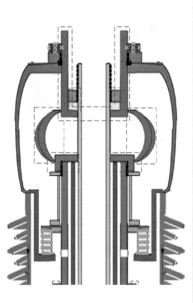

C 站 I 线高压电抗器 C 相

A 站 4 号主变压器 A 相

B 站 I 线高压电抗器 A 相

D 站 1 号主变压器 A 相

3. 压紧弹簧：各套管压紧弹簧部件无过热、无放电痕迹

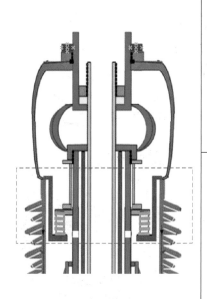

C 站 I 线高压电抗器 C 相

A 站 4 号主变压器 A 相

B 站 I 线高压电抗器 A 相

D 站 1 号主变压器 A 相

4. 压紧弹簧定位环：每支套管定位环 10 点位置附近有一处疑似放电点，D 站 1 号主变压器 A 相压紧弹簧下定位环 7 点位置有另外一处。（套管平放，由顶端向根部看去，以油位计的位置为 0 点方向）

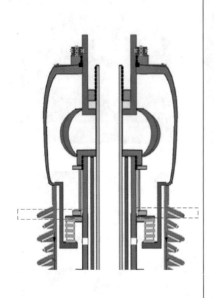

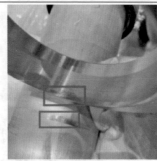

C 站 I 线高压电抗器 C 相　　　　　A 站 4 号主变压器 A 相

B 站 I 线高压电抗器 A 相　　　　　D 站 1 号主变压器 A 相

5. 黄铜底座：各支套管黄铜底座内、外表面光洁无形变，无发热、放电痕迹，其中 C 站 I 线高压电抗器 C 相黄铜底座有较多油泥状异物，经检测主要为金属铝颗粒

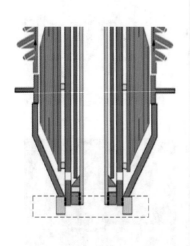

C 站 I 线高压电抗器 C 相　　　　　A 站 4 号主变压器 A 相

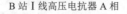

B 站 I 线高压电抗器 A 相　　　　　D 站 1 号主变压器 A 相

6. 电容芯体内多层金属管检查：油密封管外表面和定位补偿管内表面之间存在多处疑似放电的黑色斑点和斑纹，呈多斑点散落式分布，定位补偿管外表面有少量疑似黑色斑点，无集中分布特征

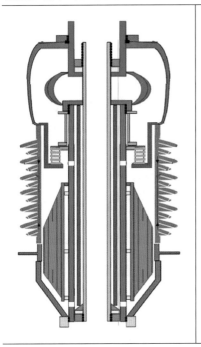

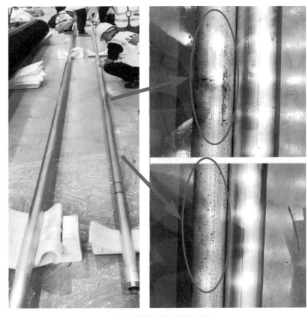

C 站 I 线高压电抗器 C 相

7. 电容芯体内多层金属管检查：油密封管外表面和定位补偿管内表面之间存在多处疑似放电的黑色斑点和斑纹，在管壁单侧区域集中分布；定位补偿管外表面有少量疑似黑色斑点

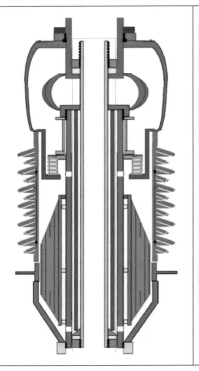

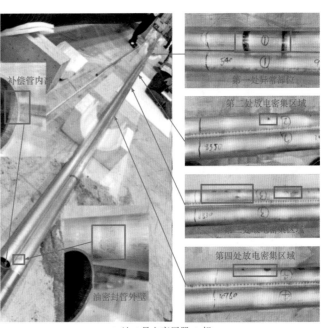

A 站 4 号主变压器 A 相

8. 电容芯体内多层金属管检查：油密封管外表面和定位补偿管内表面之间存在多处较轻的疑似黑色斑点，定位补偿管外表面有少量疑似黑色斑点，同时两管顶端接触处载油密封管面上有黑色斑点

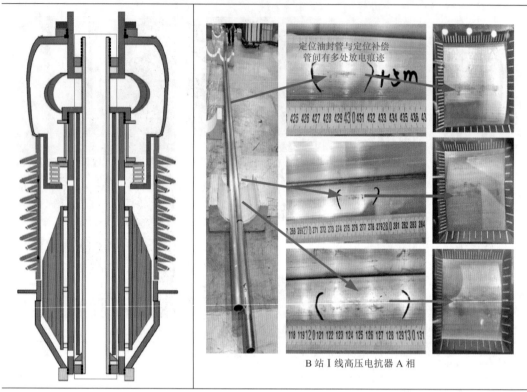

B 站 I 线高压电抗器 A 相

9. 电容芯体内多层金属管检查：油密封管外表面和定位补偿管内表面之间存在多处疑似放电的黑色斑点和斑纹，在管壁单侧区域集中分布；定位补偿管外表面有少量疑似黑色斑点

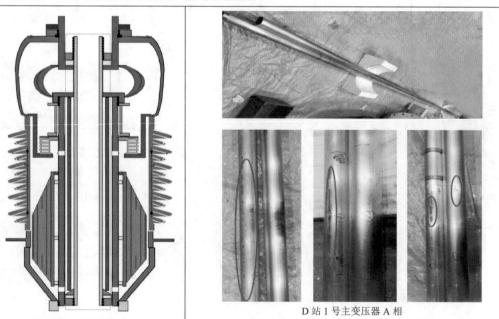

D 站 1 号主变压器 A 相

10. 下瓷套：D站套管下瓷套内部发现白色粉末状物质（具体成分待后续测试确定），其余3支套管下瓷套拆下后均未发现过热、放电痕迹

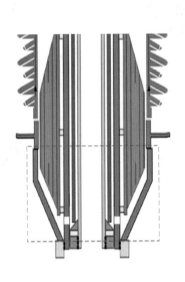

C站Ⅰ线高压电抗器C相

A站4号主变压器A相

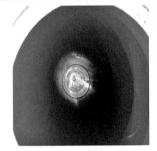

B站Ⅰ线高压电抗器A相

D站1号主变压器A相

11. 末屏及引出线：形态无损坏，均未发现过热、放电痕迹

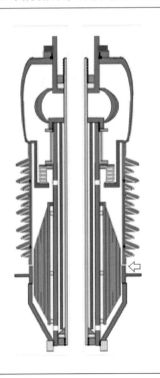

C站Ⅰ线高压电抗器C相

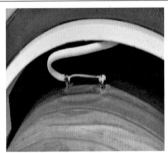

A站4号主变压器A相

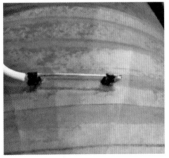

B站Ⅰ线高压电抗器A相

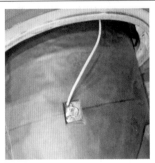

D站1号主变压器A相

12. 绝缘纸：电容芯体绝缘纸总体状态良好，但是 C 站 I 线高压电抗器 C 相电容芯外表面绝缘纸存在疑似油泥异物点，D 站 1 号主变压器 A 相芯体表面颜色较深，存在较严重污染，部分绝缘纸上存在放电黑斑，直径 1～3mm

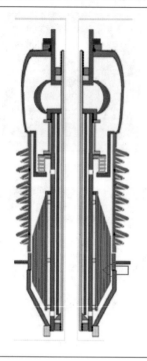

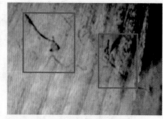

C 站 I 线高压电抗器 C 相   A 站 4 号主变压器 A 相

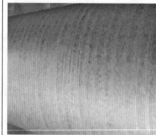

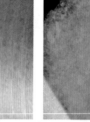

B 站 I 线高压电抗器 A 相   D 站 1 号主变压器 A 相

13. 电容屏：D 站 1 号主变压器 A 相套管电容芯从末屏开始约 140 屏开始，发现多层电容屏边缘细小放电黑斑，主要分布在靠近电容芯体上部的端屏内边缘，直径 1～3mm，其余 3 支套管电容屏未见过热、放电异常

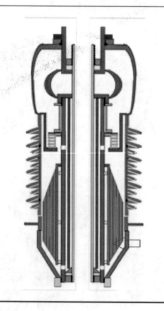

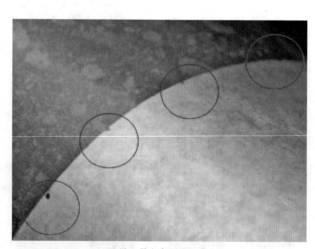

D 站 1 号主变压器 A 相

    （2）导流管、定位补偿管和定位油密封管尺寸检查。导流管、定位补偿管和定位油密封管长度、内外径尺寸见表 6-4。

表 6－4　　　　　　导流管、定位补偿管和定位油密封管尺寸汇总表

测量结果（mm）	C 站 I 线 高压电抗器 C 相	A 站 4 号 主变压器 A 相	B 站 I 线 高压电抗器 A 相	D 站 1 号 主变压器 A 相
导流管长度	—	13500	13490	13488
导流管外径	95.8	95.9	96.1	95.9
导流管内径	76.1	76.1	75.7	75.7
补偿管长度	—	13552	13550	13550
补偿管外径	68.9	69.1	69	68.8
补偿管内径	61.7	62.1	61.8	61.6
密封管长度	—	13769	13760	—
密封管外径	60.4	60.3	60.7	60.4
密封管内径	48.7	48.4	47.9	47.3

从表中三组数据可以算出，定位补偿管与导流管在同心的状态下直线距离约为 3mm，定位补偿管内壁与密封管外径在同心的状态下，距离为 0.6～0.9mm。

（3）拉杆系统检查。拉杆系统检查情况见表 6－5。

表 6－5　　　　　　　　拉 杆 系 统 检 查 情 况

1. 拉杆系统：D 站 1 号主变压器 A 相拉杆顶部螺栓损伤，仅有部分外层漆皮脱落。其余 3 支套管拉杆系统合金钢拉杆、补偿钢管、补偿铝管外表面均有炭黑

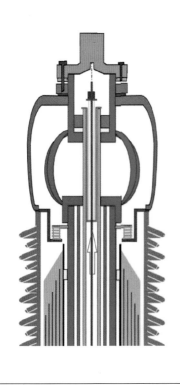

补偿铝管外表面放电痕迹

C 站 I 线高压电抗器 C 相　　　　　　A 站 4 号主变压器 A 相

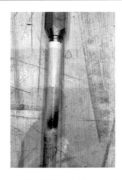

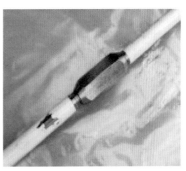

B 站 I 线高压电抗器 A 相　　　　　　D 站 1 号主变压器 A 相

续表

2. 底部端子拉杆尺寸：D 站套管接线端与拉杆螺纹切面咬合紧密，无结构损伤。对其他 3 支接线端底座上拉杆直径均略小于 M16 螺纹大径的规定（15.68～15.96mm），机械性能需对其进一步测试

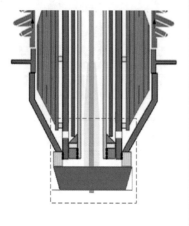

C 站 I 线高压电抗器 C 相

A 站 4 号主变压器 A 相

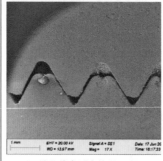

B 站 I 线高压电抗器 A 相

D 站 1 号主变压器 A 相

（4）油色谱检测。为了解疑似放电点的区域分布关系，在解体期间对 B 站 I 线高压电抗器 A 相和 D 站 1 号主变压器 A 相分别取套管顶部、底部以及油密封管与补偿定位管油隙共 3 支油样，开展 DGA 测试，结果见表 6-6。

表6-6 不同位置油色谱检测结果（μL/L）

	油样名称	甲烷（CH_4）	乙烯（C_2H_4）	乙烷（C_2H_6）	乙炔（C_2H_2）	氢（H_2）	一氧化碳（CO）	二氧化碳（CO_2）
B 站 I 线高压电抗器 A 相	高压套管（顶部）	3.57	2.46	0.64	5.77	7.48	188.37	1105.96
	高压套管（底部）	4.49	2.57	0.69	6.23	10.68	256.40	836.15
	油隙	11.68	1.03	2.22	0.60	32.89	50.93	701.25
D 站 1 号主变压器 A 相	高压套管（顶部）	6.29	5.86	0.80	34.82	27.50	329.04	464.85
	高压套管（底部）	6.06	5.51	0.74	32.44	24.63	302.72	491.60
	油隙 1	7.03	0.25	1.05	1.01	21.69	17.59	499.38
	油隙 2（平行样）	10.09	0.40	1.56	1.86	22.94	45.66	339.85

其中，B 站 I 线高压电抗器 A 相外部乙炔含量为 6μL/L，油隙中乙炔含量为 0.6μL/L；D 站 1 号主变压器 A 相，外部乙炔含量为 30μL/L 以上，油隙乙炔含量为 1～2μL/L。按两次取油量不超过 100mL 计算，取油区域位于两管间隙底部约 1m 以下，由于疑似放电

痕迹集中于中部以上区域（以定位补偿管参照，起始点从底部 1m 以上），可以判断对应区域的乙炔仅为放电产生并向下扩散的少量气体。

（5）微观形貌和能谱分析。为进一步对具有放电特征的黑斑、区域进一步确认，分别对 C 站 I 线高压电抗器 C 相、A 站 4 号主变压器 A 相和 D 站 1 号主变压器 A 相疑似放电点开展微观形貌和能谱分析。

1）对油密封管和定位补偿管上的四处疑似放电点开展扫描电子显微镜（SEM）和能谱分析（EDS），形态分析表面样品表面有多孔颗粒状凹坑，元素分析显示其有较高含量的 C、Al、O 元素，判断其为铝管在油中放电或腐蚀产生。

2）对 A 站 4 号主变压器高压 A 相油密封管上的两处疑似放电点开展 SEM 和 EDS 分析，形态和元素分析结果基本一致。

3）对电容芯端屏黑斑采用金相显微镜进行观察，500 倍以上放大倍数下，可以清晰看到电容屏上的凹坑及熔融痕迹。对油密封管两处疑似放电点开展 SEM 和 EDS 分析，结果与 C 站 I 线高压电抗器 C 相基本一致。

SEM 和 EDS 结果说明压紧弹簧定位环与导电管之间、定位油密封管与定位补偿管之间疑似放电痕迹均为放电产生，D 站 1 号主变压器 A 相电容芯端屏黑斑也属于放电点。

（6）异常放电部位总结。综合上述解体检查及相关检测，异常放电部位见图 6-3：

1）压紧弹簧下定位环与导流管间均存在放电痕迹。4 支套管压紧弹簧下定位环内表面、导流管对应部位外表面均存在放电痕迹，每支套管 10 点方向各有一处，D 站 1 号主变压器高压 A 相 7 点方向有另外一处（套管平放，由顶端向根部看去，以油位计的位置为 0 点参考方向）。

2）定位油密封管、定位补偿管和导流管间存在放电痕迹。4 支套管油密封管和定位补偿管间均存在大量放电痕迹，定位补偿管外表面存在多处放电痕迹，导流管外表面正常，放电区域位于两根管中部区域（以补偿管参照，起始点从底部 1m 以上），放电痕迹的数量、面积和深度与套管负载电流、乙炔含量正相关，其中高压电抗器套管油密封管放电痕迹呈四周分布，主变压器套管整体偏向一侧，A 站 4 号主变压器 A 相和 B 站 I 线高压电抗器 A 相套管定位油密封管和补偿管顶端存在三角形放电烧融区域。

3）电容芯体内部端屏存在放电痕迹。D 站 1 号主变压器高压 A 相套管为整卷绕制工艺，电容芯体内部多层端屏边缘存在放电痕迹，其他三支套管（条绕工艺）未发现放电痕迹。

6.2.1.3　故障原因分析

根据此次解体检查情况，并参照前期直流 GOE 型套管解体检查结果，初步认定原因为套管放电部位设计未充分考虑特高压应用场景，在安装偏移或运行振动情况下可能发生分流放电，需进一步优化改进。一是压紧弹簧下定位环未设计绝缘隔离，偏心安装后与导流管搭接形成分流放电；二是 1000kV 定位补偿管相对较长（13m，500kV 7m），其仅在两端依靠压紧力固定，且设计间隙偏小（0.6～3.5mm），在运行振动或安装偏移情况下与导流管接触产生分流并引起放电；两处放电点共同造成套管乙炔超标，具体如下：

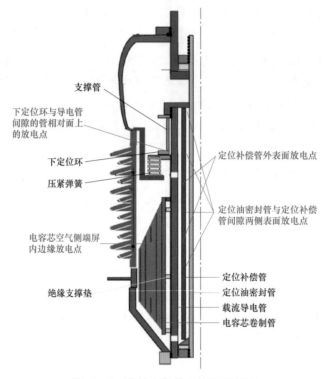

支撑管

下定位环与导电管间隙的管相对面上的放电点

下定位环

压紧弹簧

电容芯空气侧端屏内边缘放电点

绝缘支撑垫

定位补偿管外表面放电点

定位油密封管与定位补偿管间隙两侧表面放电点

定位补偿管
定位油密封管
载流导电管
电容芯卷制管

图6-3　套管内部放电位置示意图

（1）压紧弹簧下定位环与导流管间放电原因：压紧弹簧下定位环偏心安装后与导流管搭接，上定位环（螺纹连接）、下定位环与导流管形成上下两点接触，形成分流并引起放电，见图6-4。

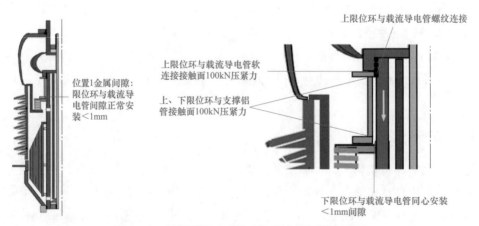

上限位环与载流导电管螺纹连接

上限位环与载流导电管软连接接触面100kN压紧力

上、下限位环与支撑铝管接触面100kN压紧力

位置1金属间隙：限位环与载流导电管间隙正常安装<1mm

下限位环与载流导电管同心安装<1mm间隙

图6-4　压紧弹簧下定位环与导流管间放电原因

（2）定位油密封管、定位补偿管和导流管间放电原因：定位补偿管（13m 左右）受 100kN 压应力作用，在运行振动或安装偏移情况下会发生形变或位移，由于定位补偿管、定位油密封管和导流管间的间隙分别仅有 2～3mm、0.5～1mm，且中间无任何绝缘支撑，定位补偿管形变或位移后与导流管、油密封管多点接触，形成分流并引起放电，见图 6-5。

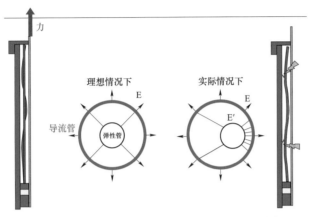

图 6-5 定位油密封管、定位补偿管和导流管间放电原因

（3）电容芯体端屏放电原因：初步判断为高压试验阶段产生（工频耐压时不监测局部放电，且电压远高于运行电压），由于诊断性试验 1.05 倍电压下介质损耗和局部放电基本无变化，同时该缺陷点位于电容芯体内部，整卷工艺下对乙炔含量贡献较小（D 站 1 号主变压器高压 A 相套管采用整卷绕制工艺，其他 3 支套管采用条带绕制），对运行影响待进一步研究后确定。

6.2.1.4 提升措施

（1）制定在运 GOE 型套管全面提升方案。督促厂家尽快完成乙炔超标原因模拟试验和仿真分析，针对下节拉杆与紫铜底座脱离、乙炔超标等已知隐患，提出交流变电站 GOE 型套管全面提升方案，明确在运套管运维管控措施、油色谱检测周期、乙炔超标处置方案。

（2）为了有效防止多层管间异常接触导致分流放电的情况发生，可对 1000kV 油纸电容式套管载流结构进行高可靠性设计，见图 6-6，采用导管载流式结构，卷制铜管同时作为载流管，头部导电杆与导管采用焊死结构、尾部底座与导电管采用螺纹连接（螺纹连接力由套管头部弹簧提供），尾部接线端子用螺栓固定在底座上。

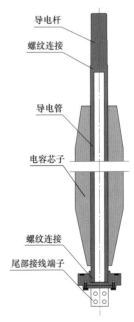

图 6-6 1000kV 油纸电容式套管载流结构

套管采用单根、整根导电管结构，载流结构简单可靠，从根本上杜绝了多层管间的分流放电问题。

6.3 密封系统故障

6.3.1 某站"2015年9月30日"2号主变压器C相高压套管密封失效缺陷

6.3.1.1 概述

1. 故障前运行工况

故障前，某站 1000kV 系统、特高压主变压器、500kV 系统均全方式运行。Ⅰ线负荷 886MW，该站 2 组特高压主变压器下送电网功率约 400MW。站用电系统正常方式运行。天气情况良好，现场无二次工作。

2. 故障简述

2015 年 9 月 30 日，特高压某站 C 相重瓦斯动作跳闸。

3. 设备概况

该 1000kV 交流套管型号为 PNO.1100.2400.2500，投运日期 2011 年 12 月。设备最高电压为 1100kV，额定电流 2500A。

6.3.1.2 设备检查情况

1. 保护动作分析

重瓦斯跳闸为直跳回路，非电量保护和各断路器保护屏无动作报告，T011、T012、5141、5142 断路器保护仅有闭锁重合闸开入，相应跳闸灯点亮。

2 号主变压器非电量保护 RCS－974FG 装置：变压器本体重瓦斯、压力突变告警、变压器本体轻瓦斯告警灯均点亮；

T011 断路器保护 RCS－921A 装置：跳 A、跳 B、跳 C 灯亮，CZX－22R1 操作箱：TA、TB、TC 灯亮；

T012 断路器保护 RCS－921A 装置：跳 A、跳 B、跳 C 灯亮，CZX－22R1 操作箱：TA、TB、TC 灯亮；

5141 断路器保护 RCS－921A 装置：跳 A、跳 B、跳 C 灯亮，CZX－22R1 操作箱：TA、TB、TC 灯亮；

5142 断路器保护 RCS－921A 装置：跳 A、跳 B、跳 C 灯亮，CZX－22R1 操作箱：TA、TB、TC 灯亮；

1103 断路器操作箱：TWJ 灯点亮；

1103 断路器操作箱：TWJ 灯点亮。

2. 现场检查情况

根据该套管为油浸纸电容芯套管（OIP），套管内部载流导管为主要载流元件，在套管顶部通过将军帽与载流导管相连，将军帽的下端插入中空的载流导管内并通过表带触指连接，上端为接线端子与金具相连；将军帽与套管间通过法兰盖板和螺栓连接并将密封圈压紧后实现密封功能。套管顶部将军帽盖板下仅装有一个轴向密封圈，且盖板厚度较薄，其他套管公司在类似接线端子处采用了三道径向密封圈，该套管具体密封结构见图6-7。

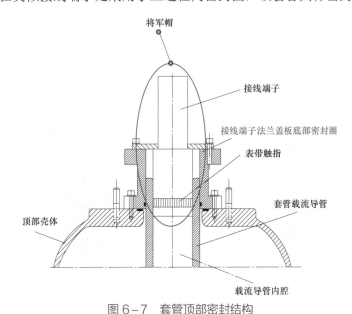

图6-7 套管顶部密封结构

套管端部拆除前外观见图6-8。

图6-8 套管端部拆除前外观

拆除接线端子盖板上的6个螺钉，采用专用工具将套管顶部的将军帽拆除，见图6-9，左侧为拆除的将军帽，右侧为套管顶部连接件。

图6-9 将军帽及套管连接件

现场检查发现将军帽内部端子头和导流管表带触指处残留有整圈的铜锈,铜锈的主要成分为碱式碳酸铜,由铜与氧气、二氧化碳和水反应生成。此外,导流管内壁上有较明显的水痕,见图6-10。

图6-10 水分侵入导流管内部痕迹

将军帽端子法兰盖板下的密封圈完好,该密封圈用于套管导电管内腔与外部空气的隔离,见图6-11。对拆除的将军帽变形情况进行检查,发现将军帽接线柱歪斜,与接线柱相连的盖板变形,接线端子法兰盖板最大变形幅度为 5.0mm,接线柱歪斜方向与引线拉力方向一致,形变情况见图6-12。

图6-11 套管导流管内腔与外部空气隔离的密封件

图6-12 将军帽接线柱形变情况

按照设备采购规范，套管接线柱承受横向水平方向受力限值为2500N，此外还具有了2.75倍（最大6875N）的裕度，设备出厂后在某院对整只套管在接线柱中点处进行1min 7000N水平受力试验并通过。施力方向及位置见图6-13。

某设计院给出的受力值是施加在套管接线柱连接羊角形金具的引线端子上，套管厂设计受力点在将军帽接线柱端子上。由于套管接线柱需要T接至引线上，因此增加了羊角形连接金具（某变压器公司供货），见图6-14。

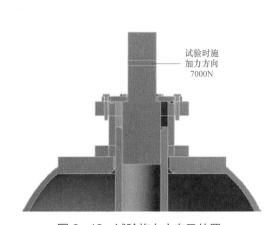

图6-13 试验施力方向及位置

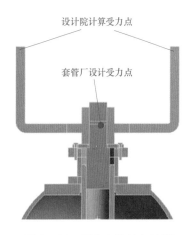

图6-14 受力点设计与计算

因套管接线柱采用羊角形金具，羊角顶部施加拉力时，以接线柱根部为支点，见图6-15，接线柱受力在杠杆作用下将成倍增加。

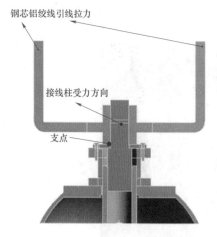

钢芯铝绞线引线拉力

接线柱受力方向

支点

图 6-15　实际施力方向及位置

运维单位采用有限元法对套管顶部接线柱受力进行了仿真分析,羊角形金具端部受力按照某设计院提供的 A、B、C 三相套管顶部横向水平力分别为 1586、2064N 和 2235N 进行计算,接线端子根部所承受的横向水平力分别为 9750、12066N 和 13066N,分别为羊角形金具端部受力的 5.85、5.89 倍和 6.14 倍,超过 2500N 和考虑裕度后 6875N 的横向水平方向受力限值。在该力持续作用下紫铜材料的接线柱及盖板发生变形。

此外,500kV 常规变电站主变压器套管受力限值也为 2500N,但由于 500kV 主变压器套管引线采用两分裂导线,而 1000kV 主变压器套管引线采用四分裂导线,引线对套管接线柱的拉力更大,1000kV 主变压器套管顶部受力设计考虑不足。

6.3.1.3　故障原因分析

综合以上分析,套管漏气的原因为将军帽接线柱在引线拉力作用下变形,盖板下的密封圈压紧力不够导致密封失效,导致潮气或水分进入套管内部。套管漏气发展过程为套管顶部将军帽接线柱长期受力后导致接线柱及盖板歪斜变形,盖板密封功能失效,在套管顶部负压的作用下,空气及水分沿盖板缝隙吸入套管导流杆并沿导流杆内部流入变压器内部。

接线柱及盖板歪斜变形的原因主要有三个:一是套管顶部承受了较大的拉力;二是由于设计院与厂家的沟通或理解问题,造成套管顶部接线柱承受的力超过了限值;三是套管本身存在密封设计薄弱环节。

6.3.1.4　提升措施

对 220kV 及以上大型变压器套管接线柱受力情况进行校核及整改,具体要求如下:

(1)对站内大型变压器开展专项巡视,目测套管顶部引线与接线柱偏移情况(引线 T 接点在套管接线柱正上方或稍偏移是受侧面拉力最小的安装方式),评估是否存在套管顶部接线柱受力情况。

(2)对可能存在套管顶部接线柱受力的情况,运维单位组织设计单位和厂家对照设计和安装图纸核实引线偏移距离,组织设计及科研单位计算接线柱受力情况,计算时要考虑当地最大风速情况下,风压对套管引下线的侧向力。

(3)研究分析套管顶部密封结构,结合接线柱材质及受力计算结论分析是否会导致套管接线柱倾斜或变形,分析接线柱倾斜情况下是否存在水汽沿套管导电杆进入变压器内部的风险。

(4)对套管顶部引线与接线柱偏移较大,且经校核侧面拉力超过接线柱承受能力的变压器,申请停电进行检查,同时制定整改方案。

（5）停电检查后，对接线柱确实存在倾斜的情况，按整改方案进行接线柱更换、引线挂点调整，将接线柱受力控制在耐受范围内。

6.4 末屏连接系统故障

6.4.1 某站"2023年10月26日"极Ⅰ低端Y/D-B相换流变压器网侧高压套管末屏烧蚀

6.4.1.1 概述

1. 故障前运行工况

正常运行。

2. 故障简述

某站开展换流变压器例行检修时，发现极Ⅰ低端Y/D-B相换流变压器网侧1000kV高压套管末屏内部腐蚀严重，有大量黑色粉末状物质，弹片腐蚀后仅剩根部，末屏引出铜棒接头腐蚀成扁平状。

3. 事件记录

（1）查看历史试验数据，该套管最近于2022年3月19日开展套管绝缘及介质损耗试验，历年试验数据见表6-7。

表6-7　　　　　　　　　　历 年 试 验 数 据

极Ⅰ低端Y/D-B相网侧高压套管介质损耗及绝缘试验					
试验项目	电容值（pF）	介质损耗值 $\tan\delta$（%）	主绝缘（MΩ）	末屏绝缘（MΩ）	末屏介质损耗 $\tan\delta$（%）	末屏电容（pF）
交接值	737.3	0.292	816000	56100	—	—
2020年	726.3	0.308	183100	63100	0.315	6342
2022年	725.6	0.319	178200	61500	0.362	6189
2023年	724.5	0.317	183500	183100	0.359	6268
标准	GB/T24846—2018《1000kV交流电气设备预防性试验规程》要求： （1）主绝缘及末屏绝缘电阻测量：① 主绝缘的绝缘电阻值不低于10000MΩ；② 末屏对地的绝缘电阻值不低于1000MΩ。 （2）介质损耗与电容量：① 0℃时的介质损耗值不应大于0.006，末屏对地介质损耗值不应大于0.01；② 电容量与初值比不超过±2%					
极Ⅰ低端Y/D-B相网侧高压套管油试验（2020年10月13日）					
气体组分	甲烷（CH_4）	乙烯（C_2H_4）	乙烷（C_2H_6）	乙炔（C_2H_2）	总烃（ΣCH）	氢（H_2）	一氧化碳（CO）	二氧化碳（CO_2）
含量（μL/L）	2.2	0.2	0.3	0	2.7	5	439	378
标准	GB/T 24846—2018《1000kV交流电气设备预防性试验规程》要求：油中溶解气体组分含量（μL/L）超过下列任意值时应引起注意：① 氢（H_2）含量为100μL/L；② 乙炔（C_2H_2）含量为0.5μL/L；③ 总烃（ΣCH）含量为100μL/L							

（2）2022 年 3 月 19 日完成试验后对末屏进行外观检查，检查结果见图 6-16。

图 6-16　末屏进行外观检查情况

4. 设备概况

该套管型号为 GOE2600-1950-2500-0，5-B，设备投运时间为 2019 年 9 月 26 日，上次检修时间为 2022 年 3 月 19 日。

6.4.1.2　设备检查情况

1. 外观检查情况

现场打开极 Ⅰ 低端 Y/D-B 相换流变压器网侧 1000kV 高压套管末屏封盖后，发现内部腐蚀严重，有大量黑色粉末状物质，触摸后有疑似油脂感，见图 6-17。末屏引出铜棒接头腐蚀成扁平状，见图 6-18。末屏封盖腐蚀严重，密封圈疑似碳化，弹片腐蚀后仅剩根部，末屏引出端根部绝缘件腐蚀严重，见图 6-19 和图 6-20。现场清理末屏表面腐蚀物后，末屏底座已经炭化破损，见图 6-21，黑色粉末状物质已取样送某院化验。检查套管末屏与升高座等电位连接紧固无松动，见图 6-22。

图 6-17　末屏外观检查（存在大量黑色油脂感物质、密封圈疑似碳化）

图 6-18　末屏引出铜棒接头检查（已成扁平状）

图 6-19　末屏封盖、密封圈及内部弹片检查（与正常封盖对比，弹片腐蚀仅剩根部）

图 6-20　末屏绝缘件检查
（末屏引出端根部绝缘件腐蚀严重，左侧为故障绝缘件、右侧为正常绝缘件）

图6-21　末屏底座已经炭化破损

图6-22　套管末屏与升高座等电位连接紧固

2. 试验检查情况

10月26～27日，开展极Ⅰ低端 Y/D-B 相换流变压器网侧套管介质损耗、电容值、绝缘试验及复测工作，试验数据正常，结果见图6-23和图6-24。

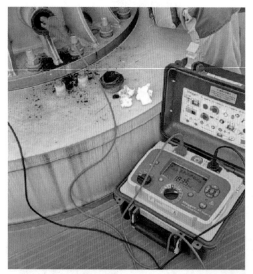
图6-23　极Ⅰ低 YDB 套管绝缘（1835GΩ）

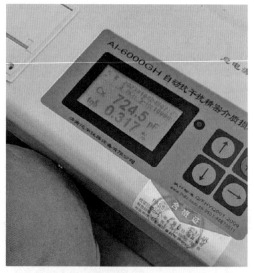
图6-24　极Ⅰ低 YDB 套管介质损耗、电容值（724.5pF/0.317%）

10月27日下午，开展套管油样检测，试验结果正常，数据见表6-8。

表6-8　　　　　　　　　套管油样检测数据

样品名称：极Ⅰ低端 Y/D-B 相换流变压器网侧 A 套管		取样日期：2023 年 10 月 27 日
		试验日期：2023 年 10 月 27 日
试验环境：温度：24.2℃　湿度：52.2%		备注：运行后
序号	气体组分	含量（μL/L）
1	甲烷（CH_4）	3.57
2	乙烯（C_2H_4）	0.13

序号	气体组分	含量（μL/L）
3	乙烷（C_2H_6）	0.46
4	乙炔（C_2H_2）	0.03
5	总烃（ΣCH）	4.19
6	氢（H_2）	5.73
7	一氧化碳（CO）	516.87
8	二氧化碳（CO_2）	647.05
试验要求	氢（H_2）含量小于或等于100μL/L，总烃（ΣCH）含量小于或等于100μL/L，乙炔（C_2H_2）含量小于或等于0.5μL/L	
仪器名称及编号	色谱仪 ZF－301B：3237117	
备注	试验依据：GB/T 24846—2018《1000kV 交流电气设备预防性试验规程》	

序号	项目	实测结果
1	外观	外观目视正常
2	颜色	淡黄
3	水分（mg/L）	6
4	介质损耗因数（90℃）（%）	0.04
试验要求	微水小于或等于15mg/L，介质损耗因数（90℃）小于或等于2%	
仪器名称及编号	微水测试仪：18005－2018，介质损耗测试仪：C80806	
备注	套管试验依据参照《国家电网有限公司直流换流站监测管理规定》总体要求	

6.4.1.3 故障原因分析

结合故障现象，分析故障原因为：套管末屏夹片疲劳松动，悬浮放电导致末屏严重烧蚀。

6.4.1.4 提升措施

加强对同类型套管末屏检查，确认末屏接地良好。

6.5 其他附件故障

6.5.1 某套管厂家"2018 年 1 月 1 日"1000kV 套管下瓷套击穿放电

6.5.1.1 概述

1. 故障前运行工况

非运行阶段故障，安装于电抗器上进行试验时，下瓷套放电击穿。

2. 故障简述

1100kV 套管安装于电抗器上进行试验时，下瓷套放电击穿，具体位置见图 6－25。

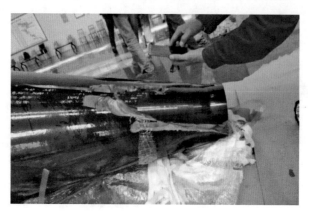

图 6－25　放电击穿部位

3. 设备概况

该 1000kV 交流套管型号为 BRDLW－1100－3150－3，出厂日期 2018 年。该套管为导管载流，主要由接线端子、储油柜、上瓷套、法兰、下瓷套、底座、油中接线板等零部件构成。

6.5.1.2　设备检查情况

现场解体检查电容芯子最下部三个台阶表面有破损和游离碳：从下往上数第一个台阶表面 3 层；第二个台阶表面 4 层；第三个台阶表面 8 层。电容芯子其他部位完好，并未见放电污染。下瓷套爆裂处有明显放电痕迹外，其余表面未见沿面放电痕迹，见图 6－26。

图 6－26　电容芯子放电痕迹

6.5.1.3　故障原因分析

根据在变压器厂家的电抗器套管升高座部位的解体检查和套管解体检查表明，该放电由下瓷套底部的瓷套内部缺陷引起，该缺陷在电抗器的绝缘耐受试验电压作用下，导致下瓷套放电炸裂（在工频耐压、雷电和操作冲击等作用下因瓷套缺陷引起该部位先放电，随着放电的发展导致下瓷套炸裂），最终引起套管下端部对升高座内壁放电击穿。

6.5.1.4　提升措施

为了防止因瓷件质量缺陷导致的特高压套管发生放电故障，需特别制定"特高压套管

用瓷套的质量控制和检测方法",分别从以下几个重点内容上进行质量管控:

(1)加强瓷套性能检测,出厂前在厂家技术人员见证下逐个进行瓷壁耐压、超声波探伤试验,温度循环试验、机械破坏负荷、孔隙性试验外观、尺寸、定位公差、机械负荷、抽样进行检测。

(2)定期对瓷套进行定检,重点对瓷套原材料,瓷套生产过程中过筛除铁、真空炼泥、烧制、研磨、胶装、清洁等关键工序重点参数及定位公差,瓷套温度循环试验、四向弯曲负荷试验、瓷套壁厚工频耐击穿电压试验、孔隙性试验、内水压试验、超声波试验等进行现场检查确认。

(3)为了提升套管外购检质量,与外部供方建立良好的长期战略合作关系,充分了解外部供方的质量保证能力,降低质量风险,制定"外部供方管理办法",明确供应商的准入、考评等要求。

(4)汇总确定瓷件制造、检验等过程中执行的标准。

第五部分
柔直工程用套管

第7章 柔直工程用套管故障

7.1 芯 体 故 障

7.1.1 某站"2020年3月24日、2020年5月20日"正极换流变压器B相、负极换流变压器C相网侧套管填充物泄漏

7.1.1.1 概述

1. 故障前运行工况

调试间隙进行一次设备检查发现。

2. 故障简述

2020年3月24日、5月20日，某站现场先后发现2支网侧套管芯子与瓷外套间的填充物泄漏问题，分别为负极换流变压器C相网侧高压套管、正极换流变压器B相网侧高压套管，均为底部有大量白色填充物流出，见图7-1和图7-2。

图7-1 正极换流变压器B相网侧高压套管渗漏

图7-2 负极换流变压器C相网侧高压套管渗漏

3．设备概况

故障套管型号为 ETA – 363/3000 – 3 干式套管，于 2019 年 6 月安装至换流变压器，后开展交接试验和竣工验收均未发现异常。

7.1.1.2　设备检查情况

该站 2 号 – C 相换流变压器损坏的网侧套管于 5 月 25 日进行了瓷套检查及拉力试验。① 环状断面无先发性裂纹及断裂引起的衍生性裂纹；② 水泥胶合剂完整，几乎无缝隙、空洞、气孔等现象；③ 施加负荷 2、2.5、3.33、5kN 时，上部瓷套、法兰、水泥胶装无损坏现象，施加 10.05kN 时法兰处瓷件损坏；④ 孔隙性试验未见异常。

该站 1 号 – B 相换流变压器损坏的网侧套管于 5 月 26 日进行了解体检查。① 对瓷套外观检查，填充物泄漏处附近在法兰胶装外部有长约 200mm 的裂纹；② 吊出瓷套，对距离根部的 500mm 范围的填充物进行清理，内部有 360° 连续开裂，其中在时钟 12 点方向（以冷却器侧为时钟 6 点方向）附近的 20° 范围内有 4 道裂纹，瓷面有凸起和偏移现象；③ 裂纹区域距离根部最大 195mm（时钟 4 点方向，泄漏区域）、最小 115mm（时钟 12 点方向），其中法兰高度 165mm；④ 对水泥胶装区域检查，发现时钟 6 点方向约 60° 范围内水泥胶装厚度偏小、存在大量气孔等未填实情况、表面裂纹问题、疑似水分聚集导致的局部色差问题。

7.1.1.3　故障原因分析

通过以上对瓷套的试验及检查情况分析，初步确认由于法兰水泥胶装存在质量缺陷，局部水分聚集，在极端低温时出现冻胀现象导致瓷套产生裂纹，在大风、引线拉力等外力作用下，瓷套在危险断面（下法兰上边沿瓷套）齐根断裂。

7.1.1.4　提升措施

（1）对上述缺陷套管完成更换，并委托第三方检测单位于 5 月 28 日对该站 7 支网侧套管再次进行超声波检测，对法兰防水密封进行再次检测，确保现场网侧套管瓷外套无缺陷。

（2）开展引流线对套管接线柱的作用力仿真计算，并对套管电气强度、机械强度以及过负荷和短路等异常工况下的动、热稳定性进行再次校核。

（3）厂家将 7 支网侧套管瓷外套更换为硅橡胶复合外套。

7.1.2　某站"2020 年 7 月 17 日"单元 2 C 相上桥臂穿墙套管电容芯体击穿放电

7.1.2.1　概述

1．故障前运行工况

输送功率：526MW。

运行方式：双单元运行。

2. 故障简述

2020 年 7 月 17 日 02:45，某换流站单元 2 桥臂电抗器电流差动保护 I 段动作、换流变压器中性点过流保护动作，单元 2 闭锁，功率由单元 1 转代正常，无功率损失。现场使用备品套管更换故障穿墙套管后，2020 年 7 月 19 日 00:47，单元 2 直流系统投入运行。

3. 事件记录

报文显示：单元 2 三套极保护的桥臂电抗器差动保护 I 段动作（见图 7–3）、两侧换流变压器中性点过流保护动作（见图 7–4）。

标记	事件时标	类型	主/从	事件号	事件来源	事件描述	事件等级	状态	持续时间	设备描述	操作者
□	2020-07-17, 02:44:08:000	辅助系统SOE事件	从	449509	单元2渝侧#2阀冷系统	E3.M11风机变频运行	状态	消失	00:48:45		
□	2020-07-17, 02:44:09:000	辅助系统SOE事件	主	449509	单元2渝侧#2阀冷系统	E3.M11风机变频运行	状态	消失	00:48:45		
□	2020-07-17, 02:45:20:673	直流SER事件	主(B)	1035748	单元2极控系统	鄂侧直流电压偏差控制有效	警告	产生	—:—:—		
□	2020-07-17, 02:45:20:738	直流SER事件	主	1144112	单元2极保护系统A	渝侧桥臂电抗器差动保护I段启动	警告	产生	—:—:—		
□	2020-07-17, 02:45:20:739	直流SER事件	主	1145112	单元2极保护系统B	渝侧桥臂电抗器差动保护I段启动	警告	产生	—:—:—		
□	2020-07-17, 02:45:20:739	直流SER事件	主	1146112	单元2极保护系统C	渝侧桥臂电抗器差动保护I段启动	警告	产生	—:—:—		
□	2020-07-17, 02:45:20:777	直流SER事件	主(B)	1035748	单元2极控系统	鄂侧直流电压偏差控制有效	状态	消失	00:00:00		
□	2020-07-17, 02:45:20:808	直流SER事件	主	1144197	单元2极保护系统A	触发极保护内置故障录波	警告	产生	—:—:—		
□	2020-07-17, 02:45:20:808	直流SER事件	主	1144106	单元2极保护系统A	渝侧桥臂电抗器差动保护跳交流断路器	紧急/故障	产生	—:—:—		
□	2020-07-17, 02:45:20:808	直流SER事件	主	1144104	单元2极保护系统A	渝侧桥臂电抗器差动保护I段闭锁	紧急/故障	产生	—:—:—		
□	2020-07-17, 02:45:20:808	直流SER事件	主	1146197	单元2极保护系统C	触发极保护内置故障录波	警告	产生	—:—:—		
□	2020-07-17, 02:45:20:808	直流SER事件	主	1146106	单元2极保护系统C	渝侧桥臂电抗器差动保护跳交流断路器	紧急/故障	产生	—:—:—		
□	2020-07-17, 02:45:20:808	直流SER事件	主	1146104	单元2极保护系统C	渝侧桥臂电抗器差动保护I段闭锁	紧急/故障	产生	—:—:—		
□	2020-07-17, 02:45:20:809	直流SER事件	从(A)	1034628	单元2极控系统	极保护系统请求跳交流断路器	紧急/故障	产生	—:—:—		
□	2020-07-17, 02:45:20:809	直流SER事件	从(A)	1034626	单元2极控系统	极保护系统请求闭锁	紧急/故障	产生	—:—:—		
□	2020-07-17, 02:45:20:809	辅助系统SOE事件	主(B)	734851	单元2鄂侧阀控系统	阀正在充电状态	警告	产生	—:—:—		
□	2020-07-17, 02:45:20:809	辅助系统SOE事件	从(A)	724851	单元2渝侧阀控系统	阀正在充电状态	警告	产生	—:—:—		
□	2020-07-17, 02:45:20:809	辅助系统SOE事件	主(B)	724851	单元2渝侧阀控系统	阀正在充电状态	警告	产生	—:—:—		
□	2020-07-17, 02:45:20:809	辅助系统SOE事件	主(B)	734806	单元2鄂侧阀控系统	阀控接收PCP下发换流阀闭锁命令	警告	产生	—:—:—		
□	2020-07-17, 02:45:20:809	辅助系统SOE事件	从(A)	724806	单元2渝侧阀控系统	阀控接收PCP下发换流阀闭锁命令	警告	产生	—:—:—		
□	2020-07-17, 02:45:20:809	辅助系统SOE事件	主(B)	724806	单元2渝侧阀控系统	阀控接收PCP下发换流阀闭锁命令	警告	产生	—:—:—		
□	2020-07-17, 02:45:20:809	直流SER事件	主	1145197	单元2极保护系统B	触发极保护内置故障录波	警告	产生	—:—:—		
□	2020-07-17, 02:45:20:809	直流SER事件	主	1145106	单元2极保护系统B	渝侧桥臂电抗器差动保护跳交流断路器	紧急/故障	产生	—:—:—		
□	2020-07-17, 02:45:20:809	直流SER事件	主	1145104	单元2极保护系统B	渝侧桥臂电抗器差动保护I段闭锁	紧急/故障	产生	—:—:—		
□	2020-07-17, 02:45:20:809	辅助系统SOE事件	主(B)	724805	单元2渝侧阀控系统	阀控接收PCP下发换流阀解锁命令	状态	消失	—:—:—		
□	2020-07-17, 02:45:20:809	辅助系统SOE事件	主(B)	734805	单元2鄂侧阀控系统	阀控接收PCP下发换流阀解锁命令	状态	消失	—:—:—		
□	2020-07-17, 02:45:20:809	辅助系统SOE事件	从(A)	724805	单元2渝侧阀控系统	阀控接收PCP下发换流阀解锁命令	状态	消失	—:—:—		
□	2020-07-17, 02:45:20:810	辅助系统SOE事件	从(A)	734851	单元2鄂侧阀控系统	阀正在充电状态	警告	产生	—:—:—		
□	2020-07-17, 02:45:20:810	辅助系统SOE事件	从(A)	734806	单元2鄂侧阀控系统	阀控接收PCP下发换流阀闭锁命令	警告	产生	—:—:—		
□	2020-07-17, 02:45:20:810	辅助系统SOE事件	从(A)	734805	单元2鄂侧阀控系统	阀控接收PCP下发换流阀解锁命令	状态	消失	—:—:—		

图 7–3　桥臂电抗器差动保护 I 段动作事件记录

□	2020-07-17, 02:45:20:816	直流SER事件	从(A)	1035851	单元2极控系统	鄂侧解锁状态	状态	消失	--:--:--
□	2020-07-17, 02:45:20:816	直流SER事件	主	1094309	后备安稳系统A	单元二非正常停运信号	紧急/故障	产生	--:--:--
□	2020-07-17, 02:45:20:816	直流SER事件	主	1094305	后备安稳系统A	直流故障停运信号	紧急/故障	产生	--:--:--
□	2020-07-17, 02:45:20:816	直流SER事件	主	1094294	后备安稳系统A	单元二极控非正常停运	紧急/故障	产生	--:--:--
□	2020-07-17, 02:45:20:817	直流SER事件	主(B)	1004837	单元1极控系统	极控触发内置故障录波	警告	产生	04:27:19
□	2020-07-17, 02:45:20:819	直流SER事件	从(A)	1004837	单元1极控系统	极控触发内置故障录波	警告	产生	04:27:19
□	2020-07-17, 02:45:20:819	直流SER事件	主(B)	1005080	单元1极控系统	有功功率协调控制升降过程中	状态	产生	02:33:26
□	2020-07-17, 02:45:20:821	直流SER事件	从(A)	1005080	单元1极控系统	有功功率协调控制升降过程中	状态	产生	02:33:26
□	2020-07-17, 02:45:20:821	直流SER事件	主(B)	1005080	单元1极控系统	有功功率协调控制升降过程中	状态	消失	00:00:00
□	2020-07-17, 02:45:20:825	直流SER事件	从(A)	1005080	单元1极控系统	有功功率协调控制升降过程中	状态	消失	00:00:00
□	2020-07-17, 02:45:20:827	直流SER事件	主	1146431	单元2极保护系统C	鄂侧换流变中性点过流保护合换流变中性点接地电阻并联断路器	紧急/故障	产生	--:--:--
□	2020-07-17, 02:45:20:827	直流SER事件	主	1146422	单元2极保护系统C	渝侧换流变中性点过流保护跳交流断路器	紧急/故障	产生	--:--:--
□	2020-07-17, 02:45:20:827	直流SER事件	主	1146421	单元2极保护系统C	渝侧换流变中性点过流保护合换流变中性点接地电阻并联断路器	紧急/故障	产生	--:--:--
□	2020-07-17, 02:45:20:827	直流SER事件	主	1146409	单元2极保护系统C	鄂侧换流变中性点过流保护跳交流断路器	紧急/故障	产生	--:--:--
□	2020-07-17, 02:45:20:827	直流SER事件	主	1146407	单元2极保护系统C	鄂侧换流变中性点过流保护闭锁	紧急/故障	产生	--:--:--
□	2020-07-17, 02:45:20:827	直流SER事件	主	1146406	单元2极保护系统C	渝侧换流变中性点过流保护闭锁	紧急/故障	产生	--:--:--
□	2020-07-17, 02:45:20:828	直流SER事件	主	1144431	单元2极保护系统A	鄂侧换流变中性点过流保护合换流变中性点接地电阻并联断路器	紧急/故障	产生	--:--:--
□	2020-07-17, 02:45:20:828	直流SER事件	主	1144422	单元2极保护系统A	渝侧换流变中性点过流保护跳交流断路器	紧急/故障	产生	--:--:--
□	2020-07-17, 02:45:20:828	直流SER事件	主	1144421	单元2极保护系统A	渝侧换流变中性点过流保护合换流变中性点接地电阻并联断路器	紧急/故障	产生	--:--:--
□	2020-07-17, 02:45:20:828	直流SER事件	主	1144409	单元2极保护系统A	鄂侧换流变中性点过流保护跳交流断路器	紧急/故障	产生	--:--:--
□	2020-07-17, 02:45:20:828	直流SER事件	主	1144407	单元2极保护系统A	鄂侧换流变中性点过流保护闭锁	紧急/故障	产生	--:--:--
□	2020-07-17, 02:45:20:828	直流SER事件	主	1144406	单元2极保护系统A	渝侧换流变中性点过流保护闭锁	紧急/故障	产生	--:--:--
□	2020-07-17, 02:45:20:828	直流SER事件	主	1145431	单元2极保护系统B	鄂侧换流变中性点过流保护合换流变中性点接地电阻并联断路器	紧急/故障	产生	--:--:--
□	2020-07-17, 02:45:20:828	直流SER事件	主	1145422	单元2极保护系统B	渝侧换流变中性点过流保护跳交流断路器	紧急/故障	产生	--:--:--
□	2020-07-17, 02:45:20:828	直流SER事件	主	1145421	单元2极保护系统B	渝侧换流变中性点过流保护合换流变中性点接地电阻并联断路器	紧急/故障	产生	--:--:--
□	2020-07-17, 02:45:20:828	直流SER事件	主	1145409	单元2极保护系统B	鄂侧换流变中性点过流保护跳交流断路器	紧急/故障	产生	--:--:--
□	2020-07-17, 02:45:20:828	直流SER事件	主	1145407	单元2极保护系统B	鄂侧换流变中性点过流保护闭锁	紧急/故障	产生	--:--:--
□	2020-07-17, 02:45:20:828	直流SER事件	主	1145406	单元2极保护系统B	渝侧换流变中性点过流保护闭锁	紧急/故障	产生	--:--:--
□	2020-07-17, 02:45:20:829	直流SER事件	从(A)	1034629	单元2极控系统	极保护系统请求闭合鄂侧换流变中性点接地电阻并联断路器Q0(0421)	警告	产生	--:--:--

图 7–4　两侧换流变压器中性点过流保护动作事件记录

4. 设备概况

故障穿墙套管型号为 ECAA‒525/2000‒3，额定电压 525kV，额定电流 2000A，2019年 9 月正式投入运行。

7.1.2.2 设备检查情况

1. 保护动作分析

分析故障录波，发现故障时换流器侧电流增加，换流阀上桥臂电流和下桥臂电流均同步减少，差动电流为 240A 左右，同时 C 相电压迅速降低至 0V 左右。故障发生至闭锁共持续 130ms，初步确定单元 2 C 相区域存在接地故障，见图 7‒5。

进一步分析图 7‒6 中故障波形，对比 C 相上、下桥臂 TA 电流和换流器侧电流变化情况，上桥臂侧 TA 电流变化更为明显，有突变现象，见图 7‒7，初步判断接地故障点位于 C 相上桥臂电抗器与 C 相上桥臂 TA 区域之间，该区域包含避雷器、TA 和穿墙套管。

对单元 2 穿墙套管进行试验，发现 C 相上桥臂主绝缘升压时电压值突变为零，末屏绝缘仅为 0.3MΩ，初步判断单元 2 的 C 相上桥臂穿墙套管绝缘故障导致接地，引起桥臂电抗器差动保护、两侧换流变压器中性点过流保护相继动作，闭锁直流。

2. 返厂检查情况

2020 年 7 月 24 日，对该站单元 2 的 C 相上桥臂故障穿墙套管进行了解体检查和故障原因分析，并提出了后续处理措施和建议。

故障穿墙套管结构见图 7‒8，主绝缘为胶浸纸电容芯体，外绝缘为空心复合绝缘子，主绝缘和外绝缘间的空腔内填充绝缘膏作为辅助绝缘。套管采用单导电管结构，无电容芯卷制管，导电管与电容芯体间隙布置有绝缘垫圈。

（1）解体前套管检查结果。故障套管外观检查无异常，外套和接线端子外表面无放电和受损痕迹，接地末屏抽头无放电和过热痕迹。解体前 2500V 下主绝缘对地绝缘电阻测量值为 0.1MΩ、末屏对地绝缘电阻值为 0.8MΩ，套管主绝缘完全失效；测量导电管直流电阻测量值 60μΩ，为正常水平。

（2）户外侧解体检查情况。拆除套管户外侧空心复合绝缘子外套，电容芯体表面完好，无放电和受损痕迹；户外侧绝缘子外套内壁、内屏蔽筒、盖板、接线端子等未见异常；绝缘子外套内部绝缘膏呈乳白色，状态良好。套管户外侧解体检查情况见图 7‒9。

（3）户内侧解体检查情况。

1）电容芯体表面检查：拆除户内侧绝缘子外套，发现电容芯体表面附着的绝缘膏呈异常黑色。清除黑色绝缘膏后发现电容芯体表面距接地连接套筒法兰面 26cm 位置存在一处呈三角状的放电击穿孔，长 16cm，宽 3.5cm；电容芯体击穿孔外围区域存在较大面积放电烧蚀痕迹，且该区域内存在一条向两侧轴向延伸的裂纹，总长 140cm。电容芯体表面异常放电痕迹见图 7‒10。

2）绝缘子外套内壁检查：户内侧空心复合绝缘子与接地连接套筒连接端，内壁附着大量黑色绝缘膏，清除绝缘膏后发现绝缘筒内壁存在一处长 34cm，宽 6cm 的黑色放电烧蚀区域，与电容芯体表面三角状击穿孔的位置对应。绝缘子外套内壁异常放电痕迹见图 7‒11。

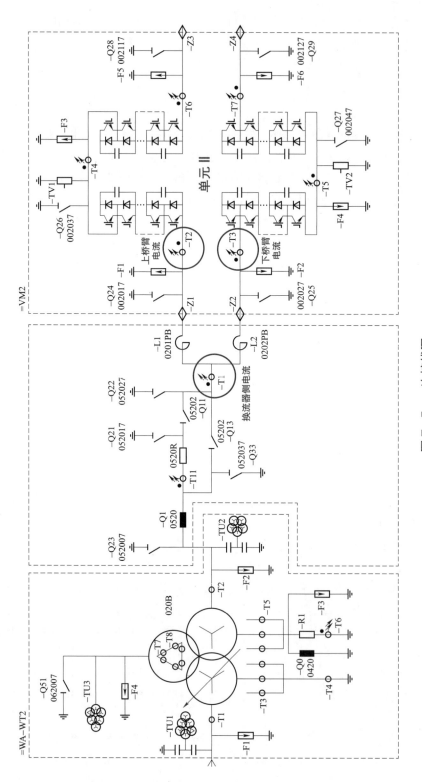

图7-5 一次接线图

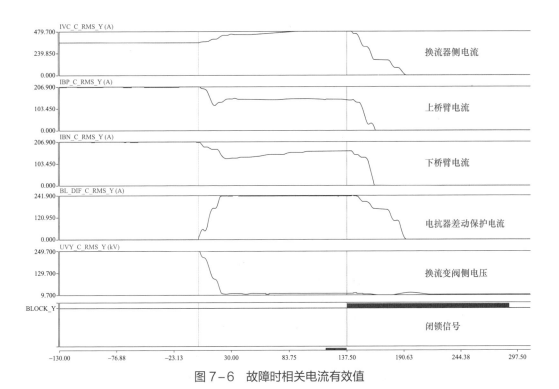

图 7-6　故障时相关电流有效值

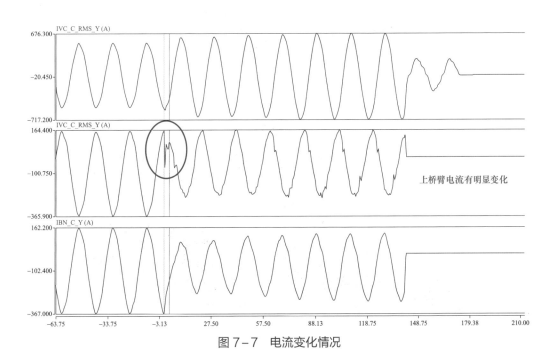

图 7-7　电流变化情况

277

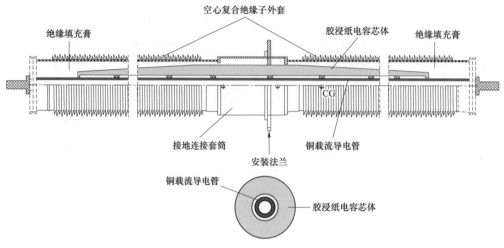

图 7-8　故障穿墙套管结构示意图

图 7-9　套管户外侧解体检查情况

图 7-10　电容芯体表面异常放电痕迹

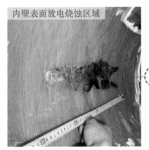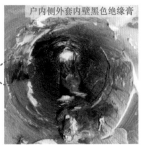

图 7-11　绝缘子外套内壁异常放电痕迹

3）芯体击穿孔区域解体检查：对击穿处的电容芯体截断面进行检查，发现击穿位置电容芯体内部存在较大的烧蚀孔洞，孔洞沿电容芯体径向长 6.5cm，轴向延伸 26cm；该区域内电容芯体内部径向完全贯穿，芯体材料碳化分解。芯体击穿处内部烧蚀孔洞见图 7-12。

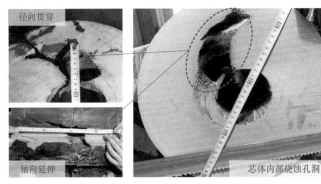

图 7-12　芯体击穿处内部烧蚀孔洞

4）高压导电管表面检查：截断高压导电管进行检查，发现局部段表面附着大量喷溅的碳化分解物，一处约 2mm 长的放电烧蚀坑，对应芯体击穿孔位置。导电管表面放电烧蚀痕迹见图 7-13。

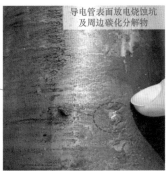

图 7-13　导电管表面放电烧蚀痕迹

击穿放电通道检查确认：故障套管电容芯体径向击穿位置位于距接地连接套筒法兰面 26cm 处，主放电通道由高压导电管起始，径向贯穿户内侧电容芯体表面后，沿芯体和绝缘膏填充区域轴向发展，直至接地连接套筒入地。以末屏接地端子为时钟 12 点作参考，从户内侧向户外侧看击穿处截面，径向击穿通道位于电容芯体截面的 1 点方向。芯体击穿放电通道示意图见图 7-14。

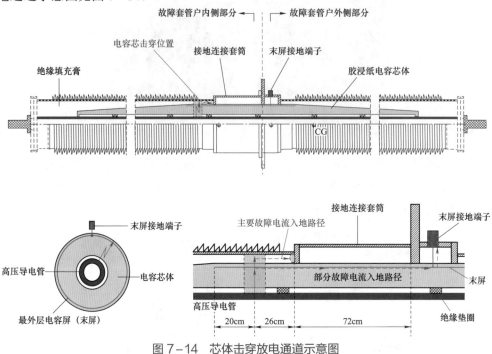

图 7-14 芯体击穿放电通道示意图

电容芯击穿孔距离接地连接套筒 26cm，表面存在从击穿孔轴向延伸至套筒端面放电痕迹。对应绝缘子外套内壁向接地连接筒方向延伸电烧蚀痕迹，距端面法兰 18cm。确认放电击穿孔至接地连接筒法兰面绝缘膏填充区域为故障电流主要的入地路径。芯体击穿放电通道检查见图 7-15。

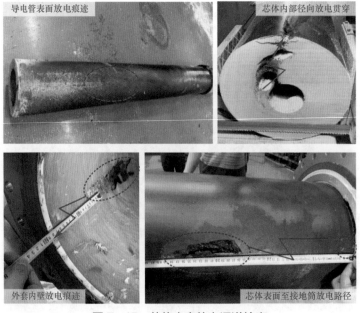

图 7-15 芯体击穿放电通道检查

7.1.2.3　故障原因分析

该站单元 2 的 C 相上桥臂故障穿墙套管解体后发现：户内侧的电容芯体内部发生了贯通性击穿放电。结合故障套管电容芯体内部放电烧蚀孔洞形貌、芯体表面和绝缘子外套内壁放电烧蚀痕迹、高压导电管碳化附着物等异常痕迹，解体工作组认为此次套管故障原因为：电容芯体内部存在局部制造缺陷，在运行电压下缺陷处首先发生早期的局部放电，局部放电长期持续烧蚀胶浸纸芯体并使其碳化分解，引起多层电容屏击穿和形成烧蚀孔洞，芯体绝缘耐受能力逐渐下降。最终芯体内部缺陷局部放电处的整体绝缘无法耐受运行电压，发生由高压导电管至电容芯体表面的径向击穿放电，放电电流贯穿电容芯体后沿芯体表面轴向发展至接地连接套筒入地。在早期局部放电发展至完全贯穿电容芯体前，套管电容量存在逐渐增大的过程。

7.1.2.4　提升措施

（1）该站首次大修期间受疫情影响在运 24 支穿墙套管未开展相关试验。建议尽快申请临时停电，对在运同类穿墙套管进行试验，确认套管状态。通过电容量是否超标来判断是否有同类现象。

（2）厂家制定该类型穿墙套管内部电容屏存在击穿隐患的监测技术方案，并提供末屏信号引出装置。根据运行要求，对套管电容量进行实时在线监测。

7.1.3　某站"2020 年 11 月 17 日"单元 2 A 相下桥臂穿墙套管电容芯体击穿放电

7.1.3.1　故障情况

1. 故障简述

2020 年 11 月 17 日 00:49，某换流站单元 2 桥臂电抗器电流差动保护 1 段动作、单元 2 两侧换流变压器中性点过流保护动作，单元 2 在热备用状态跳闸。现场对单元 2 设备进行了全面外观检查，未发现疑似设备放电现象，设备外绝缘无异常，单元 2 三相两侧共 12 个桥臂避雷器未发生动作，故障前红外测温未发现异常。一次接线图见图 7-16，故障时 A 相换流器侧电流经过 20ms 从 0A 增加至 200A 左右，最大达到 209A。

2. 设备概况

故障穿墙套管型号为 ECAA-525/2000-3，额定电压 525kV，相对低电压 300kV。2019 年 9 月正式投入运行，2020 年 11 月 17 日 00:49 发生故障。套管结构示意图见图 7-17，主绝缘为胶浸纸电容芯体，外绝缘为空心复合绝缘子，主绝缘和外绝缘间的空腔内填充绝缘膏作为辅助绝缘。套管采用单导电管结构，无电容芯卷制管，导电管与电容芯体间隙布置有绝缘垫圈。

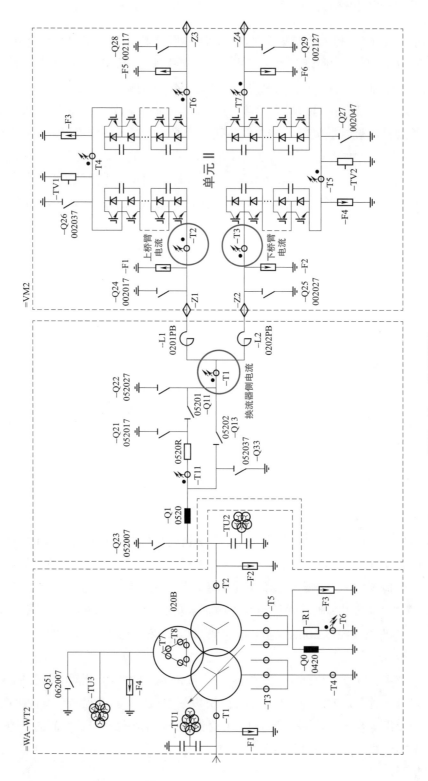

图 7-16 一次接线图

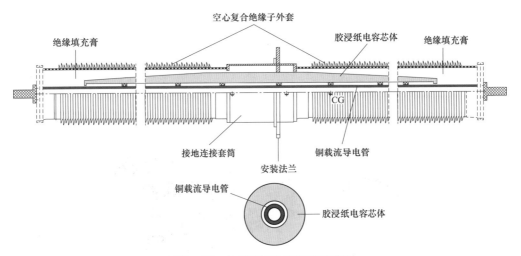

空心复合绝缘子外套
绝缘填充膏
胶浸纸电容芯体
绝缘填充膏
接地连接套筒
铜载流导电管
安装法兰
铜载流导电管
胶浸纸电容芯体

图7-17 故障穿墙套管结构示意图

7.1.3.2 设备检查情况

1. 返厂检查情况

2020年11月26日，对该站单元2的A相下桥臂故障穿墙套管进行了解体检查和故障原因分析。

（1）解体前套管检查结果。故障套管外观检查无异常，外套和接线端子外表面无放电和受损痕迹，接地末屏抽头无放电和过热痕迹。解体前2500V下主绝缘对地绝缘电阻测量值为0.114MΩ，末屏对地绝缘电阻值为17.2MΩ，套管主绝缘完全失效。

（2）户外侧解体检查情况。拆除套管户外侧空心复合绝缘子外套时，较上次解体不同，这次拆开瞬间存在较大压力，可听到明显释放声音。户外侧电容芯体表面完好，无放电和受损痕迹；绝缘子外套内壁、内屏蔽筒、盖板、接线端子等未见异常；绝缘子外套内部绝缘膏呈乳白色，状态良好，见图7-18。

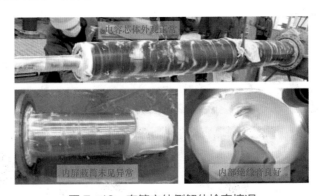

图7-18 套管户外侧解体检查情况

（3）户内侧解体检查情况。

1）电容芯体表面检查。拆除户内侧端部法兰，发现内部压力比户外侧稍大，绝缘膏被顺着螺孔挤压出来。端部法兰盖板拆除后，发现电容芯体端部区域存在黑色痕迹；接地连接筒内壁侧存在较厚的炭黑区域。电容芯体1条主裂纹（末屏为12点，主裂纹则在3点），从3点方向的接地筒法兰向外轴向延伸的，一直延伸到电容芯体顶部，并再次沿着9点方向根部延伸，距离大约100cm，裂纹消失。电容芯体表面异常放电痕迹见图7-19。

图7-19 电容芯体表面异常放电痕迹

2）芯体切面解体检查。以穿墙套管法兰为起点，户内、外侧每隔30~40cm对芯体进行截断，靠近法兰处为第1个切面，依次逐个编号，对每个断面进行检查。其中户内侧第1个切面距离接地连接筒（穿墙法兰）12cm，户外侧第1个切面距离安装法兰面22cm。对户内侧芯体切面检查发现，每个切面均存在3点和9点方向的裂纹缺陷，沿轴向和径向延伸，其中9点方向的裂纹在第1个和第2个切面未完全延伸到芯体外层，见图7-20。

图7-20 户内侧芯体断面

对户外侧芯体切面检查发现，前 3 个切面存在较为明显的轴向延伸的裂纹缺陷，轴向延伸 100～140cm。其中第 1 切面存在 1 个小的空腔，距离芯体内环大约 1.5cm，尺寸为 10mm×5mm×8mm，跨越 5 个电容屏，腔体由内向外呈现渐变的炭黑痕迹，见图 7−21。

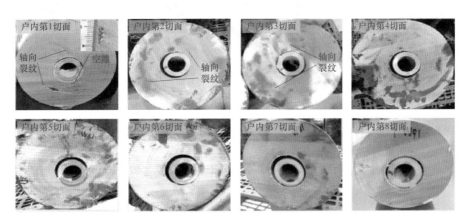

图 7−21　户外侧芯体断面

切除安装法兰，距离户外法兰面端部 8～17cm 存在烧蚀腔体，腔体通道 8cm×3cm，位于电容芯体部分体积较大，向导电杆径向延伸过程中，通道逐步缩小，并与导电杆连通。径向尺寸从芯体内壁到 9cm（芯体环径 12cm），损伤 75%径向芯体；剩余 3cm 宽度的腔体未沿径向向法兰发展，而是分别沿着轴向向户内和户外发展，裂纹与户内、户外所述裂纹一致。导电杆与烧蚀腔体连通的位置表面附着大量喷溅的碳化分解物，未发现明显的电弧损伤痕迹，见图 7−22。

图 7−22　法兰内部烧蚀空腔及导电杆形态

3）末屏及引线检查。烧蚀腔体位于 3 点方向，与末屏物理位置约间隔 90°。打开末屏，内部光洁、无污染；拆除末屏座，与电容芯体连接的引线及焊接根部无过流痕迹，引线表面绝缘层透明，未受任何损伤，见图 7−23。

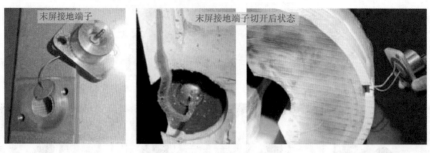

图 7-23　末屏及引线状态

4）击穿放电通道检查确认。故障套管电容芯体起始位置位于安装法兰内部 12～14cm 处，沿着路径①向导电杆径向发展，同时轴向沿着裂纹路径②向户内延伸，最后裂纹轴向发展大约 60cm，再径向发展至（路径③）接地连接筒（穿墙法兰内壁）入地。因短路电流仅 200A，未发现明显的入地点，具体情况见图 7-24 和图 7-25。

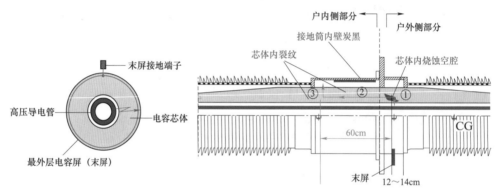

图 7-24　芯体击穿放电通道示意图

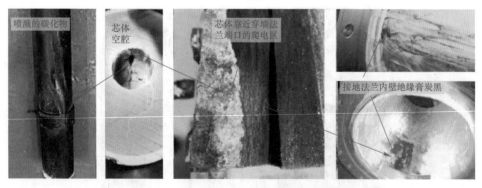

图 7-25　芯体击穿放电通道对应痕迹

2. 验证性试验情况

（1）套管裕度验证试验情况。对同型套管开展了 2 次绝缘裕度试验，第 1 次试验，在常温状态下、2.0 倍运行电压（比出厂试验值高 10%）的 1h 局部放电试验，局部放电量小于 4pC，套管高电压介质损耗及电容量未见异常。第 2 次试验在套管热态下（长时通流 1250A、持续 12h），分别开展 2.0 倍运行电压的 1h 局部放电、出厂工频耐压和雷电冲击，其局部放电量小于 4pC、高电压介质损耗及电容量、雷电测试结果均未见异常；最后在热态下加做 15 次雷电冲击和 5 次截波冲击，前后波形一致性较好，未见异常。

（2）放电发展过程验证情况。带金属异物的模型芯体在 1.2～2.5 倍运行电场强度、10～80pC 放电量下持续加压超过 24h，电容量没有变化，未发生电容屏击穿；提高电压至 3.0 倍运行电场强度、220pC 放电量下持续加压 11h，发生 1 层电容屏击穿，电容量增大 8%。证明存在缺陷的套管电容芯子从起始局部放电到 1 层电容屏击穿，是缓慢发展的过程。

7.1.3.3　故障原因分析

该站单元 2 A 相下桥臂故障穿墙套管解体后发现，总体与单元 2 C 相上桥臂故障特征基本相同，为电容芯体内部发生了贯通性击穿放电。结合故障套管电容芯体内部放电烧蚀孔洞形貌、芯体表面和接地连接筒内炭黑、芯体内放电烧蚀痕迹、高压导电管碳化附着物等异常痕迹，初步认为此次套管故障原因为：

电容芯体内部可能存在局部制造缺陷，主要集中在烧蚀的大空腔，在运行（包括部分特殊工况影响）中缺陷处首先发生早期的局部放电，局部放电长期持续烧蚀胶浸纸芯体并使其碳化分解，引起多层电容屏击穿和形成烧蚀孔洞，并沿薄弱区进一步轴向发展，芯体绝缘耐受能力逐渐下降。最终芯体内部缺陷严重恶化，整体绝缘无法耐受运行电压，发生由腔体到导电管、沿芯体裂纹先轴向再径向击穿的对地放电。

7.1.3.4　提升措施

对退运 2 支套管开展系列性试验。退运 2 支套管（单元 2A 相上桥臂和单元 2B 相下桥臂）：均是与第一支故障套管（单元 2 C 相上桥臂）同罐生产、介质损耗及电容量存在正偏差且相对其他相较大。同时，2 支套管有不同的异常点，原在运套管中 A 相上桥臂自身温升变化最大；B 相下桥臂末屏绝缘电阻表现为受潮的特征，存在较大的运行风险。

穿墙套管返厂试验项目见图 7–26。试验项目主要包括两类：每支套管的前 4 项为诊

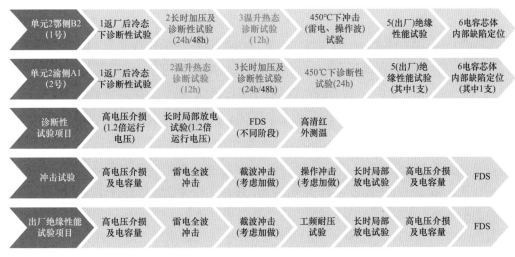

图 7–26　穿墙套管返厂试验项目

断性试验项目，主要为了掌握试验室温度下、长时加压、长时通流和模拟运行温度状态下内部绝缘特征；第5项为考核性试验，为了掌握热态下套管绝缘是否能够承受出厂试验的考核。

7.2 密封系统故障

7.2.1 某站"2022年8月31日"负极B相下桥臂穿墙套管传感器漏气

7.2.1.1 概述

1. 故障前运行工况

运行方式：双极运行。

现场天气：雨夹雪天气。

2. 故障简述

2022年年度检修前，某站负极A、B、C相上桥臂套管和C相下桥臂4只套管平均压力为0.60MPa左右，负极A、B相下桥臂套管平均压力为0.56MPa左右，见图7-27。经核对SF$_6$压力曲线，在年度检修之前，三相套管压力曲线变化趋势基本同步。各相套管间压力差值协调一致，据此判断设备在2022年年度检修之前未发生泄漏异常。

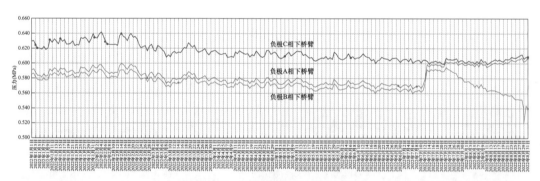

图7-27 穿墙套管SF$_6$压力曲线

按照厂家意见，结合年度检修工作对A、B相下桥臂穿墙套管进行了SF$_6$补气工作，压力值由0.56MPa补至0.60MPa。

补气后压力变化分为三个阶段：① 7月12～22日，B相下桥臂穿墙套管压力正常，一直维持在0.60MPa左右；② 7月22日开始，B相下桥臂穿墙套管在线监测压力数据出现明显的下降趋势，8月26日在线监测压力最低点已达到0.528MPa；③ 8月31日保护装置发出SF$_6$气压低一级报警（一级报警0.53MPa、二级报警压力0.52MPa、闭锁压力0.50MPa），对应在线监测压力值为0.521MPa。

7.2.1.2　设备检查情况

1. 带电检查情况

因该穿墙套管安装位置较高、距离较远，同时压力降低速度较为缓慢，红外检漏效果不佳，带电检测未发现明显漏点。

为进一步排除在线监测装置的问题，现场对穿墙套管在线监测装置 IED 进行了全面检查，通过调换正常相接线等方式，检查在线监测装置电流值，未见异常，见图 7-28，排除了在线监测装置 IED 异常的可能。

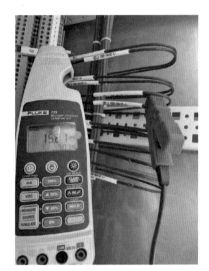

图 7-28　IED 检查情况

2. 第一次停电后检查处理情况

穿墙套管压力低一级报警后，该站负极转检修进行检查处理。

穿墙套管包扎检漏结果见图 7-29，对负极 B 相下桥臂穿墙套管进行全包扎检漏，包扎部位包括 SF_6 压力传感器、交流侧接线端子、直流侧接线端子、法兰面等区域。经过包扎检漏，B 相下桥臂穿墙套管泄漏点位于套管上部三通阀左侧区域，7 月年检补气位置及其他部位均未检测到泄漏。

对三通阀组件检漏过程如下：定量检漏仪检测得三通阀左侧区域 32.6μL/L，肥皂泡均未发现明显异常→周围残余的气体清理后，对三通阀、密度继电器及连接管路进行整体包扎→包扎 3h 后定量检漏 8.5μL/L→更换了三通阀及各个密封圈→再次对三通阀、密度继电器整体组件进行包扎→分别于包扎 3h 和 6.5h 后定量检漏均为 0μL/L→处置完毕。

在检漏初期，现场作业人员首先检查到了三通阀与左侧密度继电器连接螺母松动（三通阀上防误操作挡板无拆卸痕迹且紧固良好），同时错误地使用定量检漏仪在没有包扎的情况下检测到三通阀左侧区域有 SF_6 气体，在没有分析三通阀主密封结构原理的情况下，先入为主地认定是三通阀左侧连接螺母松动导致漏气产生，未深入考虑三通阀回路中密度继电器、二次接线盒等其他元件漏气的可能，误导了漏气原因的查找方向及现场消缺措施的制定。

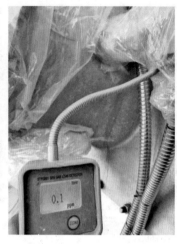

图 7-29　穿墙套管包扎检漏结果

由于漏气点位查找有误，现场只对三通阀及所有密度继电器密封胶圈进行了更换，经包扎检漏无异常后认为消缺完成。同时，对负极已停电的全部 6 根套管的 24 个连接螺母进行了全面检查，均未发现螺母松动的现象。

3. 第二次漏气缺陷处置过程

第一次处置后一周，发现该站负极 B 相下桥臂穿墙套管气压再次呈现缓慢下降趋势，10 月 5 日 15 时至 6 日 15 时，该穿墙套管在线监测 SF_6 压力最小值达到 0.528MPa，最大值为 0.567MPa，负极其余 5 支穿墙套管无异常。

根据以往监控系统报警情况，OWS 后台发出 SF_6 气压低一级报警（一级报警压力 0.53MPa、二级报警压力 0.52MPa、闭锁压力 0.50MPa）时，对应的在线监测压力值为 0.521MPa 左右，按照当时在线监测数据发展趋势，判断该穿墙套管 SF_6 气压值即将很快达到一级报警值。10 月 7 日晚，该站负极转检修进行处置。

首先对三通阀、密度继电器连接组件进行了检漏，发现三通阀与左侧密度继电器连接部位有泄漏现象，随后对三通阀整个组件进行短时的包扎检漏，约 20min 用定量检漏仪检测，数值最高为 70μL/L，初步判断第二次漏气点可能仍位于三通阀与左侧密度继电器连接部位。

为更加全面地排查漏气位置，对该穿墙套管阀厅内外所有部位进行了包扎检漏，重点对三通阀、密度继电器及连接气路上的各个部件进行了包扎检漏，包扎点一共分为 10 处。

穿墙套管包扎检漏部位示意图见图 7-30。对套管的 10 处包扎部位进行了定量检漏，套管本体各部位未见异常，确认了漏气点仍在三通阀与左侧密度继电器连接组件之中，分析可能是第一次漏气未处理妥善导致，具体情况见表 7-1。

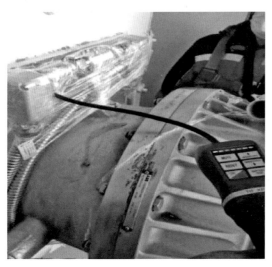

图7-30　穿墙套管包扎检漏部位示意图

表7-1　　　　　　　　　　　　穿墙套管包扎检漏情况

序号	包扎位置	包扎开始时间	检漏时间	定量检漏数值（μL/L）
1	户外侧均压环及接线端子	10.719:00	10.722:30	0
2	户外侧伞裙	10.720:00	10.722:25	0
3	户外侧法兰盘	10.76:30	10.722:15	0
4	上侧表计及三通阀组件	10.719:00	10.722:00	236
5	右侧表计	10.719:00	10.722:10	0
6	防爆膜	10.718:15	10.722:20	3
7	户内侧法兰	10.718:00	10.722:35	0
8	户内侧伞裙	10.718:30	10.722:40	0
9	户内侧均压环及接线端子	10.718:45	10.722:45	0
10	左侧末屏	10.719:00	10.722:05	7.8

在吸取了第一次漏气处理经验教训的基础上，第二次漏气现场更换了三通阀整套组件（含两侧密度继电器、连接管路，密度继电器都完成了节点精度校验），并补气至0.59MPa。用狗鼻子对新安装的三通阀组件进行了定性检漏，未发现明显异常。10月8日04:00起，对新更换的三通阀与密度继电器组件及套管的其他部位进行了包扎检漏，三通阀组件、三个密度继电器、左侧末屏等重点部位检漏了2次，包扎时间超过24h，所有包扎点均未发现泄漏。三通阀组件检漏过程如下：

SF_6气体检漏仪检漏有轻微异响，红外检漏仪、肥皂泡检漏未发现明显异常→未处理周围气体，对三通阀、密度继电器及连接管路进行整体包扎→包扎20min后定量检漏70μL/L→为排除后台监测问题，右侧密度继电器的远传电缆接到左侧密度继电器→更换完电缆立刻对三通阀、密度继电器整体进行包扎→包扎3h后定量检漏236μL/L→

更换了三通阀、密度继电器整个组件后，用 SF_6 气体检漏仪检漏无异常→再次对新的三通阀、密度继电器组件进行包扎→包扎 19.5h 和 29h 后定量检漏均为 0μL/L→处置完毕。

4. 返厂检查情况

打开密度继电器接线盒盖子后发现内部的塑料盖板有明显裂纹。该密度继电器自运抵现场后未进行过单独拆卸，怀疑是在厂内生产装配过程中造成的缺陷或运输过程中磕碰导致，但此处裂纹与漏气没有直接关系。进一步拆解密度继电器的微动开关，其零部件未发现明显异常，将拆除的密度继电器本体浸入肥皂水中，有明显连续气泡产生，气体从联动轴旁边的小孔漏出。进一步解体发现，密度继电器传动模块电路板下面的两个小孔有气体漏出（见图 7-31），此处小孔内部发现有密封胶用来固定安装上面石英叉子的针脚 1 和针脚 2。再次对密度继电器剩下部分进行检漏，发现气体从两个小孔持续漏出。针脚 1 和针脚 2 分别对应孔洞 1 和孔洞 2。堵住孔洞 1 和孔洞 2 后，再次进行检漏，发现没有气体漏气，进一步确认气体从两个孔渗漏。

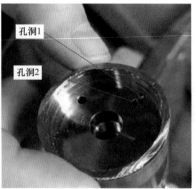

图 7-31　传动模块石英叉两个针脚及对应的孔洞

7.2.1.3　故障原因分析

分析穿墙套管漏气原因为密度继电器内部密封不良导致。

7.2.1.4　提升措施

（1）厂家需对故障密度继电器进一步分析，确认故障原因，并针对性加强生产工艺管控。

（2）运维单位加强套管压力比较分析，当发现压力下降趋势时及时申请停运设备。